面向成分数据的回归分析研究

陈佳佳　著

Studies on Regression Analysis for Compositional Data

WUHAN UNIVERSITY PRESS
武汉大学出版社

图书在版编目(CIP)数据

面向成分数据的回归分析研究/陈佳佳著.—武汉：武汉大学出版社,2020.8(2022.4 重印)

ISBN 978-7-307-21594-8

Ⅰ.面…　Ⅱ.陈…　Ⅲ.统计数据—回归分析—研究　Ⅳ.O212.1

中国版本图书馆 CIP 数据核字(2020)第 105801 号

责任编辑:陈　红　　责任校对:李孟潇　　整体设计:马　佳

出版发行：**武汉大学出版社**　(430072　武昌　珞珈山)

(电子邮箱：cbs22@ whu.edu.cn　网址：www.wdp. com.cn)

印刷:武汉邮科印务有限公司

开本:720×1000　1/16　印张:9.75　字数:134 千字　插页:1

版次:2020 年 8 月第 1 版　2022 年 4 月第 2 次印刷

ISBN 978-7-307-21594-8　定价:36. 00 元

前　　言

成分数据是一种复杂的多维数据，它被广泛地应用在地理、经济、生物和代谢组学等领域。不同于实数空间上的数据，成分数据所在的样本空间为单形空间，因此经典的多元统计分析方法不适用于成分数据。20 世纪 80 年代，Aitchison 意识到成分数据研究关注的是成分间的相对信息，而非绝对的成分值，因此可以通过成分间的比率来研究成分数据，并提出了对数比率变换。对数比率变换被广泛地应用在成分数据分析中，它可以将单形上的成分数据映射为实数空间上的数据。目前成分数据分析集中在数据分析和统计分析两大方向。在数据分析方面，学者们对成分数据中的缺失数据以及不同类型的零值进行研究。在统计分析方面，学者们提出了一系列基于成分数据的多元统计分析方法，例如，回归分析、相关分析、主成分分析、因子分析、判别分析、时间序列分析等。

对于成分数据的研究，一般有两条思路：一条思路是直接在单形上根据成分数据特有的运算及度量结构来研究；另一条思路是首先得到对数比率坐标，其次应用传统的统计分析方法，最后通过逆变换将对数比率坐标反解到单形上。由于成分数据特有的 Aitchison 几何结构，相应的回归模型不同于实数数据的经典回归模型，且相对来说也比较复杂。本书在成分数据的近似零值插补，以及因变量和自变量均为成分数据的回归分析，包括多元线性回归、异方差线性回归和偏最小二乘回归方面均展开了较为详细的论述。

全书共分为六章，内容包括：引言、成分数据的准备工作、成分数据的近似零值处理方法、基于成分因变量和成分自变量的多元线性回归模型、基于成分因变量和成分自变量的异方差线性回归模型、基于成分因变量和成分自变量的偏最小二乘回归模型。本书的研究成果进一步完善了成分数据回归分析的研究。本书提出的模型是直接基于成分数据的 Aitchison 几何结构来建立的，对阐释经济学现象、研究代谢组学中生化指标与代谢物之间的相互依赖关系具有重要意义。

本书研究内容展示了作者在博士研究期间对成分数据回归分析方面的一些成果。研究过程中得到了诸多老师、同学的帮助。论文答辩时各位专家所提的宝贵意见为本书的完善提供了莫大的帮助。在本书的出版过程中，学院领导、出版社的各位老师都给予了极大的支持。在此一并表示真诚的感谢！

限于作者的认识水平，书中难免有不完善之处，欢迎同行批评指正！

陈佳佳

2020 年 4 月

本书记号及缩写

符号	定义	阶数
$\boldsymbol{I}_D$	单位矩阵	$D \times D$
$\boldsymbol{J}_D$	元素全为 1 的矩阵	$D \times D$
$\mathbf{1}_D$	元素全为 1 的列向量	$D \times 1$
$\mathbf{0}_D$	元素全为 0 的列向量	$D \times 1$
$\boldsymbol{e}_{D,i}$	含有 D 个元素的列向量，其中第 i 个元素为 1,其余元素为 0	$D \times 1$
$\boldsymbol{\Psi}_D$	单形上正交基相关的对比矩阵，常用的一种情况见公式(2.2.4)	$D \times (D-1)$
$\boldsymbol{G}_D$	$\boldsymbol{I}_D - \frac{1}{D}\boldsymbol{J}_D = \boldsymbol{I}_D - \frac{1}{D}\mathbf{1}_D^{\mathrm{T}}\mathbf{1}_D$	$D \times D$
$\boldsymbol{P}_{D,i}$	置换矩阵 $\boldsymbol{P}_{D,i} = (\boldsymbol{e}_{D,i}, \boldsymbol{e}_{D,1}, \boldsymbol{e}_{D,2}, \cdots, \boldsymbol{e}_{D,i-1}, \boldsymbol{e}_{D,i+1}, \cdots, \boldsymbol{e}_{D,D})^{\mathrm{T}}$, $i \in \{1,2,\cdots,D\}$	$D \times D$
$\boldsymbol{x} \in S^D$	单形 S^D 上的成分数据	$D \times 1$
$\boldsymbol{x} \oplus \boldsymbol{y}$	单形上的扰动运算，其中 $\boldsymbol{y} \in S^D$	$D \times 1$
$\alpha \odot \boldsymbol{x}$	单形上的幂运算，其中 α 为任意实数	$D \times 1$
$\boldsymbol{n}_D$	单形上的零元素 $\boldsymbol{n}_D = C(1,1,\cdots,1)^{\mathrm{T}}$	$D \times 1$

$\boldsymbol{A} \boxdot \boldsymbol{x}$	单形上的矩阵乘积运算，其中 $\boldsymbol{A}$ 是一个 $C \times D$ 的实数矩阵	$C \times 1$
$\mathrm{alr}(\boldsymbol{x})$	成分数据 $\boldsymbol{x}$ 的非对称对数比率(alr) 坐标	$(D-1) \times 1$
$\mathrm{clr}(\boldsymbol{x})$	成分数据 $\boldsymbol{x}$ 的对称对数比率(clr) 系数	$D \times 1$
$\mathrm{ilr}(\boldsymbol{x})$	成分数据 $\boldsymbol{x}$ 的等距对数比率(ilr) 坐标	$(D-1) \times 1$

目　　录

第1章　引　　言

本章首先给出成分数据的研究背景和意义，然后回顾成分数据分析方法，包括成分数据的零值处理方法和成分数据的回归分析模型。

1.1　成分数据的研究背景和意义

1896 年 Pearson 指出，如果用传统的方法来计算比例数据的相关系数，则会出现伪相关[1]。例如，当 x 与 y 之间的相关系数 $r(x, y)=0$ 时，$r(x/(x+y), y/(x+y))$ 有可能不为零，此时 $x/(x+y)$ 与 $y/(x+y)$ 之间的相关性称为伪相关。由于成分数据对应的比例数据具有常数和约束，因此相应的统计分析可能存在困难。但是很多研究人员忽视了这个问题。

直到 1960 年，地质学家 Chayes 发现经典的多元统计分析方法不适用于成分数据[2]。当成分数据的 D 个成分间满足 $x_1+x_2+\cdots+x_D=c$ 时，有

$$
\begin{aligned}
&\operatorname{cov}(x_1, x_1)+\operatorname{cov}(x_1, x_2)+\cdots+\operatorname{cov}(x_1, x_D)\\
&\quad=\operatorname{cov}(x_1, x_1+x_2+\cdots+x_D)\\
&\quad=\operatorname{cov}(x_1, c)=0
\end{aligned}
$$

则

$$
-\operatorname{cov}(x_1, x_1)=\operatorname{cov}(x_1, x_2)+\operatorname{cov}(x_1, x_3)+\cdots+\operatorname{cov}(x_1, x_D)
$$

由于 $\operatorname{cov}(x_1, x_1)\geqslant 0$，所以 $\operatorname{cov}(x_1, x_2)$，$\operatorname{cov}(x_1, x_3)$，…，

$\mathrm{cov}(x_1, x_D)$ 中会出现负相关。因此成分数据分析存在困难，需要进一步探索[3]。

成分数据被广泛地应用在很多学科的研究中，例如，岩石中的地理化学成分[4]，不同深度的北极湖泊沉积物成分，家庭预算模式，牛奶的成分结构，统计学家的时间预算分配，经济学中的投票选举比例，环境科学中的化学元素浓度等[5]。20 世纪 80 年代，Aitchison 意识到成分数据研究关注的是成分间的相对信息，而非绝对的成分值，因此可以通过成分间的比率来研究成分数据[6,7,8,9]。由于成分间比率的方差和协方差很难计算，为了解决这个问题，对数比率变换被广泛地应用在成分数据分析中。对数比率变换将成分数据从单形上映射到实数空间，进而可以用经典的统计方法来分析实数空间上的数据。Aitchison 提出了两种对数比率变换，记为非对称对数比率(alr)变换和对称对数比率(clr)变换，这两种变换分别是非对称和对称的。alr 变换是非等距的。clr 变换虽然是等距的，但是变换后数据求和为零。

成分数据所在的样本空间为单形[10,11]。类似于实数空间上的加法和数乘运算，在单形上定义扰动运算和幂运算，可以得到向量空间。在向量空间上定义度量结构，即内积、范数、距离，可以得到欧几里得向量空间[12,13]。单形上的代数几何结构叫做 Aitchison 几何结构，对应的内积、范数、距离分别叫做 Aitchison 内积、Aitchison 范数、Aitchison 距离[14]。类似于实数空间，单形上可以定义正交基，正交基上表示的坐标为等距对数比率(ilr)坐标，即 2003 年 Egozcue 等提出的 ilr 变换[15]。ilr 变换是等距的，相比于 alr 变换和 clr 变换，ilr 变换被广泛地应用在成分数据分析中。由于单形上的正交基不唯一，所以 ilr 变换有很多种形式。顺序二进制划分方法可以确定 ilr 变换的形式[16]。2015 年，Filzmoser 等提出了 ilr 坐标的稳健版本，在这些坐标中，每个成分根据它们在统计分析中的重要性有其对应的权重[17]。

成分数据分析可以在 R 软件中实现，常用的程序包有 compositions，robCompositions 和 zCompositions，见图书 *Analyzing*

Compositional Data with R[18]。成分数据系统的研究见四本图书：*The Statistical Analysis of Compositional Data*[19]、《成分数据统计分析引论》[20]、*Compositional Data Analysis: Theory and Applications*[21]和*Modeling and Analysis of Compositional Data*[22]。在最后一本书中，成分数据的定义被进行了推广，不需要有常数和约束，只需含有相对信息。在这本书中，成分数据基本知识的定义如下。

定义 1.1.1（*D* 个部分的成分数据） 当且仅当所有的成分 $x_i(i=1, 2, \cdots, D)$ 是严格正实数且仅含有相对信息时，向量 $\boldsymbol{x}=(x_1, x_2, \cdots, x_D)^{\mathrm{T}}$ 是一个含有 D 个部分的成分数据。

相对信息指的是成分数据仅有的信息反映在成分间的比率中，而与每个成分的绝对数据是无关的。如果成分数据的每个成分乘以相同的正常数，则成分间的比率是不变的。因此成分数据可以看成是等价类，这个类里面的成分数据含有相同的信息，都可以通过适合的尺度因子表示为相同的比例向量。

定义 1.1.2（闭合运算） 对于任意的向量 $\boldsymbol{x}=(x_1, x_2, \cdots, x_D)^{\mathrm{T}} \in \mathbb{R}_+^D$，通过闭合运算，它可以表示为

$$C(\boldsymbol{x})=C(x_1, x_2, \cdots, x_D)^{\mathrm{T}}=\left(\frac{k \cdot x_1}{\sum_{i=1}^{D} x_i}, \frac{k \cdot x_2}{\sum_{i=1}^{D} x_i}, \cdots, \frac{k \cdot x_D}{\sum_{i=1}^{D} x_i}\right)^{\mathrm{T}}$$

其中常数 $k>0$。

闭合运算就是对初始向量乘以合适的尺度因子，使得闭合后的成分和为常数 k。对于任意的两个向量 $\boldsymbol{x}, \boldsymbol{y} \in \mathbb{R}_+^D$，如果 $C(\boldsymbol{x})=C(\boldsymbol{y})$，则 $\boldsymbol{x}$ 和 $\boldsymbol{y}$ 是成分等价的。为了方便，本书考虑的成分数据是含有常数和 k 的比例向量。

定义 1.1.3（样本空间） 成分数据的样本空间是单形，

$$S^D=\left\{\boldsymbol{x}=(x_1, x_2, \cdots, x_D)^{\mathrm{T}} \mid x_i>0, \ i=1, 2, \cdots, D; \ \sum_{i=1}^{D} x_i=k\right\}$$

常数和 k 是任意的正实数，它依赖于测量的单位，通常取 1 或 100。当

$k=1$ 时，成分数据是比例数据。当 $k=100$ 时，成分数据是百分比数据。

定义 1.1.4（子成分） 对于成分数据 $\boldsymbol{x}=(x_1, x_2, \cdots, x_D)^{\mathrm{T}} \in S^D$，如果选取指标集 $I=\{i_1, i_2, \cdots, i_s\} \subset \{1, 2, \cdots, D\}$，则含有 s 个部分的子成分 $\boldsymbol{x}_I$ 定义为

$$\boldsymbol{x}_I = C(x_{i_1}, x_{i_2}, \cdots, x_{i_s})^{\mathrm{T}}$$

定义 1.1.5（置换后的成分数据） 对于成分数据 $\boldsymbol{x}=(x_1, x_2, \cdots, x_D)^{\mathrm{T}} \in S^D$，如果将第 l 个成分 x_l 置换到第 1 个成分，则置换后的成分数据 $\boldsymbol{x}^{(l)}$ 定义为

$$\boldsymbol{x}^{(l)} = (x_l, x_1, \cdots, x_{l-1}, x_{l+1}, \cdots, x_D)^{\mathrm{T}}$$

事实上，$\boldsymbol{x}^{(l)}=\boldsymbol{P}_{D,l}\boldsymbol{x}$，其中 $\boldsymbol{P}_{D,l}$ 为置换矩阵。

成分数据分析应当满足以下条件：

(1) 尺度不变性：给定 $\mathbb{R}_+^D$ 上的函数 $f(\cdot)$，对于任意的正实数 $\lambda \in \mathbb{R}_+$ 和任意的成分数据 $\boldsymbol{x} \in S^D$，如果 $f(\lambda \boldsymbol{x})=f(\boldsymbol{x})$，则函数 $f(\cdot)$ 是尺度不变的。即函数 $f(\cdot)$ 对于所有成分等价的向量能得出相同的结果。

(2) 置换不变性：给定 $\mathbb{R}_+^D$ 上的函数 $f(\cdot)$，对于任意的成分数据 $\boldsymbol{x} \in S^D$ 和置换后的成分数据 $\boldsymbol{x}^{(l)} \in S^D$（定义 1.1.5），如果 $f(\boldsymbol{x}^{(l)})=f(\boldsymbol{x})$，则函数 $f(\cdot)$ 是置换不变的。即函数 $f(\cdot)$ 对于所有置换后的成分数据能得出相同的结果。

(3) 子成分一致性：① 对于任意两个成分数据 $\boldsymbol{x}, \boldsymbol{y} \in S^D$，两个子成分 $\boldsymbol{x}_S$ 与 $\boldsymbol{y}_S$ 之间的距离小于或等于原始成分 $\boldsymbol{x}$ 与 $\boldsymbol{y}$ 之间的距离。② 任意的子成分满足尺度不变性，即子成分任意成分间的比率等于原始成分的对应比率。

近年来，成分数据被应用在经济、生物、代谢组学等领域中，例如经济学中的市场份额[23]，生物学中的肠道微生物成分[24,25,26]，代谢组学中的代谢物成分[27,28,29]。在成分数据特有的度量空间下研究回归分析成为本书的重要研究内容，这对阐释经济学现象、研究生化指标与代谢

物之间的相互依赖关系具有重要意义。

1.2 成分数据分析方法的回顾

对于成分数据的研究，一般有两条思路：第一条思路是直接在单形上根据成分数据特有的运算及度量结构来研究；另一条思路是首先得到对数比率坐标，其次应用传统的统计分析方法，最后通过逆变换将对数比率坐标反解到单形上。成分数据分析集中在数据分析和统计分析两大方向[30,31,32,33]。

在数据分析方面，2010 年 Hron 等提出了新的方法来处理成分数据中的缺失值[34]。该算法是迭代的方法，初始值是基于 k 近邻方法得到，后面更新的值是基于回归方法得到。除此之外，成分数据中对零值的研究颇多，主要是因为当成分数据中有零值时，对数比率变换将失效，1.2.1 节主要介绍已有的处理成分数据零值的方法。

在统计分析方面，Filzmoser 等提出了一系列关于成分数据的多元统计分析方法：2008 年提出了成分数据异常值探测的稳健方法[35]，该方法是基于变换后数据的马氏距离，而且不同变换对应的马氏距离是不变的；2009 年提出了成分数据的相关性分析[36]，该方法计算基于 ilr 坐标的相关性度量，并且对于不同形式的 ilr 坐标，该度量是不变的；提出了成分数据的稳健主成分分析[37]，该方法是基于 ilr 坐标建立的；提出了成分数据的稳健因子分析[38]，并分别给出基于 clr 系数和 ilr 坐标的因子分析；2012 年提出了成分数据的判别分析，并给出参数的稳健估计[39]。2015 年 Fang 等提出了 CCLasso 方法[40]，通过 Lasso 来得到成分数据的相关性推断。2015 年 Wang 等根据成分数据的运算在单形上建立了主成分分析[41]。图书 *Compositional Data Analysis: Theory and Applications* 第 7 章中给出了成分时间序列预测的 VARIMA 模型[42]，第 8 章介绍了成分数据的对应分析[43]。关于成分时间序列预测的模型还可见文献[44,45,46,47]。图书 *Modeling and Analysis of Compositional Data* 第5章介绍了成分数据的双标图分析，并给出了双标图上射线、射线之间的夹角以及链接对应的解释[48,49,50]。此外，多元统计分析中还有一种经典且最常用的方法就是回归分析[51,52]，1.2.2节详细介绍了基于成分数据的回归分析模型。

1.2.1　成分数据的零值处理方法

当成分数据中有零值时，对数比率变换将失效，因此在成分数据分析前需对零值进行处理。2007年Wang等提出了球坐标变换[53]，该方法可以预测含有零成分的成分数据。但是当一个成分取值为1，其余成分取值都为0时，该方法失效。2008年Butler和Glasbey提出了潜高斯模型，该模型假定零值是从潜多元正态分布产生的删失观测值，但是它不能满足成分数据分析的尺度不变性和子成分一致性两个原则[54]。

近似零值、计数零值和真实零值经常出现在成分数据中[55]。由于仪器测量精度受限，低于某个临界值的数据因观测不到而记为零，这样的零值称为近似零值。近似零值不是真正的零值。例如，因为仪器受限，岩石中的某个化学成分有可能观测不到而记为零，此时的零值为近似零值。计数零值指的是当样本量不大时计数数据中未观测到的正实数值，当改变抽样设计，增加样本容量时，未观测到的数有可能会被观测到。例如，在某个时间段内某个成分的计数数据为零，但延长时间时这个成分的计数数据不为零，因此在计数数据中的零值为计数零值。真实零值是真正的零值，不是由于试验设计观测不到而记为零，即不同于近似零值。例如，滴酒不沾的家庭不会有烟酒的支出，在烟酒成分上对应的零值为真实零值。对于近似零值和计数零值，都可以用一个小的非零值来替换零值，但对于真实零值，这样替换是不合适的。下面分别介绍每种零值对应的处理方法。

1.2.1.1 近似零值

考虑成分数据集

$$\boldsymbol{X}=[x_{ij}]_{n\times D}=\begin{pmatrix} x_{11} & x_{12} & \cdots & x_{1D} \\ x_{21} & x_{22} & \cdots & x_{2D} \\ \vdots & \vdots & & \vdots \\ x_{n1} & x_{n2} & \cdots & x_{nD} \end{pmatrix}$$

数据集 $\boldsymbol{X}$ 中每一行为一个成分数据，且含有 D 个部分。假定成分数据中有近似零值，近似零值是由于小于已知的探测范围而观测不到所产生的，且不同成分数据相同部分对应的探测范围是相同的。记探测范围向量为 $\boldsymbol{e}=(e_1, e_2, \cdots, e_D)^{\mathrm{T}}$，其中 e_j 为成分数据集 $\boldsymbol{X}$ 的第 j 个部分对应的探测范围。

2003 年 Martín-Fernández 等提出了乘法简单替换法[56]，x_{ij} 替换后的数据为

$$xr_{ij}=\begin{cases} \delta_{ij}, & x_{ij}=0 \\ x_{ij}\left(1-\dfrac{\sum\limits_{k|x_{ik}=0}\delta_{ik}}{c}\right), & x_{ij}>0 \end{cases}$$

其中 c 为成分数据的常数和约束，即 $\sum\limits_{j=1}^{D}x_{ij}=c$，$\delta_{ij}$ 为一个小于 e_j 的数。通过实验发现，当成分数据集中近似零值比例不高时，δ_{ij} 等于探测范围的 65%时可以最小化协方差矩阵的扭曲，即 $\delta_{ij}=65\%e_j$。

2007 年、2008 年 Palarea-Albaladejo 等提出了一种基于 alr 坐标的 EM 算法[57,58]。记 $\boldsymbol{Y}=[y_{ij}]_{n\times(D-1)}$ 为成分数据集 $\boldsymbol{X}$ 通过 alr 变换后得到的数据集，其中 $\boldsymbol{Y}$ 的每一行为 $\boldsymbol{X}$ 的每一行对应的 alr 坐标。成分数据集中的近似零值 $x_{ij}<e_j$ 将会导致它对应的 alr 坐标 $y_{ij}<\psi_{ij}$，其中 $\psi_{ij}=\ln\dfrac{e_j}{x_{iD}}$。近似零值 x_{ij} 对应的 alr 坐标 y_{ij} 可以当做小于某个临界值 ψ_{ij} 的缺失数据。首先用乘法简单替换法对近似零值 x_{ij} 进行初始插补，其

次用 EM 算法对缺失数据 y_{ij} 进行插补，最后通过 alr 逆变换得到近似零值 x_{ij} 的插补值。一直这样迭代进行，直到满足某个停止准则。该方法假定 alr 坐标服从正态分布，第 t 次迭代中 y_{ij} 的插补值为

$$yr_{ij}^{(t)}=\begin{cases}\boldsymbol{y}_{i,-j}\hat{\boldsymbol{\beta}}_j^{(t)}-\hat{\sigma}_j^{(t)}\dfrac{\phi\left(\dfrac{\psi_{ij}-\boldsymbol{y}_{i,-j}\hat{\boldsymbol{\beta}}_j^{(t)}}{\hat{\sigma}_j^{(t)}}\right)}{\Phi\left(\dfrac{\psi_{ij}-\boldsymbol{y}_{i,-j}\hat{\boldsymbol{\beta}}_j^{(t)}}{\hat{\sigma}_j^{(t)}}\right)}, & y_{ij}<\psi_{ij}\\ y_{ij}, & y_{ij}\geqslant\psi_{ij}\end{cases}$$

其中 $\boldsymbol{y}_{i,-j}$ 为数据集 $\boldsymbol{Y}$ 的第 i 行中除了第 j 列的其余列，$\hat{\boldsymbol{\beta}}_j^{(t)}$ 为第 t 次迭代中 $\boldsymbol{Y}$ 的第 j 列与其余列建立线性回归的回归系数，$\hat{\sigma}_j^{(t)}$ 为第 t 次迭代中 $\boldsymbol{Y}$ 的第 j 列的估计的条件标准差，$N(0，1)$ 的分布和密度函数分别记为 $\Phi(\cdot)$ 和 $\phi(\cdot)$。

2012 年 Martín-Fernández 等提出了一种基于 ilr 坐标的 EM 算法[59]。记 $\boldsymbol{X}^{(l)}=[x_{ij}^{(l)}]_{n\times D}$ 为置换后的成分数据集，即将 $\boldsymbol{X}$ 的第 l 列置换到第 1 列，其余列往后移。对成分数据集 $\boldsymbol{X}^{(l)}$ 做 ilr 变换，对应的 ilr 坐标为 $\boldsymbol{Z}^{(l)}=[z_{ij}^{(l)}]_{n\times(D-1)}$。首先用乘法简单替换法对 $\boldsymbol{X}$ 中近似零值进行初始插补。假定 $\boldsymbol{X}^{(l)}$ 中第 1 列有近似零值，$x_{i1}^{(l)}<e_l$ 将会导致它对应的 ilr 坐标 $z_{i1}^{(l)}<\psi_{i1}^{(l)}$，其中

$$\psi_{i1}^{(l)}=\sqrt{\frac{D-1}{D}}\ln\frac{e_l}{\sqrt[D-1]{\prod_{j=2}^{D}x_{ij}^{(l)}}}$$

类似于上面 EM 算法，$z_{i1}^{(l)}$ 的插补值为

$$zr_{i1}^{(l)}=\begin{cases}\boldsymbol{z}_{i,-1}^{(l)}\hat{\boldsymbol{\beta}}^{(l)}-\hat{\sigma}^{(l)}\dfrac{\phi\left(\dfrac{\psi_{i1}^{(l)}-\boldsymbol{z}_{i,-1}^{(l)}\hat{\boldsymbol{\beta}}^{(l)}}{\hat{\sigma}^{(l)}}\right)}{\Phi\left(\dfrac{\psi_{i1}^{(l)}-\boldsymbol{z}_{i,-1}^{(l)}\hat{\boldsymbol{\beta}}^{(l)}}{\hat{\sigma}^{(l)}}\right)}, & z_{i1}^{(l)}<\psi_{i1}^{(l)}\\ z_{i1}^{(l)}, & z_{i1}^{(l)}\geqslant\psi_{i1}^{(l)}\end{cases}$$

其中 $\boldsymbol{z}_{i,-1}^{(l)}$ 为数据集 $\boldsymbol{Z}^{(l)}$ 的第 i 行中除了第 1 列的其余列，$\hat{\boldsymbol{\beta}}^{(l)}$ 为 $\boldsymbol{Z}^{(l)}$ 的

第1列与其余列建立线性回归的回归系数，$\hat{\sigma}^{(l)}$ 为 $\boldsymbol{Z}^{(l)}$ 的第1列的估计的条件标准差。将 $z_{i1}^{(l)}$ 插补后的数据集取 ilr 逆变换可以得到近似零值 $x_{i1}^{(l)}$ 的替换值。令 l 分别等于数据集 $\boldsymbol{X}$ 中近似零值对应的列指标，用上面的方法一直迭代进行，直到满足停止准则。

2013 年 Palarea-Albaladejo 等提出了乘法对数正态替换方法[60]。该方法假定成分数据集中的每个成分服从对数正态分布 $\ln x_j \sim N(\mu_j, \sigma_j^2)$，第 j 个成分的近似零值 $x_{ij} < e_j$ 会导致 $\ln x_{ij} < \ln e_j$。首先对 $\ln x_{ij}$ 进行插补，使得插补后的值小于 $\ln e_j$，然后取指数得到近似零值 x_{ij} 的替换值，具体公式为

$$\mathrm{xr}_{ij} = \begin{cases} \delta_{ij} = \exp\left\{\hat{\mu}_j - \hat{\sigma}_j \dfrac{\phi\left(\dfrac{\ln e_j - \hat{\mu}_j}{\hat{\sigma}_j}\right)}{\Phi\left(\dfrac{\ln e_j - \hat{\mu}_j}{\hat{\sigma}_j}\right)}\right\}, & x_{ij} = 0 \\ x_{ij}\left(1 - \dfrac{\sum\limits_{k \mid x_{ik}=0} \delta_{ik}}{c}\right), & x_{ij} > 0 \end{cases}$$

其中 $\hat{\mu}_j$，$\hat{\sigma}_j$ 分别为 μ_j，σ_j 的估计值。

2014 年 Palarea-Albaladejo 等提出了一种基于 alr 坐标的数据扩充算法[61]。该方法与基于 alr 坐标的 EM 算法非常相似，区别在于 EM 算法的更新是确切的，而该方法的更新是通过模拟得到的。给定参数估计 $\hat{\mu}$，$\hat{\Sigma}$，当 $y_{ij} < \psi_{ij}$ 时，y_{ij} 的插补值 yr_{ij} 是通过概率分布 $P(y_{ij} \mid \boldsymbol{y}_{i,-j}\hat{\boldsymbol{\beta}}_j,\ y_{ij} < \psi_{ij};\ \hat{\mu}, \hat{\Sigma})$ 模拟得到的，新的参数估计值 $\hat{\mu}$，$\hat{\Sigma}$ 是通过概率分布 $P(\mu, \Sigma \mid \mathrm{yr}_{ij}, \boldsymbol{y}_{i,-j})$ 模拟得到的。

2015 年 Palarea-Albaladejo 等又提出了 Kaplan-Meier 平滑样条替换方法[62]。该方法是一种非参数方法，经常被用在生存分析中。通过经验累积分布函数(ECDF)来对近似零值进行插补，具体公式为

$$\widehat{\mathrm{ECDF}}(e_j) = \prod_{i:\ x_{ij} < e_j} \left(1 - \frac{d_i}{n_i}\right)$$

其中 d_i 和 n_i 分别为在时间 i 观测到的事件个数和总事件个数。

2016 年 Templz 等针对高维成分数据中的近似零值，提出了一种基于 ilr 坐标的偏最小二乘回归插补法[63]。该方法与基于 ilr 坐标的 EM 算法非常相似，之前的方法中回归系数是通过线性回归分析得到的，而该方法中回归系数是通过偏最小二乘回归分析得到的，其余步骤保持不变。

以上介绍的所有近似零值插补方法都可以在 R 软件中用程序包 zCompositions 中的函数 cmultRepl，lrEM，multLN，lrDA，multKM 来实现。

1.2.1.2　计数零值

2015 年 Martín-Fernández 等针对计数零值提出了贝叶斯乘法替换方法[64]。该方法是贝叶斯方法和乘法简单替换法的结合。首先用贝叶斯方法对零值和非零成分进行后验估计，然后利用乘法简单替换法进行修正，使得原始非零成分之间的比率保持不变。具体过程如下：

考虑计数向量 $\boldsymbol{c}=(c_1, c_2, \cdots, c_D)^{\mathrm{T}}$，它服从多项式分布，分布中的概率为 $\boldsymbol{\theta}=(\theta_1, \theta_2, \cdots, \theta_D)^{\mathrm{T}}$。$\boldsymbol{\theta}$ 的先验分布为关于参数向量 $\boldsymbol{\alpha}=(\alpha_1, \alpha_2, \cdots, \alpha_D)^{\mathrm{T}}$ 的狄氏先验分布，其中 $\alpha_j=sp_j\,(j=1, 2, \cdots, D)$，$s$ 为先验的强度。向量 $\boldsymbol{p}=(p_1, p_2, \cdots, p_D)^{\mathrm{T}}$ 为 $\boldsymbol{\theta}$ 的先验期望，因此 $\sum_{j=1}^{D} p_j=1$。当向量 $\boldsymbol{c}$ 的取值给定后，根据贝叶斯定理，θ_j 的后验估计为

$$\hat{\theta}_j=\frac{c_j+sp_j}{\sum_{k=1}^{D}(c_k+sp_k)}=\frac{c_j+\alpha_j}{T+s}$$

其中 $T=\sum_{k=1}^{D} c_k$。对于固定的 T，几乎所有被提出来的狄氏先验分布都是对称的，因此 $\boldsymbol{p}$ 为均匀向量 $(1/D, 1/D, \cdots, 1/D)^{\mathrm{T}}$。不同的狄氏先验分布对应不同的强度 s，相应的后验估计见表 1.2.1。

表 1.2.1 不同狄氏先验分布下的后验估计

分布	s	α_j	$\hat{\theta}_j$
Haldane	0	0	$\dfrac{c_j}{T}$
Perks	1	$\dfrac{1}{D}$	$\dfrac{c_j+1/D}{T+1}$
Jeffreys	$\dfrac{D}{2}$	$\dfrac{1}{2}$	$\dfrac{c_j+1/2}{T+D/2}$
Bayes-Laplace	D	1	$\dfrac{c_j+1}{T+D}$

上面给出的贝叶斯方法可以对计数数据进行修正，但是非零成分的比率有可能发生变化。例如，考虑计数向量 $\boldsymbol{c}=(4,0,2)^{\mathrm{T}}$，则 $T=6$，$D=3$，第一个成分与第三个成分之间的比率为 2。成分数据 $\boldsymbol{x}=(2/3,0,1/3)^{\mathrm{T}}$ 的贝叶斯估计为

$$\mathbf{xr}=\left(\frac{4+\alpha_1}{6+s},\ \frac{0+\alpha_2}{6+s},\ \frac{2+\alpha_3}{6+s}\right)^{\mathrm{T}}$$

贝叶斯估计中第一个成分与第三个成分的比率为 $\dfrac{4+\alpha_1}{2+\alpha_3}$。当狄氏先验分布为 Haldane 时，$\dfrac{4+\alpha_1}{2+\alpha_3}=2$，虽然非零成分的比率没变，但此时零成分依然还是零值。当狄氏先验分布为其他先验分布时，$\dfrac{4+\alpha_1}{2+\alpha_3}\neq 2$，因此需对通过贝叶斯方法得到的估计值进行调整，使得非零成分之间的比率不变。基于乘法简单替换法调整后，通过贝叶斯乘法替换法得到的估计值为

$$\mathrm{xr}_{ij}=\begin{cases}\dfrac{a_{ij}}{T_i+s_i}, & x_{ij}=0\\ x_{ij}\left(1-\displaystyle\sum_{k\mid x_{ij}=0}\frac{a_{ik}}{T_i+s_i}\right), & x_{ij}>0\end{cases}$$

接着上面例子，成分数据 $\boldsymbol{x}$ 的贝叶斯乘法替换估计为

$$\mathbf{xr}=\left(\frac{2}{3}\left(1-\frac{\alpha_2}{6+s}\right),\ \frac{\alpha_2}{6+s},\ \frac{1}{3}\left(1-\frac{\alpha_2}{6+s}\right)\right)^{\mathrm{T}}$$

很显然可以看出通过贝叶斯乘法替换法得到的第一个成分与第三个成分之间的比率为2。为了使总计数 $T=6$ 不变，可以对 $\mathbf{xr}$ 乘以6，从而得到

$$\mathbf{cr}=\left(4\left(1-\frac{\alpha_2}{6+s}\right),\ \frac{6\alpha_2}{6+s},\ 2\left(1-\frac{\alpha_2}{6+s}\right)\right)^{\mathrm{T}}$$

为了使非零成分分别为原始成分，可以对 $\mathbf{xr}$ 乘以 $6/(1-\frac{\alpha_2}{6+s})$，从而得到

$$\mathbf{cr}=\left(4,\ \frac{36\alpha_2}{(6+s)-\alpha_2(6+s)},\ 2\right)^{\mathrm{T}}$$

当狄氏先验分布的 α_2 和 s 值给定后，我们可以计算出 $\mathbf{cr}$。

上面介绍的贝叶斯乘法替换方法可以在 R 软件中用程序包 zCompositions 中的函数 cmultRepl 来实现。

1.2.1.3 真实零值

1986年 Aitchison 提出了通过合并成分部分来处理真实零值[19]，把零成分与非零成分合并为一个非零成分。虽然成分合并可以减少零值的数量，但它关于 Aitchison 几何是一种非线性运算，而且丢失了对应成分部分比率间的信息。

2003年 Aitchison 等提出了处理真实零值的参数方法[65]。通过两阶段来建立模型：第一阶段是决定零值出现的位置，第二阶段是给出非零部分对应的子成分的分布。考虑成分数据 $\boldsymbol{x}\in S^D$，假定 $\boldsymbol{x}$ 中有真实零值。给定变量 $\boldsymbol{u}=(u_1, u_2, \cdots, u_D)^{\mathrm{T}}$，其中 $u_j(j=1, 2, \cdots, D)$ 为二元变量0或1，$u_j=0$ 代表 $\boldsymbol{x}$ 的第 j 个成分为真实零值，$u_j=1$ 代表 $\boldsymbol{x}$ 的第 j 个成分为一个正实数。

第一阶段是给出变量 $\boldsymbol{u}$ 的密度函数。假定每个二元变量 u_j 成功的

概率为 θ_j。独立二项模型中 $\boldsymbol{u}$ 的密度函数为

$$b(\boldsymbol{u} \mid \boldsymbol{\theta}) = \prod_{j=1}^{D} \theta_j^{u_j} (1-\theta_j)^{1-u_j}$$

独立二项模型的不足是没有考虑 D 个二元变量 u_j 的相依性，因此增加先验信息 $\theta_j = \dfrac{\exp\{\lambda_j\}}{\exp\{\lambda_j\}+1}$ $(j=1, 2, \cdots, D)$。相依二项模型中 $\boldsymbol{u}$ 的密度函数为

$$b(\boldsymbol{u} \mid \boldsymbol{\mu}, \boldsymbol{\Sigma}) = \int_{\mathbb{R}^D} \prod_{j=1}^{D} \frac{\exp\{\lambda_j u_j\}}{\exp\{\lambda_j\}+1} \varphi^D(\boldsymbol{\lambda} \mid \boldsymbol{\mu}, \boldsymbol{\Sigma}) \mathrm{d}\boldsymbol{\lambda}$$

其中 $\boldsymbol{\lambda} = (\lambda_1, \lambda_2, \cdots, \lambda_D)^{\mathrm{T}}$ 服从正态分布，密度函数为 $\varphi^D(\boldsymbol{\lambda} \mid \boldsymbol{\mu}, \boldsymbol{\Sigma})$，$\boldsymbol{\mu}$，$\boldsymbol{\Sigma}$ 分别为期望和协方差阵。

第二阶段是给出成分数据 $\boldsymbol{x}$ 中非零成分对应的子成分的密度函数。假定成分数据 $\boldsymbol{x}$ 服从 logistic 正态分布，密度函数为 $\psi(\boldsymbol{x} \mid \boldsymbol{\xi}, \boldsymbol{T})$，其中 $\boldsymbol{\xi}$ 为成分数据的中心，$\boldsymbol{T}$ 为成分数据的方差矩阵。记 $J(\boldsymbol{u}) = \{j: u_j = 1\}$，$K(\boldsymbol{u}) = \{j: u_j = 0\}$，$J(\boldsymbol{u})$ 为成分数据 $\boldsymbol{x}$ 的非零成分对应的部分指标集，$K(\boldsymbol{u})$ 为成分数据 $\boldsymbol{x}$ 的真实零值对应的部分指标集。非零成分对应的子成分 $\boldsymbol{x}_{J(\boldsymbol{u})}$ 服从正态分布，密度函数为 $\psi(\boldsymbol{x}_{J(\boldsymbol{u})} \mid \boldsymbol{\xi}_{J(\boldsymbol{u})}, \boldsymbol{T}_{J(\boldsymbol{u})})$，其中 $\boldsymbol{\xi}_{J(\boldsymbol{u})}$，$\boldsymbol{T}_{J(\boldsymbol{u})}$ 分别为 $\boldsymbol{\xi}$，$\boldsymbol{T}$ 中指标集 $J(\boldsymbol{u})$ 对应的向量和矩阵。给定 n 个成分数据样本点，第 i 个样本点对应的二元变量为 $\boldsymbol{u}_i = (u_{i1}, u_{i2}, \cdots, u_{iD})^{\mathrm{T}}$，非零成分对应的子成分为 $\boldsymbol{x}_{J(\boldsymbol{u}_i)}$。独立二项条件 logistic 正态模型对应的似然函数为

$$L(\boldsymbol{\theta}, \boldsymbol{\xi}, \boldsymbol{T} \mid \text{data}) = \prod_{i=1}^{n} b(\boldsymbol{u}_i \mid \boldsymbol{\theta}) \psi(\boldsymbol{x}_{J(\boldsymbol{u}_i)} \mid \boldsymbol{\xi}_{J(\boldsymbol{u}_i)}, \boldsymbol{T}_{J(\boldsymbol{u}_i)})$$

相依二项条件 logistic 正态模型的似然函数为

$$L(\boldsymbol{\mu}, \boldsymbol{\Sigma}, \boldsymbol{\xi}, \boldsymbol{T} \mid \text{data}) = \prod_{i=1}^{n} b(\boldsymbol{u}_i \mid \boldsymbol{\mu}, \boldsymbol{\Sigma}) \psi(\boldsymbol{x}_{J(\boldsymbol{u}_i)} \mid \boldsymbol{\xi}_{J(\boldsymbol{u}_i)}, \boldsymbol{T}_{J(\boldsymbol{u}_i)})$$

通过似然函数极大化可以求出参数 $\boldsymbol{\theta}$，$\boldsymbol{\xi}$，$\boldsymbol{T}$ 或 $\boldsymbol{\mu}$，$\boldsymbol{\Sigma}$，$\boldsymbol{\xi}$，$\boldsymbol{T}$ 的估计。

之后提出的方法都是在上面参数方法的基础上进行改进的。2011 年 Stewart 等在进行定量脂肪酸特征分析时，针对真实零值提出了混合

模型，并给出了模型的推论[66]。2016年Bear等提出了对数正态混合模型，将对数正态分布推广为不同维数的对数正态分布的混合，并通过似然方法给出了参数的估计[67]。2017年Templ等针对有真实零值的成分数据，提出了一种异常值检测的方法，该方法是通过估计子成分间的马氏距离来检测的[68]。

1.2.2 成分数据的回归分析模型

记因变量为 $\boldsymbol{y}$，自变量为 $\boldsymbol{x}$。根据 $\boldsymbol{y}$ 或 $\boldsymbol{x}$ 是否为成分数据，可以将回归分析分为三种类型：第一种类型中 $\boldsymbol{y}$ 为实数数据，$\boldsymbol{x}$ 为成分数据；第二种类型中 $\boldsymbol{y}$ 为成分数据，$\boldsymbol{x}$ 为实数数据；第三种类型中所有的 $\boldsymbol{y}$ 和 $\boldsymbol{x}$ 都是成分数据。近年来，这三种类型已引起了很多学者的关注，他们提出了许多相应的模型。下面分别介绍每种类型已有的回归分析模型。

1.2.2.1 第一种类型：基于成分自变量的回归分析模型

1984年Aitchison等提出了对数对比模型[69]，这个模型是文献[70,71]中模型的改进。线性和二次对数对比模型的形式分别为

$$y=\beta_0+\sum_{i=1}^{D}\beta_i\ln x_i+\varepsilon$$

$$y=\beta_0+\sum_{i=1}^{D}\beta_i\ln x_i+\sum_{i=1}^{D-1}\sum_{j=i+1}^{D}\beta_{ij}\left(\ln\frac{x_i}{x_j}\right)^2+\varepsilon$$

其中 $y\in\mathbb{R}$ 为实数因变量，$\boldsymbol{x}=(x_1, x_2, \cdots, x_D)^{\mathrm{T}}\in S^D$ 为成分自变量，$\varepsilon\in\mathbb{R}$ 为随机误差项，β_i 为参数且满足 $\sum_{i=1}^{D}\beta_i=0$。参数可以通过最小二乘法估计，估计的参数需满足约束 $\sum_{i=1}^{D}\beta_i=0$。二次对数对比模型中参数众多，这将会导致数值计算困难，而且参数不好解释。

2012年Hron等提出了线性回归模型[72]。首先得出成分自变量 $\boldsymbol{x}\in S^D$ 的ilr坐标 $\boldsymbol{z}=(z_1, z_2, \cdots, z_{D-1})^{\mathrm{T}}$，然后建立因变量 y 与自

变量 $\boldsymbol{z}$ 的线性回归模型

$$y=\beta_0+\beta_1 z_1+\beta_2 z_2+\cdots+\beta_{D-1} z_{D-1}+\varepsilon$$

其中 β_i 为参数，可以通过最小二乘法来估计。为了使参数的解释有意义，选用的 ilr 坐标形式见公式(2.2.5)，第一个坐标反映的是成分 x_1 的相对信息，因此参数 β_1 解释了成分 x_1 的相对信息对 y 的影响。为了得到其余成分对 y 的影响，可以通过对 $\boldsymbol{x}$ 的成分进行置换得到 $\boldsymbol{x}^{(l)}$，对应的 ilr 坐标为 $\boldsymbol{z}^{(l)}=(z_1^{(l)}, z_2^{(l)}, \cdots, z_{D-1}^{(l)})^{\mathrm{T}}$。建立 y 与 $\boldsymbol{z}^{(l)}$ 的线性回归模型

$$y=\beta_0+\beta_1^{(l)} z_1^{(l)}+\beta_2^{(l)} z_2^{(l)}+\cdots+\beta_{D-1}^{(l)} z_{D-1}^{(l)}+\varepsilon, \quad l=1, 2, \cdots, D$$

无论 l 的取值为多少，截距项 β_0 都是不变的。参数 $\beta_1^{(l)}$ 解释了成分 x_l 的相对信息对 y 的影响。

2014 年 Lin 等建立了高维成分自变量的回归模型，并提出了变量选择方法[73]。线性对数对比模型的形式为

$$y_i=\beta_1 \ln x_{i1}+\beta_2 \ln x_{i2}+\cdots+\beta_D \ln x_{iD}+\varepsilon_i, \quad i=1, 2, \cdots, n$$

其中 β_j 为参数且满足 $\sum_{j=1}^{D} \beta_j=0$。由于变量经过中心化处理，所以上面模型中没有截距项。当成分数据为高维时，即 D 很大时，参数不能用最小二乘法进行估计，Lin 等提出用 l_1 正则化方法来估计参数。考虑有约束的凸优化问题

$$\hat{\boldsymbol{\beta}}=\arg\min_{\boldsymbol{\beta}}\left(\frac{1}{2n}\sum_{i=1}^{n}\left(y_i-\sum_{j=1}^{D}\beta_j \ln x_{ij}\right)^2+\lambda\|\boldsymbol{\beta}\|_1\right)$$

$$\text{subject to } \sum_{j=1}^{D}\beta_j=0$$

其中 $\boldsymbol{\beta}=(\beta_1, \beta_2, \cdots, \beta_D)^{\mathrm{T}}$，$\lambda>0$ 为正则化参数，$\|\cdot\|_1$ 为 l_1 范数。运用坐标下降法来求解有约束的凸优化问题，得到参数估计 $\hat{\boldsymbol{\beta}}$，且 $\hat{\boldsymbol{\beta}}$ 有很好的理论性质。

2015 年 Marzio 等针对基于成分自变量的回归分析提出了非参数回归模型[74]，其形式为

$$y_i = f(\boldsymbol{x}_i) + \varepsilon_i, \quad i = 1, 2, \cdots, n$$

其中 $y_i \in \mathbb{R}$ 为因变量，$\boldsymbol{x}_i \in S^D$ 为自变量。基于核回归方法可以得到 $f(\boldsymbol{x})$ 的局部常数估计为

$$\hat{f}(\boldsymbol{x}) = \arg\min_{b_0} \sum_{i=1}^{n} (y_i - b_0)^2 K_{\boldsymbol{H}}(\boldsymbol{x}_i \ominus \boldsymbol{x}) = \frac{\sum_{i=1}^{n} K_{\boldsymbol{H}}(\boldsymbol{x}_i \ominus \boldsymbol{x}) y_i}{\sum_{i=1}^{n} K_{\boldsymbol{H}}(\boldsymbol{x}_i \ominus \boldsymbol{x})}$$

其中 $K_H(\cdot)$ 为单形上的核函数。

2015 年、2016 年 Bruno 等[75,76]继续研究文献[74]中的模型

$$y_i = f(\boldsymbol{x}_i) + \varepsilon_i, \quad i = 1, 2, \cdots, n$$

基于贝叶斯 P 样条，可以得到

$$f(\boldsymbol{x}_i) = \boldsymbol{B}(\boldsymbol{x}_i)\boldsymbol{\gamma}$$

其中 $\boldsymbol{B}(\boldsymbol{x}_i)$ 是 $n \times q$ 基矩阵 $\boldsymbol{B}$ 中的第 i 行，$\boldsymbol{\gamma}$ 是样条系数的 q 维向量。基矩阵 $\boldsymbol{B}$ 可以通过边缘基矩阵 $\boldsymbol{B}_1$，$\boldsymbol{B}_2$，…，$\boldsymbol{B}_{D-1}$ 得到

$$\boldsymbol{B} = \boldsymbol{B}_{D-1} \square \boldsymbol{B}_{D-2} \square \cdots \square \boldsymbol{B}_1$$

其中 $\boldsymbol{B}_j (j = 1, 2, \cdots, D-1)$ 的维数是 $n \times q_j$，$\square$ 为框积运算。例如

$$\boldsymbol{B}_2 \square \boldsymbol{B}_1 = (\boldsymbol{B}_2 \otimes \boldsymbol{1}_{q_2}^{\mathrm{T}}) \cdot (\boldsymbol{1}_{q_1}^{\mathrm{T}} \otimes \boldsymbol{B}_1)$$

其中 $\boldsymbol{1}_{q2}$ 为 q_2 维的元素全为 1 的列向量，$\otimes$为克罗克内积，$\cdot$ 为矩阵中对应元素相乘。样条系数 $\boldsymbol{\gamma}$ 可以通过高斯马尔可夫随机场先验信息得到

$$\boldsymbol{\gamma} \sim \mathrm{IGMRF}_q(\tau_\gamma, \boldsymbol{K}_\gamma), \quad \tau_\gamma \sim \mathrm{Gamma}(a, b)$$

其中 $\boldsymbol{K}_\gamma$ 为系数结构矩阵，

$$\begin{aligned}\boldsymbol{K}_\gamma = &(\boldsymbol{1}_{q_{D-1}} \otimes \cdots \otimes \boldsymbol{1}_{q_2} \otimes \boldsymbol{R}_1) + (\boldsymbol{1}_{q_{D-1}} \otimes \cdots \otimes \boldsymbol{1}_{q_3} \otimes \boldsymbol{R}_2 \otimes \boldsymbol{1}_{q_1}) \\ &+ \cdots + (\boldsymbol{R}_{D-1} \otimes \boldsymbol{1}_{q_{D-2}} \otimes \cdots \otimes \boldsymbol{1}_{q_1})\end{aligned}$$

1.2.2.2　第二种类型：基于成分因变量的回归分析模型

2008 年 Gueorguieva 等提出了狄氏成分回归[77]。回归模型中因变量 $\boldsymbol{y} = (y_1, y_2, \cdots, y_D)^{\mathrm{T}} \in S^D$ 为成分数据，自变量 $\boldsymbol{x} = (x_1,$

$x_2, \cdots, x_p)^{\mathrm{T}} \in \mathbb{R}^p$ 为实数数据。成分因变量 $\boldsymbol{y}$ 的分布为狄氏分布，密度函数为

$$f(y_1, y_2, \cdots, y_D \mid \alpha_1, \alpha_2, \cdots, \alpha_D) = \frac{\Gamma\left(\sum_{j=1}^{D} \alpha_j\right)}{\prod_{j=1}^{D} \Gamma(\alpha_j)} \prod_{j=1}^{D} y_j^{\alpha_j - 1}$$

其中 $\alpha_j > 0$ $(j = 1, 2, \cdots, D)$ 为参数。每个成分 y_j 的期望值为

$$E(y_j) = \frac{\alpha_j}{\sum_{j=1}^{D} \alpha_j}$$

每个参数 α_j 与自变量 $\boldsymbol{x}$ 之间使用 ln 连接函数，

$$\ln \alpha_j = \boldsymbol{\beta}_j^{\mathrm{T}} \boldsymbol{x}$$

其中 $\boldsymbol{\beta}_j$ 是回归系数。通过最大似然法，可以得到估计后的回归系数为 $\hat{\boldsymbol{\beta}}_j$，则参数 α_j 对应的估计为

$$\hat{\alpha}_j = \exp(\hat{\boldsymbol{\beta}}_j^{\mathrm{T}} \boldsymbol{x})$$

因此 $\hat{E}(y_j) = \dfrac{\hat{\alpha}_j}{\sum_{j=1}^{D} \hat{\alpha}_j}$。狄氏成分回归可以在 R 软件中用程序包 DirichletReg 来实现。

2010 年 Tolosana-Delgado 等提出了成分多元线性回归模型[78]，其形式为

$$\boldsymbol{y} = \boldsymbol{\beta}_0 \oplus x_1 \odot \boldsymbol{\beta}_1 \oplus x_2 \odot \boldsymbol{\beta}_2 \oplus \cdots \oplus x_p \odot \boldsymbol{\beta}_p \oplus \boldsymbol{\varepsilon}$$

其中 $\boldsymbol{y} \in S^D$ 为成分因变量，$x_1, x_2, \cdots, x_p \in \mathbb{R}$ 为 p 个自变量，$\boldsymbol{\varepsilon} \in S^D$ 为成分随机误差项，$\boldsymbol{\beta}_0, \boldsymbol{\beta}_1, \boldsymbol{\beta}_2, \cdots, \boldsymbol{\beta}_p \in S^D$ 为参数。2012 年 Egozcue 等对上面的回归模型做 ilr 变换[79]，得到

$$\mathrm{ilr}(\boldsymbol{y}) = \mathrm{ilr}(\boldsymbol{\beta}_0) + x_1 \mathrm{ilr}(\boldsymbol{\beta}_1) + x_2 \mathrm{ilr}(\boldsymbol{\beta}_2) + \cdots + x_p \mathrm{ilr}(\boldsymbol{\beta}_p) + \mathrm{ilr}(\boldsymbol{\varepsilon})$$

首先在实数空间上获得 $\mathrm{ilr}(\boldsymbol{\beta}_0)$，$\mathrm{ilr}(\boldsymbol{\beta}_1)$，$\mathrm{ilr}(\boldsymbol{\beta}_2) \cdots$，$\mathrm{ilr}(\boldsymbol{\beta}_p)$ 的估计，然后基于 ilr 逆变换来获得参数 $\boldsymbol{\beta}_0, \boldsymbol{\beta}_1, \boldsymbol{\beta}_2, \cdots, \boldsymbol{\beta}_p$ 的估计。

2011 年 Scealy 等基于超球面上的分布建立回归模型[80]。记 $\boldsymbol{y} =$

$(y_1, y_2, \cdots, y_D)^{\mathrm{T}} \in S^D$ 为成分因变量，$\boldsymbol{x}=(x_1, x_2, \cdots, x_p)^{\mathrm{T}} \in \mathbb{R}^p$ 由 p 个实数自变量组成。给定 $\boldsymbol{z}=(z_1, z_2, \cdots, z_D)^{\mathrm{T}}$，其中 $|z_j|=y_j(j=1, 2, \cdots, D)$。假定 $\boldsymbol{z}$ 在自变量 $\boldsymbol{x}$ 给定下服从 Kent 分布，密度函数为 $f(\boldsymbol{z} \mid \boldsymbol{x})=c(k, \boldsymbol{\beta})^{-1}\exp(k\boldsymbol{\mu}(\boldsymbol{x})^{\mathrm{T}}\boldsymbol{z}+\beta_2(\boldsymbol{\gamma}_2(\boldsymbol{x})^{\mathrm{T}}\boldsymbol{z})^2+\cdots+\beta_{D-1}(\boldsymbol{\gamma}_{D-1}(\boldsymbol{x})^{\mathrm{T}}\boldsymbol{z})^2-(\beta_2+\cdots+\beta_{D-1})(\boldsymbol{\gamma}_D(\boldsymbol{x})^{\mathrm{T}}\boldsymbol{z})^2)$，其中 $\boldsymbol{\mu}(\boldsymbol{x}) \in S^D$ 是均值方向，$\boldsymbol{\gamma}_2(x), \cdots, \boldsymbol{\gamma}_D(x)$ 为正交的 D 维向量，且与 $\boldsymbol{\mu}(\boldsymbol{x})$ 正交，$k>0$，$\boldsymbol{\beta}=(\beta_2, \cdots, \beta_{D-1}) \in \mathbb{R}^{D-2}$ 是形状参数，且满足

$$\frac{k}{2}>\beta_2 \geqslant \beta_3 \geqslant \cdots \geqslant \beta_{D-1} \geqslant -(\beta_2+\beta_3+\cdots+\beta_{D-1})$$

$c(k, \boldsymbol{\beta})$ 为归一化常数。令 $\boldsymbol{\Gamma}(\boldsymbol{x})=(\boldsymbol{\mu}(\boldsymbol{x}), \boldsymbol{\gamma}_2(\boldsymbol{x}), \cdots, \boldsymbol{\gamma}_D(\boldsymbol{x}))=\boldsymbol{H}(\boldsymbol{x})\boldsymbol{K}$，文中给出

$$\boldsymbol{H}(\boldsymbol{x})=\begin{pmatrix} \mu_1(\boldsymbol{x}) & \boldsymbol{\mu}_L(\boldsymbol{x})^{\mathrm{T}} \\ \boldsymbol{\mu}_L(\boldsymbol{x}) & \dfrac{1}{1+\mu_1(\boldsymbol{x})}\boldsymbol{\mu}_L(\boldsymbol{x})\boldsymbol{\mu}_L(\boldsymbol{x})^{\mathrm{T}}-\boldsymbol{I}_{D-1} \end{pmatrix}$$

$$\boldsymbol{K}=\begin{pmatrix} 1 & \boldsymbol{0}_{D-1}^{\mathrm{T}} \\ \boldsymbol{0}_{D-1} & \boldsymbol{K}^* \end{pmatrix}$$

其中 $\boldsymbol{\mu}_L(\boldsymbol{x})=(\mu_2(\boldsymbol{x}), \mu_3(\boldsymbol{x}), \cdots, \mu_D(\boldsymbol{x}))^{\mathrm{T}}$，

$$u_i(\boldsymbol{x})=\begin{cases} \left(1+\sum\limits_{j=1}^{D-1}\exp(\boldsymbol{a}_j^{\mathrm{T}}\boldsymbol{x})\right)^{-1/2}, & i=1 \\ \exp\left(\dfrac{\boldsymbol{a}_{i-1}^{\mathrm{T}}\boldsymbol{x}}{2}\right)\left(1+\sum\limits_{j=1}^{D-1}\exp(\boldsymbol{a}_j^{\mathrm{T}}\boldsymbol{x})\right)^{-1/2}, & i=2, 3, \cdots, D \end{cases}$$

参数 $\boldsymbol{K}^*$ 可以通过平面旋转矩阵得到[81]。

2015 年 Marzio 等针对基于成分因变量的回归分析提出了非参数回归模型[74]，其形式为

$$\boldsymbol{y}_i=f(\boldsymbol{x}_i) \oplus \boldsymbol{\varepsilon}_i, \quad i=1, 2, \cdots, n,$$

其中 $\boldsymbol{y}_i \in S^D$ 为成分因变量，$\boldsymbol{x}_i \in \mathbb{R}^p$ 由 p 个实数自变量组成，$\boldsymbol{\varepsilon}_i \in S^D$

为成分随机误差项。$f(\boldsymbol{x}) \in S^D$ 的局部常数估计为

$$\hat{f}(\boldsymbol{x}) = \arg\min_{\boldsymbol{b}_0} \sum_{i=1}^{n} \| L_{\boldsymbol{H}}^{1/2}(\boldsymbol{x}_i - \boldsymbol{x}) \odot (\boldsymbol{y}_i \ominus \boldsymbol{b}_0) \|_a^2$$

其中 $L_{\boldsymbol{H}}(\cdot) = |\boldsymbol{H}|^{-1} L(\boldsymbol{H}^{-1}\cdot)$，$L(\cdot)$ 为 $\mathbb{R}^p$ 上的多元核函数，$\boldsymbol{H}$ 是一个 $p \times p$ 的正定光滑矩阵[82]。根据 ilr 变换的等距性，$f(\boldsymbol{x}) \in S^D$ 的局部常数估计也可以通过下面的目标优化来求解：

$$\hat{f}(\boldsymbol{x}) = \mathrm{ilr}^{-1}\left(\arg\min_{\mathrm{ilr}(\boldsymbol{b}_0)} \sum_{i=1}^{n} \| L_{\boldsymbol{H}}^{1/2}(\boldsymbol{x}_i - \boldsymbol{x})(\mathrm{ilr}(\boldsymbol{y}_i) - \mathrm{ilr}(\boldsymbol{b}_0)) \|^2\right)$$

同样，文中也给出了 $f(\boldsymbol{x}) \in S^D$ 的局部线性估计。

1.2.2.3 第三种类型：基于成分因变量和成分自变量的回归分析模型

2013 年 Wang 等基于成分因变量和成分自变量的回归分析提出了非参数回归模型[83]，一个是建立在单形上，另一个是建立在实数空间上。具体形式为

$$\boldsymbol{y} = \beta_1 \odot \boldsymbol{x}_1 \oplus \beta_2 \odot \boldsymbol{x}_2 \oplus \cdots \oplus \beta_p \odot \boldsymbol{x}_p \oplus \boldsymbol{\varepsilon}$$

$$\mathrm{ilr}(\boldsymbol{y}) = \beta_1 \mathrm{ilr}(\boldsymbol{x}_1) + \beta_2 \mathrm{ilr}(\boldsymbol{x}_2) + \cdots + \beta_p \mathrm{ilr}(\boldsymbol{x}_p) + \mathrm{ilr}(\boldsymbol{\varepsilon})$$

其中 $\boldsymbol{y} \in S^D$ 为成分因变量，$\boldsymbol{x}_1$，$\boldsymbol{x}_2$，…，$\boldsymbol{x}_p \in S^D$ 为成分自变量，$\boldsymbol{\varepsilon} \in S^D$ 为成分随机误差项。文中给出了参数的最小二乘估计，并验证了单形上的参数估计和实数空间上的参数估计是相同的。

2015 年 Marzio 等提出了一种基于核函数的回归模型[74]，其形式为

$$\boldsymbol{y}_i = f(\boldsymbol{x}_i) \oplus \boldsymbol{\varepsilon}_i, \qquad i = 1, 2, \cdots, n$$

其中 $\boldsymbol{y}_i \in S^D$ 为成分因变量，$\boldsymbol{x}_i \in S^L$ 为成分自变量，$\boldsymbol{\varepsilon}_i \in S^D$ 为成分随机误差项。$f(\boldsymbol{x}) \in S^D$ 的局部常数估计为

$$\hat{f}(\boldsymbol{x}) = \arg\min_{\boldsymbol{b}_0} \sum_{i=1}^{n} \| K_{\boldsymbol{H}}^{1/2}(\boldsymbol{x}_i \ominus \boldsymbol{x}) \odot (\boldsymbol{y}_i \ominus \boldsymbol{b}_0) \|_a^2$$

其中 $K_{\boldsymbol{H}}(\cdot)$ 为单形上的核函数

$$K_{\boldsymbol{H}}^{1/2}(\boldsymbol{x}_i \ominus \boldsymbol{x}) = |\boldsymbol{H}|^{-1} \widetilde{K}(\boldsymbol{H}^{-1}(\mathrm{ilr}(\boldsymbol{x}_i) - \mathrm{ilr}(\boldsymbol{x}))) = \widetilde{K}_{\boldsymbol{H}}(\mathrm{ilr}(\boldsymbol{x}_i) - \mathrm{ilr}(\boldsymbol{x}))$$

$\widetilde{K}(\cdot)$ 为 $\mathbb{R}^{L-1}$ 上的多元核函数[82,84]，$\boldsymbol{H}$ 是一个 $(L-1) \times (L-1)$ 的正

定光滑矩阵。根据 ilr 变换的等距性，$f(\boldsymbol{x}) \in S^D$ 的局部常数估计也可以通过下面的目标优化来求解

$$\hat{f}(\boldsymbol{x}) = \mathrm{ilr}^{-1}\left(\arg\min_{\mathrm{ilr}(\boldsymbol{b}_0)} \sum_{i=1}^{n} \| \widetilde{K}_{\boldsymbol{H}}^{1/2}(\mathrm{ilr}(\boldsymbol{x}_i) - \mathrm{ilr}(\boldsymbol{x}))(\mathrm{ilr}(\boldsymbol{y}_i) - \mathrm{ilr}(\boldsymbol{b}_0)) \|^2\right)$$

除此之外，文中还给出了 $f(\boldsymbol{x}) \in S^D$ 的局部线性估计。

第2章　成分数据的准备工作

本章介绍书中涉及的成分数据的基础知识，包括 Aitchison 几何结构、坐标表示、矩阵乘积运算以及成分数据的中心和方差，并给出成分数据矩阵乘积运算的性质以及样本中心的性质。后面几章都是在第二章的基础上进行研究的。

2.1　成分数据的 Aitchison 几何结构

实数空间的几何结构对于成分数据来说是不适合的。例如，对于两个成分等价的向量，可以计算欧式距离，但它不为零，不能用来度量成分数据，因此成分数据需要一个合理的几何结构。类似于实数空间，在单形上可以定义两个运算使得它为向量空间结构。第一个为扰动运算，类似于实数空间上的加法运算；第二个为幂运算，类似于实数空间上的数乘运算[21,22]。

定义 2.1.1(扰动运算)　对于任意成分数据 $\boldsymbol{x}=(x_1, x_2, \cdots, x_D)^{\mathrm{T}}$，$\boldsymbol{y}=(y_1, y_2, \cdots, y_D)^{\mathrm{T}} \in S^D$，$\boldsymbol{x}$ 与 $\boldsymbol{y}$ 的扰动运算定义为

$$\boldsymbol{x} \oplus \boldsymbol{y}=C(x_1 y_1, x_2 y_2, \cdots, x_D y_D)^{\mathrm{T}} \in S^D$$

定义 2.1.2(幂运算)　对于任意成分数据 $\boldsymbol{x}=(x_1, x_2, \cdots, x_D)^{\mathrm{T}}$ 和常数 $\alpha \in \mathbb{R}$，$\boldsymbol{x}$ 与 α 的幂运算定义为

$$\alpha \odot \boldsymbol{x}=C(x_1^{\alpha}, x_2^{\alpha}, \cdots, x_D^{\alpha})^{\mathrm{T}} \in S^D$$

性质 2.1.3　对于 $\boldsymbol{x}$，$\boldsymbol{y}$，$\boldsymbol{z} \in S^D$，α，$\beta \in \mathbb{R}$，向量空间 (S^D，

$\oplus$，$\odot$）满足

(1)交换性：$\boldsymbol{x} \oplus \boldsymbol{y} = \boldsymbol{y} \oplus \boldsymbol{x}$；

(2)结合性 1：$(\boldsymbol{x} \oplus \boldsymbol{y}) \oplus \boldsymbol{z} = \boldsymbol{x} \oplus (\boldsymbol{y} \oplus \boldsymbol{z})$；

(3)结合性 2：$\alpha \odot (\beta \odot \boldsymbol{x}) = (\alpha \cdot \beta) \odot \boldsymbol{x}$；

(4)分配性 1：$\alpha \odot (\boldsymbol{x} \oplus \boldsymbol{y}) = (\alpha \odot \boldsymbol{x}) \oplus (\alpha \odot \boldsymbol{y})$；

(5)分配性 2：$(\alpha + \beta) \odot \boldsymbol{x} = (\alpha \odot \boldsymbol{x}) \oplus (\beta \odot \boldsymbol{x})$；

(6)零元素：$\boldsymbol{n}_D = C(1, 1, \cdots, 1)^{\mathrm{T}}$；

(7)负元素：$\boldsymbol{x}^{-1} = C(x_1^{-1}, x_2^{-1}, \cdots, x_D^{-1})$，因此 $\boldsymbol{x} \oplus \boldsymbol{x}^{-1} = \boldsymbol{x} \ominus \boldsymbol{x} = \boldsymbol{n}_D$；

(8)单位元：$1 \odot \boldsymbol{x} = \boldsymbol{x}$。

为了得到欧几里得线性向量空间，在向量空间（S^D，$\oplus$，$\odot$）上需要定义内积、范数以及距离。接下来介绍成分数据单形上的 Aitchison 几何结构[12,13]，包括 Aitchison 内积 $\langle \cdot, \cdot \rangle_a$、Aitchison 范数 $\| \cdot \|_a$ 以及 Aitchison 距离 $d_a(\cdot, \cdot)$，其中下标 a 代表 Aitchison。

定义 2.1.4（Aitchison 内积）　对于任意成分数据 $\boldsymbol{x} = (x_1, x_2, \cdots, x_D)^{\mathrm{T}}$，$\boldsymbol{y} = (y_1, y_2, \cdots, y_D)^{\mathrm{T}} \in S^D$，$\boldsymbol{x}$ 与 $\boldsymbol{y}$ 的内积定义为

$$\langle \boldsymbol{x}, \boldsymbol{y} \rangle_a = \frac{1}{2D} \sum_{i=1}^{D} \sum_{j=1}^{D} \ln \frac{x_i}{x_j} \ln \frac{y_i}{y_j} = \sum_{i=1}^{D} \ln \frac{x_i}{g_m(\boldsymbol{x})} \ln \frac{y_i}{g_m(\boldsymbol{y})}$$

其中 $g_m(\boldsymbol{x})$ 代表 $\boldsymbol{x}$ 所有成分的几何均值。

定义 2.1.5（Aitchison 范数）　对于任意成分数据 $\boldsymbol{x} = (x_1, x_2, \cdots, x_D)^{\mathrm{T}}$，$\boldsymbol{x}$ 的范数定义为

$$\| \boldsymbol{x} \|_a = \sqrt{\frac{1}{2D} \sum_{i=1}^{D} \sum_{j=1}^{D} \left(\ln \frac{x_i}{x_j} \right)^2} = \sqrt{\sum_{i=1}^{D} \left(\ln \frac{x_i}{g_m(\boldsymbol{x})} \right)^2}$$

定义 2.1.6（Aitchison 距离）　对于任意成分数据 $\boldsymbol{x} = (x_1, x_2, \cdots, x_D)^{\mathrm{T}}$，$\boldsymbol{y} = (y_1, y_2, \cdots, y_D)^{\mathrm{T}} \in S^D$，$\boldsymbol{x}$ 与 $\boldsymbol{y}$ 的距离定义为

$$d_a(\boldsymbol{x}, \boldsymbol{y}) = \sqrt{\frac{1}{2D} \sum_{i=1}^{D} \sum_{j=1}^{D} \left(\ln \frac{x_i}{x_j} - \ln \frac{y_i}{y_j} \right)^2}$$

$$= \sqrt{\sum_{i=1}^{D} \left(\ln \frac{x_i}{g_m(\boldsymbol{x})} - \ln \frac{y_i}{g_m(\boldsymbol{y})} \right)^2}$$

性质 2.1.7　对于 $\boldsymbol{x}, \boldsymbol{y}, \boldsymbol{z} \in S^D$，$k \in \mathbb{R}$，单形上的欧几里得空间满足

(1)对称性：$\langle \boldsymbol{x}, \boldsymbol{y} \rangle_a = \langle \boldsymbol{y}, \boldsymbol{x} \rangle_a$；

(2)线性性：$\langle \boldsymbol{x} \oplus \boldsymbol{y}, \boldsymbol{z} \rangle_a = \langle \boldsymbol{x}, \boldsymbol{z} \rangle_a + \langle \boldsymbol{y}, \boldsymbol{z} \rangle_a$，$\langle k \odot \boldsymbol{x}, \boldsymbol{y} \rangle_a = k \langle \boldsymbol{x}, \boldsymbol{y} \rangle_a$；

(3)正定性：$\langle \boldsymbol{x}, \boldsymbol{x} \rangle_a \geqslant 0$，当且仅当 $\boldsymbol{x} = \boldsymbol{n}_D$ 时 $\langle \boldsymbol{x}, \boldsymbol{x} \rangle_a = 0$；

(4)柯西-施瓦兹不等式：$| \langle \boldsymbol{x}, \boldsymbol{y} \rangle_a | \leqslant \| \boldsymbol{x} \|_a \cdot \| \boldsymbol{y} \|_a$；

(5)勾股定理：如果 $\boldsymbol{x}$ 与 $\boldsymbol{y}$ 正交，即 $\langle \boldsymbol{x}, \boldsymbol{y} \rangle_a = 0$，则 $\| \boldsymbol{x} \oplus \boldsymbol{y} \|_a^2 = \| \boldsymbol{x} \|_a^2 + \| \boldsymbol{y} \|_a^2$；

(6)三角不等式：$d_a(\boldsymbol{x}, \boldsymbol{y}) \leqslant d_a(\boldsymbol{x}, \boldsymbol{z}) + d_a(\boldsymbol{y}, \boldsymbol{z})$。

2.2　成分数据的坐标表示

在实数空间上，任意向量 $\boldsymbol{x} = (x_1, x_2, \cdots, x_D)^{\mathrm{T}} \in \mathbb{R}^D$ 可以表示为

$$\begin{aligned} \boldsymbol{x} &= x_1 (1, 0, \cdots, 0)^{\mathrm{T}} + x_2 (0, 1, \cdots, 0)^{\mathrm{T}} + \cdots + x_D (0, 0, \cdots, 1)^{\mathrm{T}} \\ &= \sum_{i=1}^{D} x_i \cdot \boldsymbol{e}_{D,i} \end{aligned}$$

其中 $\{\boldsymbol{e}_{D,1}, \boldsymbol{e}_{D,2}, \cdots, \boldsymbol{e}_{D,D}\}$ 为 $\mathbb{R}^D$ 上的标准正交基。根据定义 1.1.3 可知 $\boldsymbol{e}_{D,i}$ 不是成分数据，因此它不能作为单形上的基。对于成分数据 $\boldsymbol{x} = (x_1, x_2, \cdots, x_D)^{\mathrm{T}} \in S^D$，我们需构造单形上的基，一种直接的方法是对 $\boldsymbol{e}_{D,i}$ 取指数，得到单形上的基 $\{\boldsymbol{w}_1, \boldsymbol{w}_2, \cdots, \boldsymbol{w}_D\}$

$$\boldsymbol{w}_i = C(\exp(\boldsymbol{e}_{D,i})) = C(1, 1, \cdots, e, \cdots, 1)^{\mathrm{T}}, \quad i = 1, 2, \cdots, D$$

其中 e 在 $\boldsymbol{w}_i$ 的第 i 个位置。

如果去掉第 D 个向量 $\boldsymbol{w}_D$，考虑基 $\{\boldsymbol{w}_1, \boldsymbol{w}_2, \cdots, \boldsymbol{w}_{D-1}\}$，则成分数据 $\boldsymbol{x} = (x_1, x_2, \cdots, x_D)^{\mathrm{T}} \in S^D$ 可以表示为

$$\begin{aligned}\boldsymbol{x} &= \bigoplus_{i=1}^{D-1} \ln\left(\frac{x_i}{x_D}\right) \odot \boldsymbol{w}_i \\ &= \ln\left(\frac{x_1}{x_D}\right) \odot (e, 1, \cdots, 1, 1)^{\mathrm{T}} \oplus \cdots \oplus \ln\left(\frac{x_{D-1}}{x_D}\right) \odot \\ &\quad (1, 1, \cdots, e, 1)^{\mathrm{T}}\end{aligned}$$

成分数据 $\boldsymbol{x} \in S^D$ 在基 $\{\boldsymbol{w}_1, \boldsymbol{w}_2, \cdots, \boldsymbol{w}_{D-1}\}$ 上的坐标 $\ln \frac{x_1}{x_D}$，$\ln \frac{x_2}{x_D}$，…，$\ln \frac{x_{D-1}}{x_D}$ 对应于众所周知的非对称对数比率坐标[19]，见如下定义。

定义 2.2.1(非对称对数比率(alr)坐标)　对于任意成分数据 $\boldsymbol{x} = (x_1, x_2, \cdots, x_D)^{\mathrm{T}} \in S^D$，选取 x_D 作为参考部分，通过 alr 变换将 $\boldsymbol{x} \in S^D$ 变换为 $\mathbb{R}^{D-1}$ 上的坐标，alr 坐标为

$$\mathrm{alr}(\boldsymbol{x}) = \left(\ln \frac{x_1}{x_D}, \ln \frac{x_2}{x_D}, \cdots, \ln \frac{x_{D-1}}{x_D}\right)^{\mathrm{T}}$$

记 alr 变换后数据为 $\mathrm{alr}(x) = \zeta = (\zeta_1, \zeta_2, \cdots, \zeta_{D-1})^{\mathrm{T}}$，则 alr 逆变换为

$$\boldsymbol{x} = \mathrm{alr}^{-1}(\zeta) = C\,(\exp(\zeta_1), \exp(\zeta_2), \cdots, \exp(\zeta_{D-1}), 1)^{\mathrm{T}}$$

对于 $\boldsymbol{x}$，$\boldsymbol{y} \in S^D$，α_1，$\alpha_2 \in \mathbb{R}$，alr 坐标满足

$$\mathrm{alr}(\alpha_1 \odot \boldsymbol{x} \oplus \alpha_2 \odot \boldsymbol{y}) = \alpha_1 \cdot \mathrm{alr}(\boldsymbol{x}) + \alpha_2 \cdot \mathrm{alr}(\boldsymbol{y})$$

alr 变换选取参考部分 x_D 作为分母，因此它是非对称的。事实上，也可以选取其他成分作为分母，分母的不同选取对分析结果没有影响。由于基 $\{\boldsymbol{w}_1, \boldsymbol{w}_2, \cdots, \boldsymbol{w}_{D-1}\}$ 中任意两个向量的 Aitchison 内积不为零，则 $\{\boldsymbol{w}_1, \boldsymbol{w}_2, \cdots, \boldsymbol{w}_{D-1}\}$ 为非正交基，因此 alr 变换不能保证从 S^D 到 $\mathbb{R}^{D-1}$ 的等距性。

如果考虑基 $\{\boldsymbol{w}_1, \boldsymbol{w}_2, \cdots, \boldsymbol{w}_D\}$，则成分数据 $\boldsymbol{x} = (x_1, x_2, \cdots, x_D)^{\mathrm{T}} \in S^D$ 可以表示为

$$\boldsymbol{x} = \bigoplus_{i=1}^{D} \ln\left(\frac{x_i}{g_m(\boldsymbol{x})}\right) \odot \boldsymbol{w}_i$$

$$= \ln\left(\frac{x_1}{g_m(\boldsymbol{x})}\right) \odot (e, 1, \cdots, 1)^{\mathrm{T}} \oplus \cdots \oplus \ln\left(\frac{x_D}{g_m(\boldsymbol{x})}\right) \odot (1, 1, \cdots, e)^{\mathrm{T}}$$

上面的表达式给出了对称对数比率系数[19]，见如下定义。

定义 2.2.2（对称对数比率(clr)系数） 对于任意成分数据 $\boldsymbol{x} = (x_1, x_2, \cdots, x_D)^{\mathrm{T}} \in S^D$，通过 clr 变换将 $\boldsymbol{x} \in S^D$ 变换为 $\mathbb{R}^D$ 上的系数，clr 系数为

$$\mathrm{clr}(\boldsymbol{x}) = \left(\ln\frac{x_1}{g_m(\boldsymbol{x})}, \ln\frac{x_2}{g_m(\boldsymbol{x})}, \cdots, \ln\frac{x_D}{g_m(\boldsymbol{x})}\right)^{\mathrm{T}}$$

记 clr 变换后数据为 $\mathrm{clr}(\boldsymbol{x}) = \xi = (\xi_1, \xi_2, \cdots, \xi_D)^{\mathrm{T}}$，则 clr 逆变换为

$$\boldsymbol{x} = \mathrm{clr}^{-1}(\xi) = C\,(\exp(\xi_1), \exp(\xi_2), \cdots, \exp(\xi_D))^{\mathrm{T}}$$

性质 2.2.3 对于 $\boldsymbol{x}, \boldsymbol{y} \in S^D$，$\alpha, \beta \in \mathbb{R}$，clr 系数满足

(1) $\mathrm{clr}(\alpha \odot \boldsymbol{x} \oplus \beta \odot \boldsymbol{y}) = \alpha \cdot \mathrm{clr}(\boldsymbol{x}) + \beta \cdot \mathrm{clr}(\boldsymbol{y})$；

(2) $\langle \boldsymbol{x}, \boldsymbol{y} \rangle_a = \langle \mathrm{clr}(\boldsymbol{x}), \mathrm{clr}(\boldsymbol{y}) \rangle$；

(3) $\| \boldsymbol{x} \|_a = \| \mathrm{clr}(\boldsymbol{x}) \|$，$d_a(\boldsymbol{x}, \boldsymbol{y}) = d(\mathrm{clr}(\boldsymbol{x}), \mathrm{clr}(\boldsymbol{y}))$。

其中 $\langle \cdot \rangle$，$\| \cdot \|$，$d(\cdot, \cdot)$ 分别代表实数空间上的内积、范数、距离。

clr 变换关于成分是对称的，但是变换后的数据求和为零，与之相对应的协方差矩阵是奇异的。从性质 2.2.3 可以看出，clr 变换可以保证从 S^D 到 $\mathbb{R}^{D-1}$ 的等距性，即 clr 系数间的欧氏距离与原始成分数据间的 Aitchison 距离相等。

由于基 $\{\boldsymbol{w}_1, \boldsymbol{w}_2, \cdots, \boldsymbol{w}_{D-1}\}$ 为非正交基，因此可通过施密特正交化转化为正交基且正交基不唯一[15]。假设单形 S^D 上的正交基为 $\{\boldsymbol{e}_1, \boldsymbol{e}_2, \cdots, \boldsymbol{e}_{D-1}\}$，成分数据 $\boldsymbol{x} = (x_1, x_2, \cdots, x_D)^{\mathrm{T}} \in S^D$ 在正交基上可以表示为

$$\begin{aligned}\boldsymbol{x} &= \bigoplus_{i=1}^{D-1} \langle \boldsymbol{x}, \boldsymbol{e}_i \rangle_a \odot \boldsymbol{e}_i \\ &= \langle \boldsymbol{x}, \boldsymbol{e}_1 \rangle_a \odot \boldsymbol{e}_1 \oplus \langle \boldsymbol{x}, \boldsymbol{e}_2 \rangle_a \odot \boldsymbol{e}_2 \oplus \cdots \oplus \langle \boldsymbol{x}, \boldsymbol{e}_{D-1} \rangle_a \odot \boldsymbol{e}_{D-1}\end{aligned}$$

成分数据 $\boldsymbol{x} \in S^D$ 在正交基 $\{\boldsymbol{e}_1, \boldsymbol{e}_2, \cdots, \boldsymbol{e}_{D-1}\}$ 上的坐标 $\langle \boldsymbol{x}, \boldsymbol{e}_1 \rangle_a$，$\langle \boldsymbol{x}, \boldsymbol{e}_2 \rangle_a$，$\cdots$，$\langle \boldsymbol{x}, \boldsymbol{e}_{D-1} \rangle_a$ 对应于等距对数比率坐标[15]，见如下定义。

定义 2.2.4（等距对数比率（ilr）坐标）　对于任意成分数据 $\boldsymbol{x}=(x_1, x_2, \cdots, x_D)^{\mathrm{T}} \in S^D$，给定单形 S^D 上的正交基 $\{\boldsymbol{e}_1, \boldsymbol{e}_2, \cdots, \boldsymbol{e}_{D-1}\}$，通过 ilr 变换将 $\boldsymbol{x} \in S^D$ 变换为 $\mathbb{R}^{D-1}$ 上的坐标，ilr 坐标为

$$\mathrm{ilr}(\boldsymbol{x})=(\langle \boldsymbol{x}, \boldsymbol{e}_1\rangle_a, \langle \boldsymbol{x}, \boldsymbol{e}_2\rangle_a, \cdots, \langle \boldsymbol{x}, \boldsymbol{e}_{D-1}\rangle_a)^{\mathrm{T}}$$

性质 2.2.5　对于 $\boldsymbol{x}, \boldsymbol{y} \in S^D$，$\alpha, \beta \in \mathbb{R}$，ilr 坐标满足

(1) $\mathrm{ilr}(\alpha \odot \boldsymbol{x} \oplus \beta \odot \boldsymbol{y})=\alpha \cdot \mathrm{ilr}(\boldsymbol{x})+\beta \cdot \mathrm{ilr}(\boldsymbol{y})$；

(2) $\langle \boldsymbol{x}, \boldsymbol{y}\rangle_a=\langle \mathrm{ilr}(\boldsymbol{x}), \mathrm{ilr}(\boldsymbol{y})\rangle$；

(3) $\|\boldsymbol{x}\|_a=\|\mathrm{ilr}(\boldsymbol{x})\|$，$d_a(\boldsymbol{x}, \boldsymbol{y})=d(\mathrm{ilr}(\boldsymbol{x}), \mathrm{ilr}(\boldsymbol{y}))$。

从性质 2.2.5 可以看出，ilr 变换可以保证从 S^D 到 $\mathbb{R}^{D-1}$ 的等距性。虽然 clr 变换也是等距的，但是 clr 系数有求和为零的约束。

给定单形上的正交基 $\{\boldsymbol{e}_1, \boldsymbol{e}_2, \cdots, \boldsymbol{e}_{D-1}\}$，记 $\boldsymbol{\psi}_i=\mathrm{clr}(\boldsymbol{e}_i)$，$i=1, 2, \cdots, D-1$，对比矩阵 $\boldsymbol{\Psi}_D=[\boldsymbol{\psi}_{ij}]_{D\times(D-1)}=(\boldsymbol{\psi}_1, \boldsymbol{\psi}_2, \cdots, \boldsymbol{\psi}_{D-1})$ 是一个 $D\times(D-1)$ 矩阵。根据性质 2.2.3 可得

$$\langle \boldsymbol{e}_i, \boldsymbol{e}_j\rangle_a=\langle \mathrm{clr}(\boldsymbol{e}_i), \mathrm{clr}(\boldsymbol{e}_j)\rangle=\delta_{ij}$$

当 $i=j$ 时，$\delta_{ij}=1$，否则，$\delta_{ij}=0$。矩阵 $\boldsymbol{\Psi}_D$ 满足

$$\boldsymbol{\Psi}_D^{\mathrm{T}}\boldsymbol{\Psi}_D=\boldsymbol{I}_{D-1}, \quad \boldsymbol{\Psi}_D\boldsymbol{\Psi}_D^{\mathrm{T}}=\boldsymbol{I}_D-\frac{1}{D}\boldsymbol{1}_D^{\mathrm{T}}\boldsymbol{1}_D=\boldsymbol{G}_D, \qquad \boldsymbol{\Psi}_D^{\mathrm{T}}\boldsymbol{1}_D=\boldsymbol{0}_{D-1} \tag{2.2.1}$$

证明　下面给出公式(2.2.1)的证明。公式(2.2.1)中 $\boldsymbol{I}_D$ 为单位矩阵，$\boldsymbol{1}_D$ 为元素全为 1 的列向量，$\boldsymbol{0}_{D-1}$ 为元素全为 0 的列向量。

根据矩阵 $\boldsymbol{\Psi}_D$ 中 $\boldsymbol{\psi}_i$ 之间的正交性可得 $\boldsymbol{\Psi}_D^{\mathrm{T}}\boldsymbol{\Psi}_D=\boldsymbol{I}_{D-1}$。由于 $\boldsymbol{\psi}_i$ 中元素求和为零，则 $\boldsymbol{\Psi}_D^{\mathrm{T}}\boldsymbol{1}_D=\boldsymbol{0}_{D-1}$。假定

$$\boldsymbol{\Psi}_D\boldsymbol{\Psi}_D^{\mathrm{T}}=\boldsymbol{I}_D+\boldsymbol{M} \tag{2.2.2}$$

其中 $\boldsymbol{M}$ 是一个常数 m 矩阵。公式(2.2.2)两边分别左乘矩阵 $\boldsymbol{\Psi}_D^{\mathrm{T}}$ 可得

$$\boldsymbol{\Psi}_D^{\mathrm{T}}\boldsymbol{\Psi}_D\boldsymbol{\Psi}_D^{\mathrm{T}}=\boldsymbol{\Psi}_D^{\mathrm{T}}+\boldsymbol{\Psi}_D^{\mathrm{T}}\boldsymbol{M}=\boldsymbol{\Psi}_D^{\mathrm{T}}$$

同样公式(2.2.2)两边分别右乘 $\boldsymbol{\Psi}_D$ 可得

$$\boldsymbol{\Psi}_D\boldsymbol{\Psi}_D^{\mathrm{T}}\boldsymbol{\Psi}_D=\boldsymbol{\Psi}_D+M\boldsymbol{\Psi}_D=\boldsymbol{\Psi}_D$$

因此 $\boldsymbol{\Psi}_D$ 是 $\boldsymbol{\Psi}_D^{\mathrm{T}}$ 的伪逆矩阵。

此外

$$\mathrm{tr}(\boldsymbol{\Psi}_D \boldsymbol{\Psi}_D^{\mathrm{T}}) = \mathrm{tr}(\boldsymbol{\Psi}_D^{\mathrm{T}} \boldsymbol{\Psi}_D) = \mathrm{tr}(\boldsymbol{I}_{D-1}) = D - 1$$

且

$$\mathrm{tr}(\boldsymbol{\Psi}_D \boldsymbol{\Psi}_D^{\mathrm{T}}) = \mathrm{tr}(\boldsymbol{I}_D + \boldsymbol{M}) = D + Dm$$

其中 tr 代表矩阵的迹，因此 $m = -\frac{1}{D}$，则 $\boldsymbol{\Psi}_D \boldsymbol{\Psi}_D^{\mathrm{T}} = \boldsymbol{I}_D - \frac{1}{D}\boldsymbol{1}_D^{\mathrm{T}}\boldsymbol{1}_D = \boldsymbol{G}_D$。

■

由于 $\langle \boldsymbol{x}, \boldsymbol{e}_i \rangle_a = \langle \mathrm{clr}(\boldsymbol{x}), \mathrm{clr}(\boldsymbol{e}_i) \rangle = (\mathrm{clr}(\boldsymbol{e}_i))^{\mathrm{T}} \mathrm{clr}(\boldsymbol{x}) = \boldsymbol{\psi}_i^{\mathrm{T}} \mathrm{clr}(\boldsymbol{x})$，因此结合公式(2.2.1)，ilr 坐标与 clr 系数有如下关系

$$\mathrm{ilr}(\boldsymbol{x}) = \boldsymbol{\Psi}_D^{\mathrm{T}} \mathrm{clr}(\boldsymbol{x}) = \boldsymbol{\Psi}_D^{\mathrm{T}} \boldsymbol{G}_D \ln(\boldsymbol{x}) = \boldsymbol{\Psi}_D^{\mathrm{T}} \ln(\boldsymbol{x}) \tag{2.2.3}$$

公式(2.2.3)第一个等号两边左乘 $\boldsymbol{\Psi}_D$ 可得

$$\boldsymbol{\Psi}_D \mathrm{ilr}(\boldsymbol{x}) = \boldsymbol{\Psi}_D \boldsymbol{\Psi}_D^{\mathrm{T}} \mathrm{clr}(\boldsymbol{x}) = \boldsymbol{G}_D \mathrm{clr}(\boldsymbol{x}) = \mathrm{clr}(\boldsymbol{x})$$

记 ilr 变换后数据为 $\mathrm{ilr}(\boldsymbol{x}) = \boldsymbol{x}^* = (x_1^*, x_2^*, \cdots, x_{D-1}^*)^{\mathrm{T}}$，则 ilr 逆变换为

$$\boldsymbol{x} = \mathrm{ilr}^{-1}(\boldsymbol{x}^*) = \mathrm{clr}^{-1}(\boldsymbol{\Psi}_D \boldsymbol{x}^*) = C(\exp(\boldsymbol{\Psi}_D \boldsymbol{x}^*))$$

从公式(2.2.3)可以看出，ilr 坐标也可以根据 $\mathrm{ilr}(\boldsymbol{x}) = \boldsymbol{\Psi}_D^{\mathrm{T}} \ln(\boldsymbol{x})$ 来确定。由于基 $\{\boldsymbol{w}_1, \boldsymbol{w}_2, \cdots, \boldsymbol{w}_{D-1}\}$ 通过施密特正交化得到的单形 S^D 上的正交基为 $\{\boldsymbol{e}_1, \boldsymbol{e}_2, \cdots, \boldsymbol{e}_{D-1}\}$ 且不唯一，因此对应的矩阵 $\boldsymbol{\Psi}_D$ 不唯一，相应的 ilr 坐标有多种形式。接下来介绍一种顺序二进制划分方法来确定矩阵 $\boldsymbol{\Psi}_D$。该方法总共进行 $D-1$ 次划分，每次划分将成分进行二分类，一类记为+1，另一类记为−1。假定在第 j 次划分时，有 r 个成分部分 $\{i_1, i_2, \cdots, i_r\}$ 为+1 类，s 个成分部分 $\{j_1, j_2, \cdots, j_s\}$ 为−1 类，则

$$\psi_{ij} = \begin{cases} \dfrac{1}{r}\sqrt{\dfrac{rs}{r+s}}, & i \in \{i_1, i_2, \cdots, i_r\} \\ -\dfrac{1}{s}\sqrt{\dfrac{rs}{r+s}}, & i \in \{j_1, j_2, \cdots, j_s\} \\ 0, & \text{其他} \end{cases}$$

因此 ilr 坐标的第 j 个元素为

$$x_j^* = \sqrt{\frac{rs}{r+s}} \ln \frac{(x_{i_1} x_{i_2} \cdots x_{i_r})^{1/r}}{(x_{j_1} x_{j_2} \cdots x_{j_s})^{1/s}}$$

对于成分数据 $\boldsymbol{x} = (x_1, x_2, x_3, x_4, x_5)^{\mathrm{T}} \in S^5$，考虑如下两种划分情形：

情形一： 成分数据 $\boldsymbol{x}$ 的部分进行四次划分(一)

第一次划分将子成分 $\{x_1, x_2, x_3, x_4, x_5\}$ 分为两类，$\{x_1, x_2, x_5\}$ 为+1 类 $(r=3)$，$\{x_3, x_4\}$ 为−1 类 $(s=2)$；

第二次划分将子成分 $\{x_1, x_2, x_5\}$ 分为两类，$\{x_1\}$ 为+1 类 $(r=1)$，$\{x_2, x_5\}$ 为−1 类 $(s=2)$；

第三次划分将子成分 $\{x_2, x_5\}$ 分为两类，$\{x_2\}$ 为+1 类 $(r=1)$，$\{x_5\}$ 为−1 类 $(s=1)$；

第四次划分将子成分 $\{x_3, x_4\}$ 分为两类，$\{x_3\}$ 为+1 类 $(r=1)$，$\{x_4\}$ 为−1 类 $(s=1)$。

四次划分对应的矩阵 $\boldsymbol{\Psi}_5 = [\psi_{ij}]_{5\times4}$ 为

$$\boldsymbol{\Psi}_5 = [\psi_{ij}]_{5\times4} = \begin{pmatrix} \sqrt{\frac{2}{15}} & \sqrt{\frac{2}{3}} & 0 & 0 \\ \sqrt{\frac{2}{15}} & -\frac{1}{\sqrt{6}} & \frac{1}{\sqrt{2}} & 0 \\ -\sqrt{\frac{3}{10}} & 0 & 0 & \frac{1}{\sqrt{2}} \\ -\sqrt{\frac{3}{10}} & 0 & 0 & -\frac{1}{\sqrt{2}} \\ \sqrt{\frac{2}{15}} & -\frac{1}{\sqrt{6}} & -\frac{1}{\sqrt{2}} & 0 \end{pmatrix}$$

与之相对应的 ilr 坐标为

$$\begin{cases} x_1^* = \sqrt{\dfrac{6}{5}} \ln \dfrac{(x_1 x_2 x_5)^{1/3}}{(x_3 x_4)^{1/2}} \\ x_2^* = \sqrt{\dfrac{2}{3}} \ln \dfrac{x_1}{(x_2 x_5)^{1/2}} \\ x_3^* = \sqrt{\dfrac{1}{2}} \ln \dfrac{x_2}{x_5} \\ x_4^* = \sqrt{\dfrac{1}{2}} \ln \dfrac{x_3}{x_4} \end{cases}$$

情形二：成分数据 $\boldsymbol{x}$ 的部分进行四次划分(二)

第一次划分将所有成分 $\{x_1, x_2, x_3, x_4, x_5\}$ 分为两类，$\{x_1\}$ 为+1 类 $(r=1)$，$\{x_2, x_3, x_4, x_5\}$ 为−1 类 $(s=4)$；

第二次划分将子成分 $\{x_2, x_3, x_4, x_5\}$ 分为两类，$\{x_2\}$ 为+1 类 $(r=1)$，$\{x_3, x_4, x_5\}$ 为−1 类 $(s=3)$；

第三次划分将子成分 $\{x_3, x_4, x_5\}$ 分为两类，$\{x_3\}$ 为+1 类 $(r=1)$，$\{x_4, x_5\}$ 为−1 类 $(s=2)$；

第四次划分将子成分 $\{x_4, x_5\}$ 分为两类，$\{x_4\}$ 为+1 类 $(r=1)$，$\{x_5\}$ 为−1 类 $(s=1)$。

四次划分对应的矩阵 $\boldsymbol{\Psi}_5 = [\psi_{ij}]_{5\times4}$ 为

$$\boldsymbol{\Psi}_5 = [\psi_{ij}]_{5\times4} = \begin{pmatrix} \sqrt{\dfrac{4}{5}} & 0 & 0 & 0 \\ -\dfrac{1}{\sqrt{20}} & \sqrt{\dfrac{3}{4}} & 0 & 0 \\ -\dfrac{1}{\sqrt{20}} & -\dfrac{1}{\sqrt{12}} & \sqrt{\dfrac{2}{3}} & 0 \\ -\dfrac{1}{\sqrt{20}} & -\dfrac{1}{\sqrt{12}} & -\dfrac{1}{\sqrt{6}} & \dfrac{1}{\sqrt{2}} \\ -\dfrac{1}{\sqrt{20}} & -\dfrac{1}{\sqrt{12}} & -\dfrac{1}{\sqrt{6}} & -\dfrac{1}{\sqrt{2}} \end{pmatrix}$$

与之相对应的 ilr 坐标为

$$\begin{cases} x_1^* = \sqrt{\dfrac{4}{5}} \ln \dfrac{x_1}{(x_2 x_3 x_4 x_5)^{1/4}} \\ x_2^* = \sqrt{\dfrac{3}{4}} \ln \dfrac{x_2}{(x_3 x_4 x_5)^{1/3}} \\ x_3^* = \sqrt{\dfrac{2}{3}} \ln \dfrac{x_3}{(x_4 x_5)^{1/2}} \\ x_4^* = \sqrt{\dfrac{1}{2}} \ln \dfrac{x_4}{x_5} \end{cases}$$

情形二的划分有一定的规律，每次将某一个成分划分为一类，其余成分为另一类。如果将情形二的划分推广到 D 个部分，则可得到

$$\boldsymbol{\Psi}_D = \begin{pmatrix} \sqrt{\dfrac{D-1}{D}} & 0 & \cdots & 0 \\ -\dfrac{1}{\sqrt{D(D-1)}} & \sqrt{\dfrac{D-2}{D-1}} & \cdots & 0 \\ \vdots & \vdots & \ddots & \vdots \\ -\dfrac{1}{\sqrt{D(D-1)}} & -\dfrac{1}{\sqrt{(D-1)(D-2)}} & \cdots & \dfrac{1}{\sqrt{2}} \\ -\dfrac{1}{\sqrt{D(D-1)}} & -\dfrac{1}{\sqrt{(D-1)(D-2)}} & \cdots & -\dfrac{1}{\sqrt{2}} \end{pmatrix} \tag{2.2.4}$$

与之相对应的 ilr 坐标为

$$x_j^* = \sqrt{\frac{D-j}{D-j+1}} \ln \frac{x_j}{\sqrt[D-j]{\prod_{k=j+1}^{D} x_k}}, \quad j = 1, 2, \cdots, D-1 \tag{2.2.5}$$

在这种坐标形式下，ilr 逆变换可以将任意实数向量 $\boldsymbol{x}^* \in \mathbb{R}^{D-1}$ 变换为原始成分 $\boldsymbol{x}$，具体形式为

$$
\begin{cases}
x_1 = \exp\left(\sqrt{\dfrac{D-1}{D}}x_1^*\right) \\
x_i = \exp\left\{-\sum_{j=1}^{i-1}\dfrac{1}{\sqrt{(D-j+1)(D-j)}}x_j^* + \sqrt{\dfrac{D-i}{D-i+1}}x_i^*\right\} \\
\qquad i=2, \cdots, D-1 \\
x_D = \exp\left\{-\sum_{j=1}^{D-1}\dfrac{1}{\sqrt{(D-j+1)(D-j)}}x_j^*\right\}
\end{cases}
\tag{2.2.6}
$$

成分数据可以看成等价类，因此最后得到的成分数据 $\boldsymbol{x}$ 可以表示为具有常数和约束的向量。

成分部分的不同划分对应不同的 ilr 坐标形式，例如情形一与情形二。公式(2.2.5)的 ilr 坐标形式被广泛地使用，因为 ilr 坐标的第 1 个元素 x_1^* 反映了成分数据 $\boldsymbol{x}$ 中成分 x_1 所解释的相对信息。本书的 ilr 坐标都采用了公式(2.2.5)的形式。

2.3 单形上的矩阵乘积运算

2.2 节介绍的幂运算将成分数据 $\boldsymbol{x} \in S^D$ 映射为 $\alpha \odot \boldsymbol{x} \in S^D$。本节介绍一种单形上的线性变换，通过矩阵乘积运算将单形 S^D 上的成分数据映射到 S^C 上的成分数据[85]。

定义 2.3.1 (单形上的矩阵乘积) 对于任意成分数据 $\boldsymbol{x} \in S^{D_2}$，给定一个 $D_1 \times D_2$ 实数矩阵 $\mathbf{A} = [a_{ij}]_{D_1 \times D_2}$，单形上的矩阵乘积定义为

$$
\mathbf{A} \boxdot \boldsymbol{x} = C\left(\prod_{i=1}^{D_2} x_i^{a_{1i}}, \prod_{i=1}^{D_2} x_i^{a_{2i}}, \cdots, \prod_{i=1}^{D_2} x_i^{a_{D_1 i}}\right)^{\mathrm{T}}
$$

单形上的矩阵乘积运算将 S^{D_2} 上的 $\boldsymbol{x}$ 变换为 S^{D_1} 上的 $\mathbf{A} \boxdot \boldsymbol{x}$。定义 2.3.1 中的矩阵乘积运算还有另一种表达式

$$
\mathbf{A} \boxdot \boldsymbol{x} = C\exp(\mathbf{A}\ln(\boldsymbol{x})) \tag{2.3.1}
$$

性质 2.3.2 对于任意成分数据 $\boldsymbol{x} \in S^{D_1}$，$\boldsymbol{y} \in S^{D_2}$，以及 $C \times D_1$

的实数矩阵 $\boldsymbol{A}$ 和 $C\times D_2$ 的实数矩阵 $\boldsymbol{B}$，矩阵乘积运算有如下性质：

(1)结合性 1：如果矩阵 $\boldsymbol{B}$ 满足 $\boldsymbol{B}^{\mathrm{T}}\mathbf{1}_C=\mathbf{0}_{D2}$，则 $\boldsymbol{B}^{\mathrm{T}}\boxdot(\boldsymbol{A}\boxdot\boldsymbol{x})=\boldsymbol{B}^{\mathrm{T}}\boldsymbol{A}\boxdot\boldsymbol{x}$；

(2)结合性 2：对于任意实数 α，如果矩阵 $\boldsymbol{A}$ 满足 $\boldsymbol{A}\mathbf{1}_{D_1}=\mathbf{0}_C$，则 $\boldsymbol{A}\boxdot(\alpha\odot x)=\alpha\odot(\boldsymbol{A}\boxdot\boldsymbol{x})=\alpha\boldsymbol{A}\boxdot\boldsymbol{x}$；

(3)组合性：当 $D_1\neq D_2$ 时，$\boldsymbol{A}\boxdot\boldsymbol{x}\oplus\boldsymbol{B}\boxdot\boldsymbol{y}=(\boldsymbol{A},\ \boldsymbol{B})\boxdot\begin{pmatrix}\boldsymbol{x}\\ \boldsymbol{y}\end{pmatrix}$；

(4)分配性 1：当 $D_1=D_2$ 时，$(\boldsymbol{A}+\boldsymbol{B})\boxdot\boldsymbol{x}=\boldsymbol{A}\boxdot\boldsymbol{x}\oplus\boldsymbol{B}\boxdot\boldsymbol{x}$；

(5)分配性 2：当 $D_1=D_2$ 时，如果矩阵 $\boldsymbol{A}$ 满足 $\boldsymbol{A}\mathbf{1}_{D_1}=\mathbf{0}_C$，则 $\boldsymbol{A}\boxdot(\boldsymbol{x}\oplus\boldsymbol{y})=\boldsymbol{A}\boxdot\boldsymbol{x}\oplus\boldsymbol{A}\boxdot\boldsymbol{y}$；

(6)线性性：当 $D_1=D_2$ 时，对于任意实数 α 和 β，如果矩阵 $\boldsymbol{A}$ 满足 $\boldsymbol{A}\mathbf{1}_{D_1}=\mathbf{0}_C$，则 $\boldsymbol{A}\boxdot((\alpha\odot\boldsymbol{x})\oplus(\beta\odot\boldsymbol{y}))=(\alpha\odot(\boldsymbol{A}\boxdot\boldsymbol{x}))\oplus(\beta\odot(\boldsymbol{A}\boxdot\boldsymbol{y}))$。

证明： 根据公式(2.3.1)来证明性质 2.3.2。

(1)当矩阵 $\boldsymbol{B}$ 满足 $\boldsymbol{B}^{\mathrm{T}}\mathbf{1}_C=\mathbf{0}_{D_2}$ 时，有

$$
\begin{aligned}
\boldsymbol{B}^{\mathrm{T}}\boxdot(\boldsymbol{A}\boxdot\boldsymbol{x})&=C\exp(\boldsymbol{B}^{\mathrm{T}}\ln(\boldsymbol{A}\boxdot\boldsymbol{x}))\\
&=C\exp(\boldsymbol{B}^{\mathrm{T}}\ln(C\exp(\boldsymbol{A}\ln(\boldsymbol{x}))))\\
&=C\exp(\ln(k)\boldsymbol{B}^{\mathrm{T}}\mathbf{1}_C+\boldsymbol{B}^{\mathrm{T}}\boldsymbol{A}\ln(\boldsymbol{x}))\\
&=C\exp(\boldsymbol{B}^{\mathrm{T}}\boldsymbol{A}\ln(\boldsymbol{x}))\\
&=\boldsymbol{B}^{\mathrm{T}}\boldsymbol{A}\boxdot\boldsymbol{x}
\end{aligned}
$$

其中 $k=1/(\mathbf{1}_C^{\mathrm{T}}\exp(\boldsymbol{A}\ln(\boldsymbol{x})))$。

(2)如果矩阵 $\boldsymbol{A}$ 满足 $\boldsymbol{A}\mathbf{1}_{D_1}=\mathbf{0}_C$，则 $\boldsymbol{A}\boldsymbol{G}_{D_1}=\boldsymbol{A}$。根据性质 2.2.3 可知

$$
\begin{aligned}
\boldsymbol{A}\boxdot(\alpha\odot\boldsymbol{x})&=C\exp(\boldsymbol{A}\ln(\alpha\odot\boldsymbol{x}))=C\exp(\boldsymbol{A}\boldsymbol{G}_{D_1}\ln(\alpha\odot\boldsymbol{x}))\\
&=C\exp(\boldsymbol{A}\,\mathrm{clr}(\alpha\odot\boldsymbol{x}))=C\exp(\alpha\boldsymbol{A}\,\mathrm{clr}(\boldsymbol{x}))\\
&=C\exp(\alpha\boldsymbol{A}\boldsymbol{G}_{D_1}\ln(\boldsymbol{x}))\\
&=C\exp(\alpha\boldsymbol{A}\ln(\boldsymbol{x}))=\alpha\boldsymbol{A}\boxdot\boldsymbol{x}
\end{aligned}
$$

又由于 $\alpha\odot(\boldsymbol{A}\boxdot\boldsymbol{x})=\alpha\odot(C\exp(\boldsymbol{A}\ln\boldsymbol{x}))=C\exp(\alpha\boldsymbol{A}\ln(\boldsymbol{x}))=\alpha\boldsymbol{A}\boxdot\boldsymbol{x}$，

因此结合性 2 的等式成立。

(3) 当 $D_1 \neq D_2$ 时，有

$$\begin{aligned}\boldsymbol{A} \boxdot \boldsymbol{x} \oplus \boldsymbol{B} \boxdot \boldsymbol{y} &= C\exp(\boldsymbol{A}\ln(\boldsymbol{x})) \oplus C\exp(\boldsymbol{B}\ln(\boldsymbol{y})) \\ &= C\exp(\boldsymbol{A}\ln(\boldsymbol{x}) + \boldsymbol{B}\ln(\boldsymbol{y})) \\ &= C\exp\left((\boldsymbol{A},\ \boldsymbol{B})\ln\begin{pmatrix}\boldsymbol{x}\\ \boldsymbol{y}\end{pmatrix}\right) = (\boldsymbol{A},\ \boldsymbol{B}) \boxdot \begin{pmatrix}\boldsymbol{x}\\ \boldsymbol{y}\end{pmatrix}\end{aligned}$$

(4)当 $D_1 = D_2$ 时，可得

$$\begin{aligned}(\boldsymbol{A}+\boldsymbol{B}) \boxdot \boldsymbol{x} &= C\exp((\boldsymbol{A}+\boldsymbol{B})\ln(\boldsymbol{x})) = C\exp(\boldsymbol{A}\ln(\boldsymbol{x}) + \boldsymbol{B}\ln(\boldsymbol{x})) \\ &= \boldsymbol{A} \boxdot \boldsymbol{x} \oplus \boldsymbol{B} \boxdot \boldsymbol{x}\end{aligned}$$

(5)类似于性质 2.3.2 (2)的证明，得到

$$\begin{aligned}\boldsymbol{A} \boxdot (\boldsymbol{x} \oplus \boldsymbol{y}) &= C\exp(\boldsymbol{A}\ln(\boldsymbol{x} \oplus \boldsymbol{y})) = C\exp(\boldsymbol{A}\,\boldsymbol{G}_{D_1}\ln(\boldsymbol{x} \oplus \boldsymbol{y})) \\ &= C\exp(\boldsymbol{A}\,\mathrm{clr}(\boldsymbol{x} \oplus \boldsymbol{y})) = C\exp(\boldsymbol{A}\,\mathrm{clr}(\boldsymbol{x}) + \boldsymbol{A}\,\mathrm{clr}(\boldsymbol{y})) \\ &= C\exp(\boldsymbol{A}\,\boldsymbol{G}_{D_1}\ln(\boldsymbol{x}) + \boldsymbol{A}\,\boldsymbol{G}_{D_1}\ln(\boldsymbol{y})) \\ &= C\exp(\boldsymbol{A}\ln(\boldsymbol{x}) + \boldsymbol{A}\ln(\boldsymbol{y})) = \boldsymbol{A} \boxdot \boldsymbol{x} \oplus \boldsymbol{A} \boxdot \boldsymbol{y}\end{aligned}$$

(6)根据结合性 2 和分配性 2 易得

$$\begin{aligned}\boldsymbol{A} \boxdot ((\alpha \odot \boldsymbol{x}) \oplus (\beta \odot \boldsymbol{y})) &= (\boldsymbol{A} \boxdot (\alpha \odot \boldsymbol{x})) \oplus (\boldsymbol{A} \boxdot (\beta \odot \boldsymbol{y})) \\ &= (\alpha \odot (\boldsymbol{A} \boxdot \boldsymbol{x})) \oplus (\beta \odot (\boldsymbol{A} \boxdot \boldsymbol{y}))\end{aligned}$$

■

对于任意成分数据 $\boldsymbol{x} \in S^{D_2}$，给定一个 $D_1 \times D_2$ 实数矩阵 $\boldsymbol{A}$，根据公式(2.2.3)与(2.3.1)，可得 $\boldsymbol{A} \boxdot \boldsymbol{x}$ 的 clr 系数及 ilr 坐标为

$$\begin{cases}\mathrm{clr}(\boldsymbol{A} \boxdot \boldsymbol{x}) = \mathrm{clr}(\exp(\boldsymbol{A}\ln(\boldsymbol{x}))) = \boldsymbol{G}_{D_1}\boldsymbol{A}\ln(\boldsymbol{x}) \\ \mathrm{ilr}(\boldsymbol{A} \boxdot \boldsymbol{x}) = \boldsymbol{\Psi}_{D_1}^{\mathrm{T}}\mathrm{clr}(\boldsymbol{A} \boxdot \boldsymbol{x}) = \boldsymbol{\Psi}_{D_1}^{\mathrm{T}}\boldsymbol{G}_{D_1}\boldsymbol{A}\ln(\boldsymbol{x}) = \boldsymbol{\Psi}_{D_1}^{\mathrm{T}}\boldsymbol{A}\ln(\boldsymbol{x})\end{cases} \tag{2.3.2}$$

如果矩阵 $\boldsymbol{A}$ 满足 $\boldsymbol{1}_{D_1}^{\mathrm{T}}\boldsymbol{A} = \boldsymbol{0}_{D_2}^{\mathrm{T}}$ 和 $\boldsymbol{A}\,\boldsymbol{1}_{D_2} = \boldsymbol{0}_{D_1}$，即 $\boldsymbol{G}_{D_1}\boldsymbol{A} = \boldsymbol{A}\,\boldsymbol{G}_{D_2} = \boldsymbol{A}$，则公式(2.3.2)可化简为

$$\begin{cases}\mathrm{clr}(\boldsymbol{A} \boxdot \boldsymbol{x}) = \boldsymbol{G}_{D_1}\boldsymbol{A}\ln(\boldsymbol{x}) = \boldsymbol{A}\,\boldsymbol{G}_{D_2}\ln(\boldsymbol{x}) = \boldsymbol{A}\,\mathrm{clr}(\boldsymbol{x}) \\ \mathrm{ilr}(\boldsymbol{A} \boxdot \boldsymbol{x}) = \boldsymbol{\Psi}_{D_1}^{\mathrm{T}}\boldsymbol{A}\ln(\boldsymbol{x}) = \boldsymbol{\Psi}_{D_1}^{\mathrm{T}}\boldsymbol{A}\,\boldsymbol{G}_{D_2}\ln(\boldsymbol{x}) = \boldsymbol{\Psi}_{D_1}^{\mathrm{T}}\boldsymbol{A}\,\mathrm{clr}(\boldsymbol{x}) \\ \qquad\qquad\quad = \boldsymbol{\Psi}_{D_1}^{\mathrm{T}}\boldsymbol{A}\,\boldsymbol{\Psi}_{D_2}\mathrm{ilr}(\boldsymbol{x})\end{cases} \tag{2.3.3}$$

2.4 成分数据的中心和方差

本节介绍成分数据的描述性统计，包括中心和方差[86]。在实数空间上，随机变量有期望和方差，但它们不能描述成分数据的中心趋势与变化趋势。对于任意的随机变量 $x \in \mathbb{R}$，它的方差为 $\mathrm{var}(x) = E(x - E(x))^2$，反映了 x 与期望 $E(x)$ 的偏离程度。类似于实数空间，接下来给出成分数据中心与方差的定义。

定义 2.4.1 (随机成分的偏离程度) 对于随机成分 $\boldsymbol{x} \in S^D$，给定一个成分数据 $\boldsymbol{z} \in S^D$，$\boldsymbol{x}$ 关于 $\boldsymbol{z}$ 的偏离程度为

$$\mathrm{var}(\boldsymbol{x}, \boldsymbol{z}) = E(d_a^2(\boldsymbol{x}, \boldsymbol{z}))$$

其中 $E(\cdot)$ 为实数空间上的随机变量的期望。

定义 2.4.2 (成分数据的中心和总方差) 对于随机成分 $\boldsymbol{x} \in S^D$，假定 $\boldsymbol{x}$ 的偏离程度存在，则 $\boldsymbol{x}$ 的中心为

$$\mathrm{cen}(\boldsymbol{x}) = \underset{\boldsymbol{z} \in S^D}{\mathrm{argmin}}\{\mathrm{var}(\boldsymbol{x}, \boldsymbol{z})\}$$

$\boldsymbol{x}$ 与任意 $\boldsymbol{z}$ 的最小偏离程度为总方差

$$\mathrm{totvar}(\boldsymbol{x}) = \min_{\boldsymbol{z} \in S^D}\{\mathrm{var}(\boldsymbol{x}, \boldsymbol{z})\}$$

对于随机成分 $\boldsymbol{x} = (x_1, x_2, \cdots, x_D)^{\mathrm{T}} \in S^D$，它的 clr 系数和 ilr 坐标为实数空间上的随机变量。记 $\mathrm{clr}(\boldsymbol{x}) = (\mathrm{clr}_1(\boldsymbol{x}), \mathrm{clr}_2(\boldsymbol{x}), \cdots, \mathrm{clr}_D(\boldsymbol{x}))^{\mathrm{T}}$，$\mathrm{ilr}(\boldsymbol{x}) = (\mathrm{ilr}_1(\boldsymbol{x}), \mathrm{ilr}_2(\boldsymbol{x}), \cdots, \mathrm{ilr}_{D-1}(\boldsymbol{x}))^{\mathrm{T}}$，其中 $\mathrm{clr}_i(\boldsymbol{x})(i = 1, 2, \cdots, D)$ 为 $\mathrm{clr}(\boldsymbol{x})$ 的第 i 个元素，$\mathrm{ilr}_i(\boldsymbol{x})$ $(i = 1, 2, \cdots, D-1)$ 为 $\mathrm{ilr}(\boldsymbol{x})$ 的第 i 个元素。随机成分 $\boldsymbol{x}$ 的中心和总方差的等价表达式为

$$\mathrm{cen}(\boldsymbol{x}) = \mathrm{ilr}^{-1}(E(\mathrm{ilr}(\boldsymbol{x}))) = \mathrm{clr}^{-1}(E(\mathrm{clr}(\boldsymbol{x}))) = C(\exp(E(\ln(\boldsymbol{x}))))$$

$$\begin{aligned}\mathrm{totvar}(\boldsymbol{x}) &= \sum_{i=1}^{D-1}\mathrm{var}(\mathrm{ilr}_i(\boldsymbol{x})) = \sum_{i=1}^{D}\mathrm{var}(\mathrm{clr}_i(\boldsymbol{x})) \\ &= \frac{1}{2D}\sum_{i=1}^{D}\sum_{j=1}^{D}\mathrm{var}\left(\ln\frac{x_i}{x_j}\right) = E(d_a^2(\boldsymbol{x}, \mathrm{cen}(\boldsymbol{x})))\end{aligned}$$

如果有样本，可以根据样本信息来估计总体信息，随机成分 $\boldsymbol{x}$ 的中心和总

方差的估计表达式为

$$\widehat{\mathrm{cen}}(\boldsymbol{x}) = \mathrm{ilr}^{-1}(\hat{E}(\mathrm{ilr}(\boldsymbol{x}))) = \mathrm{clr}^{-1}(\hat{E}(\mathrm{clr}(\boldsymbol{x}))) = C(\exp(\hat{E}(\ln(\boldsymbol{x})))) \tag{2.4.1}$$

$$\begin{aligned}\widehat{\mathrm{totvar}}(\boldsymbol{x}) &= \sum_{i=1}^{D-1}\widehat{\mathrm{var}}(\mathrm{ilr}_i(\boldsymbol{x})) = \sum_{i=1}^{D}\widehat{\mathrm{var}}(\mathrm{clr}_i(\boldsymbol{x})) \\ &= \frac{1}{2D}\sum_{i=1}^{D}\sum_{j=1}^{D}\widehat{\mathrm{var}}\left(\ln\frac{x_i}{x_j}\right) = \hat{E}(d_a^2(\boldsymbol{x}, \mathrm{cen}(\boldsymbol{x})))\end{aligned} \tag{2.4.2}$$

其中 $\hat{E}(\cdot)$ 代表期望 $E(\cdot)$ 的估计值，$\widehat{\mathrm{var}}(\cdot)$ 代表方差 $\mathrm{var}(\cdot)$ 的估计值。公式(2.4.1) 给出了单形上样本中心与实数空间上的样本均值之间的关系。特别地，如果 $\widehat{\mathrm{cen}}(\boldsymbol{x}) = \boldsymbol{n}_D$，则 $\hat{E}(\mathrm{ilr}(\boldsymbol{x})) = \boldsymbol{0}_{D-1}$，$\hat{E}(\mathrm{clr}(\boldsymbol{x})) = \boldsymbol{0}_D$。

首先验证成分数据中心的估计表达式(2.4.1)是否成立。对于随机成分 $\boldsymbol{x}$，假设有 n 个观测值 $\boldsymbol{x}_1$，$\boldsymbol{x}_2$，…，$\boldsymbol{x}_n$，其中 $\boldsymbol{x}_i \in S^D (i = 1, 2, \cdots, n)$。根据 clr 逆变换可得

$$\begin{aligned}\mathrm{clr}^{-1}(\hat{E}(\mathrm{clr}(\boldsymbol{x}))) &= C\exp(\hat{E}(\mathrm{clr}(\boldsymbol{x}))) = C\exp(\hat{E}(\boldsymbol{G}_D\ln(\boldsymbol{x}))) \\ &= C\exp(\boldsymbol{G}_D\hat{E}(\ln(\boldsymbol{x}))) \\ &= C\exp\left(\hat{E}(\ln(\boldsymbol{x})) - \frac{1}{D}\boldsymbol{J}_D\hat{E}(\ln(\boldsymbol{x}))\right) \\ &= C\exp(\hat{E}(\ln(\boldsymbol{x})))\end{aligned}$$

根据性质 2.2.3(1) 可得

$$\begin{aligned}\mathrm{clr}^{-1}(\hat{E}(\mathrm{clr}(\boldsymbol{x}))) &= \mathrm{clr}^{-1}\left(\frac{1}{n}\sum_{i=1}^{n}\mathrm{clr}(\boldsymbol{x}_i)\right) = \mathrm{clr}^{-1}\left(\mathrm{clr}\left(\frac{1}{n}\odot(\oplus_{i=1}^{n}\boldsymbol{x}_i)\right)\right) \\ &= \frac{1}{n}\odot(\oplus_{i=1}^{n}\boldsymbol{x}_i)\end{aligned}$$

同理，$\mathrm{ilr}^{-1}(\hat{E}(\mathrm{ilr}(\boldsymbol{x}))) = \frac{1}{n}\odot(\oplus_{i=1}^{n}\boldsymbol{x}_i)$，因此公式(2.4.1)成立。在上面的证明过程中，可以看出成分数据样本中心的定义。

定义 2.4.3 随机成分 $\boldsymbol{x}$ 的样本中心定义为

$$\widehat{\mathrm{cen}}(\boldsymbol{x}) = \frac{1}{n}\odot(\oplus_{i=1}^{n}\boldsymbol{x}_i)$$

性质 2.4.4　对于随机成分 $\boldsymbol{x} \in S^D$，$\boldsymbol{y} \in S^D$，给定 $C \times D$ 的实数矩阵 $\mathbf{A}$，样本中心有如下性质：

(1) $\widehat{\text{cen}}(\boldsymbol{x} \oplus \boldsymbol{y}) = \widehat{\text{cen}}(\boldsymbol{x}) \oplus \widehat{\text{cen}}(\boldsymbol{y})$；

(2) $\widehat{\text{cen}}(\alpha \odot \boldsymbol{x}) = \alpha \odot \widehat{\text{cen}}(\boldsymbol{x})$；

(3)如果矩阵 $\mathbf{A}$ 满足 $\mathbf{A}\,\mathbf{1}_D = \mathbf{0}_C$，则 $\widehat{\text{cen}}(\mathbf{A} \boxdot \boldsymbol{x}) = \mathbf{A} \boxdot \widehat{\text{cen}}(\boldsymbol{x})$。

证明　基于样本中心的定义来证明它的性质。

(1)根据性质 2.1.3 可得

$$\widehat{\text{cen}}(\boldsymbol{x} \oplus \boldsymbol{y}) = \frac{1}{n} \odot (\oplus_{i=1}^{n} (\boldsymbol{x}_i \oplus \boldsymbol{y}_i)) = \frac{1}{n} \odot (\oplus_{i=1}^{n} \boldsymbol{x}_i) \oplus \frac{1}{n} \odot (\oplus_{i=1}^{n} \boldsymbol{y}_i)$$
$$= \widehat{\text{cen}}(\boldsymbol{x}) \oplus \widehat{\text{cen}}(\boldsymbol{y})$$

(2)根据性质 2.1.3 可得

$$\widehat{\text{cen}}(\alpha \odot \boldsymbol{x}) = \frac{1}{n} \odot (\oplus_{i=1}^{n} (\alpha \odot \boldsymbol{x}_i)) = \frac{1}{n} \odot \alpha \odot (\oplus_{i=1}^{n} \boldsymbol{x}_i)$$
$$= \alpha \odot \frac{1}{n} \odot (\oplus_{i=1}^{n} \boldsymbol{x}_i) = \alpha \odot \widehat{\text{cen}}(\boldsymbol{x})$$

(3) 如果矩阵 $\mathbf{A}$ 满足 $\mathbf{A}\,\mathbf{1}_D = \mathbf{0}_C$，根据性质 2.3.2 可得

$$\widehat{\text{cen}}(\mathbf{A} \boxdot \boldsymbol{x}) = \frac{1}{n} \odot (\oplus_{i=1}^{n} (\mathbf{A} \boxdot \boldsymbol{x}_i)) = \mathbf{A} \boxdot \left(\frac{1}{n} \odot (\oplus_{i=1}^{n} \boldsymbol{x}_i) \right)$$
$$= \mathbf{A} \boxdot \widehat{\text{cen}}(\boldsymbol{x})$$

■

接下来验证成分数据总方差的估计表达式(2.4.2)是否成立。根据 Aitchison 距离以及 ilr 坐标的等距性可得

$$\sum_{i=1}^{D-1} \widehat{\text{var}}(\text{ilr}_i(\boldsymbol{x})) = \frac{1}{n} \sum_{k=1}^{n} \sum_{i=1}^{D-1} (\text{ilr}_i(\boldsymbol{x}_k) - \hat{E}(\text{ilr}_i(\boldsymbol{x})))^2$$
$$= \frac{1}{n} \sum_{k=1}^{n} d^2(\text{ilr}(\boldsymbol{x}_k),\ \hat{E}(\text{ilr}(\boldsymbol{x})))$$
$$= \frac{1}{n} \sum_{k=1}^{n} d_a^2(\boldsymbol{x}_k,\ \widehat{\text{cen}}(\boldsymbol{x})) = \hat{E}(d_a^2(\boldsymbol{x},\ \widehat{\text{cen}}(\boldsymbol{x})))$$

同理可得 $\sum_{i=1}^{D} \widehat{\text{var}}(\text{clr}_i(\boldsymbol{x})) = \frac{1}{2D} \sum_{i=1}^{D} \sum_{j=1}^{D} \widehat{\text{var}}\left(\ln \frac{x_i}{x_j}\right) = \frac{1}{n} \sum_{k=1}^{n} d_a^2(\boldsymbol{x}_k,$

$\widehat{\text{cen}}(\boldsymbol{x})$)，因此公式(2.4.2)成立。成分数据的样本总方差定义如下。

定义 2.4.5 随机成分 $\boldsymbol{x}$ 的样本总方差定义为

$$\widehat{\text{totvar}}(\boldsymbol{x})=\frac{1}{n}\sum_{k=1}^{n}d_a^2(\boldsymbol{x}_k,\ \widehat{\text{cen}}(\boldsymbol{x}))$$

$$=\frac{1}{n}\sum_{k=1}^{n}\langle\boldsymbol{x}_k\ominus\widehat{\text{cen}}(\boldsymbol{x}),\ \boldsymbol{x}_k\ominus\widehat{\text{cen}}(\boldsymbol{x})\rangle_a$$

基于定义 2.4.5，两个有相同部分的随机成分 $\boldsymbol{x}$ 与 $\boldsymbol{y}$ 的样本协方差为

$$\widehat{\text{Cov}}_a(\boldsymbol{x},\ \boldsymbol{y})=\frac{1}{n}\sum_{i=1}^{n}\langle\boldsymbol{x}_i\ominus\widehat{\text{cen}}(\boldsymbol{x}),\ \boldsymbol{y}_i\ominus\widehat{\text{cen}}(\boldsymbol{y})\rangle_a \quad (2.4.3)$$

为了后面几个章节的需要，接下来给出成分数据集上的运算以及成分数据集的对数比率变换定义。考虑两个随机成分 $\boldsymbol{x}$，$\boldsymbol{y}\in S^D$，假设它们都有 n 个观测值，对应的成分数据集记为

$$\boldsymbol{X}=(\boldsymbol{x}_1,\ \boldsymbol{x}_2,\ \cdots,\ \boldsymbol{x}_n),\quad \boldsymbol{Y}=(\boldsymbol{y}_1,\ \boldsymbol{y}_2,\ \cdots,\ \boldsymbol{y}_n)$$

其中 $\boldsymbol{x}_i$，$\boldsymbol{y}_i\in S^D(i=1,\ 2,\ \cdots,\ n)$。成分数据集的基本概念定义如下：

(1)扰动：$\boldsymbol{X}\oplus\boldsymbol{Y}=(\boldsymbol{x}_1\oplus\boldsymbol{y}_1,\ \boldsymbol{x}_2\oplus\boldsymbol{y}_2,\ \cdots,\ \boldsymbol{x}_n\oplus\boldsymbol{y}_n)$。

(2)幂：$\alpha\odot\boldsymbol{X}=(\alpha\odot\boldsymbol{x}_1,\ \alpha\odot\boldsymbol{x}_2,\ \cdots,\ \alpha\odot\boldsymbol{x}_n)$，其中 α 为实数。

(3)扰动差：$\boldsymbol{X}\ominus\boldsymbol{Y}=(\boldsymbol{x}_1\ominus\boldsymbol{y}_1,\ \boldsymbol{x}_2\ominus\boldsymbol{y}_2,\ \cdots,\ \boldsymbol{x}_n\ominus\boldsymbol{y}_n)$。

(4) Aitchison 内积：$\langle\boldsymbol{X},\ \boldsymbol{Y}\rangle_a=\sum_{i=1}^{n}\langle\boldsymbol{x}_i,\ \boldsymbol{y}_i\rangle_a$。

(5) Aitchison 范数：$\|\boldsymbol{X}\|_a=\langle\boldsymbol{X},\ \boldsymbol{X}\rangle_a$。

(6) Aitchison 距离：$d_a(\boldsymbol{X},\ \boldsymbol{Y})=\|\boldsymbol{X}\ominus\boldsymbol{Y}\|_a$。

(7) 矩阵乘积：$\boldsymbol{A}\boxdot\boldsymbol{X}=(\boldsymbol{A}\boxdot\boldsymbol{x}_1,\ \boldsymbol{A}\boxdot\boldsymbol{x}_2,\ \cdots,\ \boldsymbol{A}\boxdot\boldsymbol{x}_n)$。

(8) clr 与 ilr 数据集：$\text{clr}(\boldsymbol{X})=(\text{clr}(\boldsymbol{x}_1),\ \text{clr}(\boldsymbol{x}_2),\ \cdots,\ \text{clr}(\boldsymbol{x}_n))$，$\text{ilr}(\boldsymbol{X})=(\text{ilr}(\boldsymbol{x}_1),\ \text{ilr}(\boldsymbol{x}_2),\ \cdots,\ \text{ilr}(\boldsymbol{x}_n))$。

(9) 样本中心化：$\boldsymbol{X}\ominus\overline{\boldsymbol{X}}$，其中 $\overline{\boldsymbol{X}}=(\widehat{\text{cen}}(\boldsymbol{x}),\ \widehat{\text{cen}}(\boldsymbol{x}),\ \cdots,\ \widehat{\text{cen}}(\boldsymbol{x}))$。

基于以上定义，随机成分 $\boldsymbol{x}$ 和 $\boldsymbol{y}$ 的样本协方差为

$$\widehat{\mathrm{Cov}}_a(\boldsymbol{x}, \boldsymbol{y}) = \frac{1}{n}\sum_{i=1}^{n}\langle \boldsymbol{x}_i \ominus \widehat{\mathrm{cen}}(\boldsymbol{x}), \boldsymbol{y}_i \ominus \widehat{\mathrm{cen}}(\boldsymbol{y})\rangle_a$$

$$= \frac{1}{n}\langle \boldsymbol{X} \ominus \overline{\boldsymbol{X}}, \boldsymbol{Y} \ominus \overline{\boldsymbol{Y}}\rangle_a \tag{2.4.4}$$

根据 $\langle \boldsymbol{x}, \boldsymbol{y}\rangle_a = (\mathrm{clr}(\boldsymbol{x}))^{\mathrm{T}}\mathrm{clr}(\boldsymbol{y})$，成分数据集的 Aitchison 内积可以简化为

$$\langle \boldsymbol{X}, \boldsymbol{Y}\rangle_a = \sum_{i=1}^{n}\langle \boldsymbol{x}_i, \boldsymbol{y}_i\rangle_a = \sum_{i=1}^{n}(\mathrm{clr}(\boldsymbol{x}_i))^{\mathrm{T}}\mathrm{clr}(\boldsymbol{y}_i)$$

$$= \mathrm{tr}((\mathrm{clr}(\boldsymbol{X}))^{\mathrm{T}}\mathrm{clr}(\boldsymbol{Y})) \tag{2.4.5}$$

其中 tr 代表矩阵的迹。

第3章　成分数据的近似零值处理方法

对数比率方法被广泛地应用在成分数据分析中。当成分数据中有近似零值时，对数比率方法不适用。目前有很多单变量和多变量方法可以被用来处理近似零值。Aitchison 提出了加法替换方法[19]，但是没有近似零值的成分之间的比率不能保持不变性。之后，乘法替换方法[56]被提出，该方法把每个成分中的所有近似零值都替换为一个固定的值。为了使得每个成分的近似零值不是被替换为一个固定值，乘法对数正态替换方法[60]被提出，在乘法对数正态替换方法中，每个成分中的所有近似零值为随机插补值，而不是一个固定的数值。多变量方法是修正的 EM 算法[57,58]，该算法假定 alr 坐标服从多元正态分布。之后基于 ilr 坐标的稳健的修正 EM 算法在文献[59]中被提出。此外，还有其他一些算法，例如数据扩充算法[61]和 Kaplan-Meier 法[62]。

3.1　基于核密度的成分数据近似零值替换方法

已有的单变量方法替换近似零值时仅仅基于零值所在那个成分的信息，而且当近似零值比率高时表现不好。而多变量方法通常依赖于变换后坐标服从多元正态分布的假定。此外，基于 alr 坐标的修正 EM 算法要求至少有一个成分没有近似零值。为了解决这些问题，当分布函数形式未知时，本节提出基于多元高斯核密度估计的非参数替换方法，该方法以对数比率坐标的条件期望值替换近似零值[87]。通过该方法所得出的插补值具有置换不变性以及正交基改变的不变性。模拟分析结果表明该方法相比已有方法在近似零值比率高时表现更好。最后，将该方法应用于来自 Kola project 的 moss 数据。

3.1.1 核密度替换方法

考虑具有 D 个部分的随机成分 $\boldsymbol{x}=(x_1, x_2, \cdots, x_D)$，如果有 n 个观测值，则样本数据集记为 $\boldsymbol{X}$，即

$$\boldsymbol{X}=[x_{ij}]_{n\times D}=\begin{pmatrix} x_{11} & x_{12} & \cdots & x_{1D} \\ x_{21} & x_{22} & \cdots & x_{2D} \\ \vdots & \vdots & \ddots & \vdots \\ x_{n1} & x_{n2} & \cdots & x_{nD} \end{pmatrix}$$

假定成分数据集 $\boldsymbol{X}$ 有近似零值，则对应的探测范围记为 $\boldsymbol{E}=[e_{ij}]_{n\times D}$，其中 e_{ij} 是 x_{ij} 的探测范围。记 $R_j \subset \{1, 2, \cdots, n\}$ 为第 j $(j\in\{1, 2, \cdots, D\})$ 个成分中有近似零值的行指标，则 $O_j=\{1, 2, \cdots, n\}\setminus R_j$ 表示第 j 个成分的剩余行指标，即

$$R_j=\{i: i\in\{1, 2, \cdots, n\}, x_{ij}\leqslant e_{ij}\},$$
$$O_j=\{i: i\in\{1, 2, \cdots, n\}, x_{ij}> e_{ij}\}$$

首先，我们通过乘法替换方法[56]对近似零值进行初始化，近似零值替换值为探测范围的 65%，则 $\boldsymbol{X}$ 表示替换后的数据集。记随机成分 $\boldsymbol{x}$ 的 ilr 坐标为 $\boldsymbol{z}=\mathrm{ilr}(\boldsymbol{x})=[z_1, z_2, \cdots, z_{D-1}]=[z_1, \boldsymbol{z}_{-1}]$，其中 $\boldsymbol{z}_{-1}$ 表示 $\boldsymbol{z}$ 中除了第一个成分外的剩余成分。因此初始化数据集 $\boldsymbol{X}$ 变换为实数数据集 $\boldsymbol{Z}=[z_{ij}]_{n\times(D-1)}$，其中 $\boldsymbol{Z}$ 的每行是 $\boldsymbol{X}$ 中对应成分数据的 ilr 坐标。对于探测范围 $\boldsymbol{E}$ 中的元素 e_{i1}，近似零值 $x_{i1}<e_{i1}$ 通过 ilr 变换则会导致缺失数据 z_{i1}，该值小于 ψ_{i1}，其中

$$\psi_{i1}=\sqrt{\frac{D-1}{D}}\ln\frac{e_{i1}}{\sqrt[D-1]{\prod_{j=2}^{D} x_{ij}}}$$

在本节提出的方法中，未知数据 $z_{i1}(i\in R_1)$ 通过如下条件期望

插补

$$E(z_1 \mid \boldsymbol{z}_{-1}=\boldsymbol{z}_{i,-1},\ z_1<\psi_{i1})=\frac{\int_{-\infty}^{\psi_{i1}} z_1 f(z_1 \mid \boldsymbol{z}_{-1}=\boldsymbol{z}_{i,-1})\mathrm{d}z_1}{\int_{-\infty}^{\psi_{i1}} f(z_1 \mid \boldsymbol{z}_{-1}=\boldsymbol{z}_{i,-1})\mathrm{d}z_1} \tag{3.1.1}$$

其中 $\boldsymbol{z}_{i,-1}$ 表示 $\boldsymbol{Z}$ 中除第一列外的矩阵中的第 i 行，条件密度函数 $f(z_1 \mid \boldsymbol{z}_{-1}=\boldsymbol{z}_{i,-1})$ 可以通过如下公式计算

$$f(z_1 \mid \boldsymbol{z}_{-1}=\boldsymbol{z}_{i,-1})=\frac{f(z_1,\ \boldsymbol{z}_{-1}=\boldsymbol{z}_{i,-1})}{f(\boldsymbol{z}_{-1}=\boldsymbol{z}_{i,-1})}=\frac{f(z_1,\ \boldsymbol{z}_{-1}=\boldsymbol{z}_{i,-1})}{\int_{-\infty}^{+\infty} f(z_1,\ \boldsymbol{z}_{-1}=\boldsymbol{z}_{i,-1})\mathrm{d}z_1} \tag{3.1.2}$$

无论多元随机变量 $\boldsymbol{z}$ 的分布如何，密度函数 $f(z_1,\ \boldsymbol{z}_{-1}=\boldsymbol{z}_{i,-1})$ 都可以通过多元高斯核密度估计[88]。在这里我们假定不同的坐标方向具有相同的窗宽 h，则

$$\begin{aligned}\hat{f}(z_1,\ \boldsymbol{z}_{-1}=\boldsymbol{z}_{i,-1})&=\frac{1}{n(\sqrt{2\pi}h)^{D-1}}\sum_{k=1}^{n}\exp\left\{-\frac{1}{2}\left(\frac{z_1-z_{k1}}{h}\right)^2-\right.\\&\qquad\left.\frac{1}{2}\left(\frac{\boldsymbol{z}_{i,-1}-\boldsymbol{z}_{k,-1}}{h}\right)\left(\frac{\boldsymbol{z}_{i,-1}-\boldsymbol{z}_{k,-1}}{h}\right)^{\mathrm{T}}\right\}\\&=\frac{1}{n(\sqrt{2\pi}h)^{D-1}}\sum_{k=1}^{n}\exp\left\{-\frac{1}{2}\left(\frac{z_1-z_{k1}}{h}\right)^2-\right.\\&\qquad\left.\frac{1}{2h^2}d^2(\boldsymbol{z}_{i,-1},\ \boldsymbol{z}_{k,-1})\right\}\end{aligned} \tag{3.1.3}$$

窗宽 h 通过公式 $h=\sigma\left(\frac{4}{n(D+1)}\right)^{\frac{1}{D+3}}$ 给出[82]，其中 $\sigma^2=\frac{1}{D-1}\sum_{j=1}^{D-1}\mathrm{Var}(z_j)=\frac{1}{D-1}\mathrm{tr}(\mathrm{Var}(\boldsymbol{z}))$，tr 代表矩阵 $\mathrm{Var}(\boldsymbol{z})$的迹。

基于公式(3.1.2)和(3.1.3)可以得到

$$\hat{f}(z_1 \mid \boldsymbol{z}_{-1}=\boldsymbol{z}_{i,-1})$$

$$=\frac{\sum_{k=1}^{n}\exp\left\{-\frac{1}{2}\left(\frac{z_1-z_{k1}}{h}\right)^2\right\}\exp\left\{-\frac{1}{2h^2}d^2(\boldsymbol{z}_{i,-1},\ \boldsymbol{z}_{k,-1})\right\}}{\sum_{k=1}^{n}\exp\left\{-\frac{1}{2h^2}d^2(\boldsymbol{z}_{i,-1},\ \boldsymbol{z}_{k,-1})\right\}\int_{-\infty}^{+\infty}\exp\left\{-\frac{1}{2}\left(\frac{z_1-z_{k1}}{h}\right)^2\right\}\mathrm{d}z_1}$$

$$= \frac{\sum_{k=1}^{n} \exp\left\{-\frac{1}{2}\left(\frac{z_1 - z_{k1}}{h}\right)^2\right\} \exp\left\{-\frac{1}{2h^2} d^2(\boldsymbol{z}_{i,-1}, \boldsymbol{z}_{k,-1})\right\}}{\sum_{k=1}^{n} \sqrt{2\pi}\, h \exp\left\{-\frac{1}{2h^2} d^2(\boldsymbol{z}_{i,-1}, \boldsymbol{z}_{k,-1})\right\}} \tag{3.1.4}$$

通过公式(3.1.4)中的条件密度函数，公式(3.1.1)可以表示为

$$\frac{\sum_{k=1}^{n} \exp\left\{-\frac{1}{2h^2} d^2(\boldsymbol{z}_{i,-1}, \boldsymbol{z}_{k,-1})\right\} \int_{-\infty}^{\psi_{i1}} z_1 \exp\left\{-\frac{1}{2}\left(\frac{\boldsymbol{z}_1 - \boldsymbol{z}_{k1}}{h}\right)^2\right\} \mathrm{d}z_1}{\sum_{k=1}^{n} \exp\left\{-\frac{1}{2h^2} d^2(\boldsymbol{z}_{i,-1}, \boldsymbol{z}_{k,-1})\right\} \int_{-\infty}^{\psi_{i1}} \exp\left\{-\frac{1}{2}\left(\frac{\boldsymbol{z}_1 - \boldsymbol{z}_{k1}}{h}\right)^2\right\} \mathrm{d}z_1} \tag{3.1.5}$$

因为

$$\int_{-\infty}^{\psi_{i1}} \exp\left\{-\frac{1}{2}\left(\frac{z_1 - z_{k1}}{h}\right)^2\right\} \mathrm{d}z_1 = \sqrt{2\pi}\, h\, \Phi\left(\frac{\psi_{i1} - z_{k1}}{h}\right)$$

和

$$\int_{-\infty}^{\psi_{i1}} z_1 \exp\left\{-\frac{1}{2}\left(\frac{z_1 - z_{k1}}{h}\right)^2\right\} \mathrm{d}z_1$$

$$= \int_{-\infty}^{\psi_{i1}} (z_1 - z_{k1}) \exp\left\{-\frac{1}{2}\left(\frac{z_1 - z_{k1}}{h}\right)^2\right\} \mathrm{d}z_1 + z_{k1} \int_{-\infty}^{\psi_{i1}} \exp\left\{-\frac{1}{2}\left(\frac{z_1 - z_{k1}}{h}\right)^2\right\} \mathrm{d}z_1$$

$$= \sqrt{2\pi}\, h\left(-h\phi\left(\frac{\psi_{i1} - z_{k1}}{h}\right) + z_{k1}\Phi\left(\frac{\psi_{i1} - z_{k1}}{h}\right)\right)$$

其中 $\phi(\cdot)$ 和 $\Phi(\cdot)$ 分别是标准正态分布的密度和分布函数，从而公式(3.1.5)可以化简为

$$E(z_1 \mid \boldsymbol{z}_{-1} = \boldsymbol{z}_{i,-1},\ z_1 < \psi_{i1}) =$$

$$\frac{\sum_{k=1}^{n} \left(-h\phi\left(\frac{\psi_{i1} - z_{k1}}{h}\right) + z_{k1}\Phi\left(\frac{\psi_{i1} - z_{k1}}{h}\right)\right) \exp\left\{-\frac{1}{2h^2} d^2(\boldsymbol{z}_{i,-1}, \boldsymbol{z}_{k,-1})\right\}}{\sum_{k=1}^{n} \Phi\left(\frac{\psi_{i1} - z_{k1}}{h}\right) \exp\left\{-\frac{1}{2h^2} d^2(\boldsymbol{z}_{i,-1}, \boldsymbol{z}_{k,-1})\right\}} \tag{3.1.6}$$

因此，未知数据 z_{i1} 可以通过公式(3.1.6)插补。对于 ilr 坐标，因为 $d(\boldsymbol{z}_{i,-1},\boldsymbol{z}_{k,-1})=d_a(\boldsymbol{x}_{i,-1},\boldsymbol{x}_{k,-1})$，则 z_{i1} 的插补值取决于子成分 $\boldsymbol{x}_{i,-1}$ 与 $\boldsymbol{x}_{k,-1}$ 之间的 Aitchison 距离，其中 $\boldsymbol{x}_{i,-1}$ 与 $\boldsymbol{x}_{k,-1}$ 分别表示 $\boldsymbol{x}_i$ 与 $\boldsymbol{x}_k$ 中除了第一个成分外的剩余成分。

性质 3.1.1 公式(3.1.6)中 $E(z_1\mid\boldsymbol{z}_{-1}=\boldsymbol{z}_{i,-1},z_1<\psi_{i1})$ 插补值有如下性质：

(1)插补值低于探测范围，即 $E(z_1\mid\boldsymbol{z}_{-1}=\boldsymbol{z}_{i,-1},z_1<\psi_{i1})<\psi_{i1}$。

(2)当 $\boldsymbol{x}$ 中除了第一个成分外的剩余成分任意置换时，插补值不变。

(3)在正交基 $\{\boldsymbol{e}_2,\boldsymbol{e}_3,\cdots,\boldsymbol{e}_{D-1}\}$ 改变的情况下插补值是不变的。

性质 3.1.1 是显然的。根据 $\boldsymbol{z}=\boldsymbol{x}\boldsymbol{\Psi}^{\mathrm{T}}$ 可以得到

$\mathrm{tr}(\mathrm{Var}(\boldsymbol{z}))=\mathrm{tr}(\mathrm{Var}(\boldsymbol{x}\boldsymbol{\Psi}^{\mathrm{T}}))=\mathrm{tr}(\boldsymbol{\Psi}\mathrm{Var}(\boldsymbol{x})\boldsymbol{\Psi}^{\mathrm{T}})=\mathrm{tr}(\mathrm{Var}(\boldsymbol{x})\boldsymbol{\Psi}^{\mathrm{T}}\boldsymbol{\Psi})=\mathrm{tr}(\mathrm{Var}(\boldsymbol{x})\boldsymbol{G}_D)$，其中 $\boldsymbol{G}_D=\boldsymbol{I}_D-\dfrac{1}{D}\boldsymbol{J}_D$，$\boldsymbol{I}_D$ 是单位矩阵，$\boldsymbol{J}_D$ 是元素全为 1 的矩阵[22]。因此所有潜在的元素 $d(\boldsymbol{z}_{i,-1},\boldsymbol{z}_{k,-1})$，$h$，$z_{k1}$ 和 ψ_{i1} 在置换和正交基改变的情况下是不变的，从而公式(3.1.6)中插补值是不变的。

性质 3.1.1 中(2)和(3)指出 $E(z_1\mid\boldsymbol{z}_{-1}=\boldsymbol{z}_{i,-1},z_1<\psi_{i1})$ 满足置换不变性和正交基改变不变性，但是 $E(z_l\mid\boldsymbol{z}_{-l}=\boldsymbol{z}_{i,-l},z_l<\psi_{il})$ $(l=2,\cdots,D-1)$ 有可能不满足这两个性质，例如，当 $\boldsymbol{x}$ 中除了第 l 个成分的剩余成分任意置换时，z_{kl} 有可能改变。为了替换 $\boldsymbol{x}$ 中第 l 个成分的近似零值，定义置换后的成分数据为 $\boldsymbol{x}^{(l)}=(x_1^{(l)},x_2^{(l)},\cdots,x_l^{(l)},x_{l+1}^{(l)},\cdots,x_D^{(l)})=(x_l,x_1,\cdots,x_{l-1},x_{l+1},\cdots,x_D)$，则 ilr 坐标为 $\boldsymbol{z}^{(l)}=\mathrm{ilr}(\boldsymbol{x}^{(l)})=[z_1^{(l)},z_2^{(l)},\cdots,z_{D-1}^{(l)}]=[z_1^{(l)},\boldsymbol{z}_{-1}^{(l)}]$，对应的 ilr 数据集记为 $\boldsymbol{Z}^{(l)}=[z_{ij}^{(l)}]_{n\times(D-1)}$。根据公式(3.1.6)，成分数据集 $\boldsymbol{X}$ 的第 l 个成分的第 i 行的近似零值产生的未知数据 $z_{i1}^{(l)}(i\in R_l)$ 可以通过如下公式插补。

$$E(z_1^{(l)} \mid \boldsymbol{z}_{-1}^{(l)} = \boldsymbol{z}_{i,-1}^{(l)},\ z_1^{(l)} < \psi_{i1}^{(l)}) =$$

$$\frac{\sum_{k=1}^{n}\left(-h\phi\left(\frac{\psi_{i1}^{(l)} - z_{k1}^{(l)}}{h}\right) + z_{k1}^{(l)}\Phi\left(\frac{\psi_{i1}^{(l)} - z_{k1}^{(l)}}{h}\right)\right)\exp\left\{-\frac{1}{2h^2}d^2(\boldsymbol{z}_{i,-1}^{(l)},\ \boldsymbol{z}_{k,-1}^{(l)})\right\}}{\sum_{k=1}^{n}\Phi\left(\frac{\psi_{i1}^{(l)} - z_{k1}^{(l)}}{h}\right)\exp\{-\frac{1}{2h^2}d^2(\boldsymbol{z}_{i,-1}^{(l)},\ \boldsymbol{z}_{k,-1}^{(l)})\}} \tag{3.1.7}$$

其中 $\psi_{i1}^{(l)} = \sqrt{\frac{D-1}{D}}\ln\frac{e_{il}}{\sqrt[D-1]{\prod_{j=2}^{D} x_{ij}^{(l)}}}$。

类似于基于 ilr 坐标的修正 EM 算法[59]，本节所提出的方法的具体步骤如下：

Step 1：按照成分数据集中每个成分的近似零值比率从大到小进行排序，进而对成分进行置换。为了减小误差，有更多零值的成分应该被放在第一列。不失一般性，假定所有成分已经排序，$|R_1| \geqslant |R_2| \geqslant \cdots \geqslant |R_D|$，其中 $|R_j|$ 表示 $R_j(j=1,2,\cdots,D)$ 的元素个数。

Step 2：通过乘法替换方法对近似零值进行初始替换。

Step 3：设置 $l=1$。

Step 4：基于公式(3.1.7)替换未知数据 $z_{i1}^{(l)}(i \in R_l)$。

Step 5：基于公式(2.2.6)对更新后的数据集的每行做 ilr 逆变换。

Step 6：对每个 $l=2, 3, \cdots |C|$ 执行 Steps 4～5，其中 $C=\{j: j\in\{1, 2, \cdots, D\}, |R_j| \neq 0\}$ 是包含至少一个近似零值的成分指标。

Step 7：重复 Steps 3～6 直到上一步与下一步迭代的成分数据集方差矩阵之间的欧氏距离小于一个确定的临界值。

Step 8：对替换后的成分数据集的成分按原始顺序进行排序。

如果数据集 $\boldsymbol{X} = [x_{ij}]_{n\times D}$ 闭合为常数，则替换后数据集 $\hat{\boldsymbol{X}} = [\hat{x}_{ij}]_{n\times D}$ 通过以上算法获得。否则，我们应该对替换后值 $\hat{x}_{ij}$ 通过如下表达式进行尺度化[62]

$$\hat{x}_{ij}^{*}=\hat{x}_{ij}\frac{x_{ik}}{\hat{x}_{ik}},\qquad j\in C,\quad i\in R_j$$

其中 $\hat{x}_{ij}^{*}$ 是尺度化后值，x_{ik} 是成分数据集 $\boldsymbol{X}$ 中第 i 行第 k 列原始观测到的元素，$\hat{x}_{ik}$ 是 $\hat{\boldsymbol{X}}$ 中对应的替换值。

为了验证本节所提出的方法的有效性，我们通过模拟分析和实例分析来比较该方法（multK）与乘法替换法（multR）、Kaplan-Meier 法、乘法对数正态替换方法（multLN）、基于 alr 坐标的修正 EM 算法（alrEM）、基于 ilr 坐标的稳健修正 EM 算法（ilrEM）。给定原始成分数据集 $\boldsymbol{X}$，该数据集中没有近似零值。我们设置低于探测范围以下的值为零，通过替换方法替换后的成分数据集记为 $\boldsymbol{X}^{*}$。考虑两种评价指标：标准残差平方和（STRESS）[56] 与方差矩阵之间的相对差异（RDVM）[60]。对于任意随机成分 $\boldsymbol{x}=(x_1, x_2, \cdots, x_D)$，方差矩阵[19]定义为

$$\boldsymbol{T}=[t_{ij}]_{D\times D},\qquad t_{ij}=\mathrm{Var}\left(\ln\frac{x_i}{x_j}\right)$$

其中方差矩阵中元素是含有 D 个部分成分 $\boldsymbol{x}$ 中任意两个部分 i 与 j 之间的对数比率方差。

记原始数据集 $\boldsymbol{X}$ 和插补后数据集 $\boldsymbol{X}^{*}$ 的方差矩阵分别为 $\boldsymbol{T}=[t_{ij}]_{D\times D}$ 和 $\boldsymbol{T}^{*}=[t_{ij}^{*}]_{D\times D}$，两种评价指标 STRESS 和 RDVM 分别定义为

$$\mathrm{STRESS}=\frac{\sum_{i<j}(d_a(\boldsymbol{x}_i, \boldsymbol{x}_j)-d_a(\boldsymbol{x}_i^{*}, \boldsymbol{x}_j^{*}))^2}{\sum_{i<j}d_a^2(\boldsymbol{x}_i, \boldsymbol{x}_j)}$$

$$\mathrm{RDVM}=\frac{1}{2|C|D-|C|^2}\sum_{i,\ j\in C}\frac{|t_{ij}^{*}-t_{ij}|}{t_{ij}}$$

其中 $\boldsymbol{x}_i$ 是数据集 $\boldsymbol{X}$ 的第 i 行。两种评价指标 STRESS 和 RDVM 分别表示距离差异和方差差异。

3.1.2 模拟分析

本小节中我们将进行多种模拟分析。首先，我们用多元正态分布

$N_4(\boldsymbol{\mu}, \boldsymbol{\Sigma})$ 模拟样本量为 300 的实数数据集，成分数据集 $\boldsymbol{X}$ 则可以通过 ilr 逆变换得到。假定近似零值是由于观测值低于某个探测范围而产生的，而且不同成分数据相同部分的探测范围是相同的，所以探测范围可以记为一个向量 $\boldsymbol{E}=[e_1, e_2, \cdots, e_5]$，其中 $e_j(j=1, 2, \cdots, 5)$ 是 $\boldsymbol{X}$ 中第 j 个成分的 α_j 分位数。

设置均值 $\boldsymbol{\mu}=[-2, -1.5, -1, -0.3]$，协方差为 $\boldsymbol{\Sigma}=[\rho^{|i-j|}]_{4\times 4}$。为了描述不同成分之间的多种相关性水平，取 $\rho=0.3$，0.5，0.7 和 0.9。构造 10 种不同的探测范围，其中 α_1 从 0.05 变到 0.5，步长为 0.05；α_2 从 0.04 变到 0.4，步长为 0.04；α_3 从 0.03 变到 0.3，步长为 0.03；α_4 从 0.02 变到 0.2，步长为 0.02；$\alpha_5=0$。设置第 j 个成分中小于 $e_j(j=1, 2, 3, 4)$ 的数据为零值，则第一个成分的近似零值比例大约从 5%变到 50%，步长为 5%；第二个成分的近似零值比例大约从 4%变到 40%，步长为 4%；第三个成分的近似零值比例大约从 3%变到 30%，步长为 3%；第四个成分的近似零值比例大约从 2%变到 20%，步长为 2%；最后一列成分没有近似零值。因此成分数据集对应的近似零值比率大约从 2.8% 变到 28% ，步长为 2.8%。

对于以上描述的不同设置情况模拟 500 次。对于不同的探测范围对应不同的近似零值比率，本节所提出的方法与已有方法效果的比较结果见图 3.1.1 和图 3.1.2。图 3.1.1 和图 3.1.2 中的值代表 500 次模拟的平均 STRESS 和 RDVM。图 3.1.1(a) 和图 3.1.1 (b)描述 $\rho=0.3$ 和 0.5 时不同方法在 10 种探测范围下的两种评价指标效果。从图 3.1.1 (a) 和图 3.1.1 (b)可以看出 ilrEM 和 alrEM 相比 multR 有较小的 STRESS 和 RDVM，然而，multKM 和 multLN 相比 multR 有较大的 STRESS 和 RDVM。此外，当近似零值比例增加时，multK 的 STRESS 低于已有方法。在评价指标 RDVM 上，当 $\rho=0.3$ 时，multK 方法相比已有方法表现较差；当 $\rho=0.5$ 时，multK 方法在某些情形下表现较好。图 3.1.2 给出了当 $\rho=0.7$ 和 0.9 时不同方法在两种评价指标下的趋势。从图 3.1.2(a)和图 3.1.2 (b)中我们可以看出 multK 方法相比其他方法在两种评价指标 STRESS 和 RDVM 上表现较优。ilrEM 方法的 STRESS 值与 multR 方法的 STRESS 值非常接近，然而在评价指标 RDVM 上，ilrEM 方法相比 multR 方法表现较差。总的来说，当近似零值比例增加时，本节所提出的方法相比已有方法在两种评价指标 STRESS 和 RDVM 上表现较好。

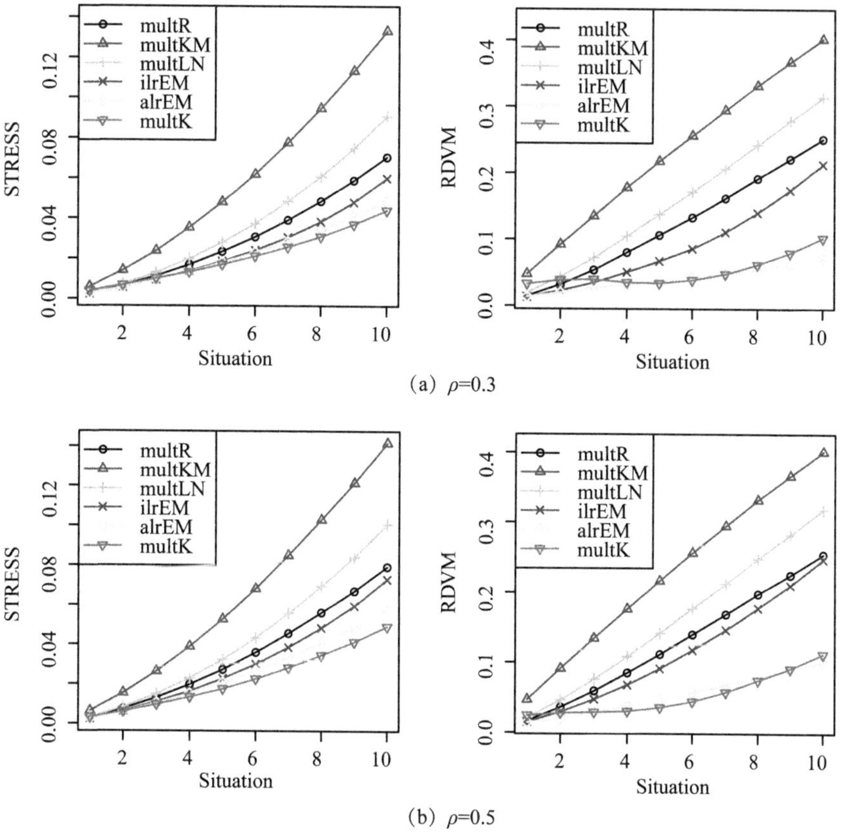

图 3.1.1 当 $\rho = 0.3$(a)和 $\rho = 0.5$(b)时 6 种方法(multR，multKM，multLN，ilrEM，alrEM，multK)在 10 种不同探测范围下的两种评价指标 STRESS 和 RDVM

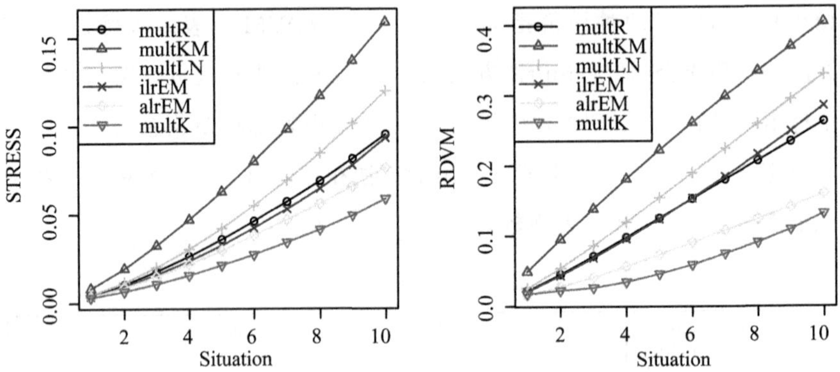

(a) ρ=0.7

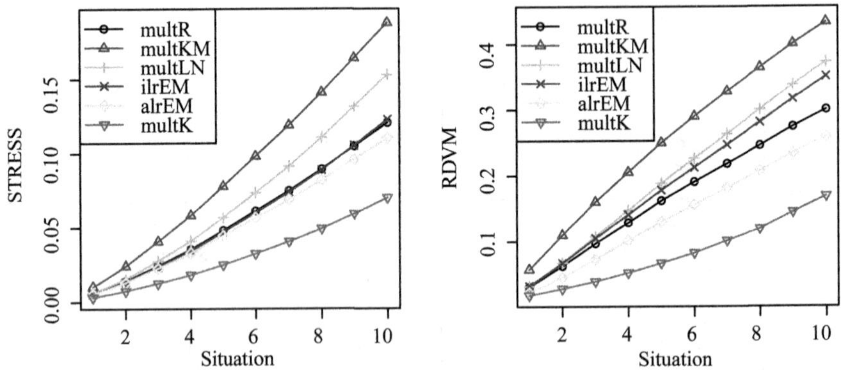

(b) ρ=0.9

图 3.1.2　当 $\rho = 0.7$(a)和 $\rho = 0.9$(b)时 6 种方法(multR，multKM，multLN，ilrEM，alrEM，multK) 在 10 种不同探测范围下的两种评价指标 STRESS 和 RDVM

3.1.3　实例分析

在本小节中，前面所提出的方法被应用于 Kola project 的 moss 数据，该数据集可从 R 程序包 StatDA[89] 中调用。本小节对前面所提出的方法与已有方法(multR，multKM，multLN，ilrEM 和 alrEM)进行了比较。Moss 数据集包含 50 多个化学元素和 594 个样本观测值。我们关注包括 7 个部分的子成分[Al，Ca，Fe，K，Mg，Na，Si]，记为成分

数据集 $\boldsymbol{U}=(\boldsymbol{u}_1, \boldsymbol{u}_2, \cdots, \boldsymbol{u}_7)$，该数据集的 7 个成分求和为常数 100%，而且没有近似零值。类似于模拟分析，我们给出探测范围，将低于探测范围以下的值记为零。实例分析的主要目的是通过不同方法替换近似零值。

假定成分 $\boldsymbol{u}_1$，$\boldsymbol{u}_3$，$\boldsymbol{u}_6$ 和 $\boldsymbol{u}_7$ 有近似零值。表 3.1.1 给出了 8 种不同的探测范围，其中 $e_j(j=1, 3, 6, 7)$ 是第 j 个成分的探测范围。表 3.1.1 同时也给出了成分 $\boldsymbol{u}_1$，$\boldsymbol{u}_3$，$\boldsymbol{u}_6$，$\boldsymbol{u}_7$ 的近似零值的比例以及成分数据集 $\boldsymbol{U}$ 的近似零值的总比例。表 3.1.2 给出了 6 种方法(multR，multKM，multLN，ilrEM，alrEM，multK)在 8 种情形下的两种评价指标 STRESS 和 RDVM 的结果。根据表 3.1.2，我们能发现本节所提出的方法相比已有方法除了前两种情形外有较小的 STRESS 值，而且在每种情形下该方法相比已有方法都有较小的 RDVM 值。此外，当近似零值比例增加时，multR 相比 ilrEM 和 alrEM 表现较好。这是因为 ilrEM 和 alrEM 都假定了成分数据集的分布。事实上，成分数据集 $\boldsymbol{U}$ 不服从单形上正态分布[90]，该分布可以通过效率检验[91]或基于奇异值分解的检验，例如边缘单变量检验、双变量检验和半径检验[18]。alrEM 相比 ilrEM 有较大的 STRESS 和 RDVM 值，这是因为 ilrEM 是一个稳健的方法，相比 alrEM 表现较好。实例分析结果表明本节所提出的方法在 moss 数据集上优于已有方法。

表 3.1.1　**成分数据集 $\boldsymbol{U}$ 的 8 种探测范围情形**

situation	e_1	e_3	e_6	e_7	ZR
1	1.39(14.14)	1.41(13.97)	0.41(14.65)	1.41(14.31)	8.15
2	1.51(18.86)	1.56(18.69)	0.46(19.53)	1.55(19.19)	10.89
3	1.63(23.57)	1.72(23.23)	0.51(24.41)	1.68(23.91)	13.59
4	1.76(28.28)	1.85(27.95)	0.56(29.29)	1.76(28.62)	16.31
5	1.84(33.00)	1.96(32.49)	0.60(34.18)	1.86(33.50)	19.02

续表

situation	e_1	e_3	e_6	e_7	ZR
6	1.93(37.71)	2.04(37.21)	0.66(39.06)	1.98(38.22)	21.74
7	2.01(42.42)	2.22(41.75)	0.72(43.94)	2.05(42.93)	24.43
8	2.12(47.14)	2.38(46.46)	0.78(48.82)	2.13(47.81)	27.18

注：括号中的值代表对应成分的近似零值比例；最后一列 *ZR* 代表对应情形下的近似零值的总比例(%)。

表 3.1.2　**不同方法(multR，multKM，multLN，ilrEM，alrEM，multK)在 8 种探测范围情形下对于成分数据集 *U* 插补后的 2 种评价指标 STRESS 和 RDVM 的结果**

	situation	multR	multKM	multLN	ilrEM	alrEM	multK
STRESS	1	0.0179	0.0317	0.0166	0.0148	0.0158	0.0159
	2	0.0216	0.0426	0.0213	0.0182	0.0212	0.0189
	3	0.0244	0.0567	0.0275	0.0222	0.0260	0.0218
	4	0.0283	0.0706	0.0348	0.0265	0.0336	0.0257
	5	0.0328	0.0833	0.0422	0.0312	0.0444	0.0302
	6	0.0372	0.0994	0.0518	0.0372	0.0592	0.0358
	7	0.0425	0.1185	0.0638	0.0468	0.0737	0.0421
	8	0.0494	0.1382	0.0774	0.0613	0.1042	0.0493
RDVM	1	0.0623	0.1626	0.0645	0.0478	0.0465	0.0389
	2	0.0671	0.2033	0.0864	0.0544	0.0679	0.0396
	3	0.0551	0.2475	0.1165	0.0724	0.0839	0.0401
	4	0.0538	0.2849	0.1423	0.0863	0.1025	0.0376
	5	0.0576	0.3161	0.1653	0.0979	0.1442	0.0425
	6	0.0688	0.3513	0.1959	0.1292	0.1988	0.0630
	7	0.0821	0.3891	0.2311	0.1771	0.2532	0.0793
	8	0.0954	0.4252	0.2681	0.2376	0.3568	0.0950

3.2 高维成分数据近似零值的Q型聚类回归插补方法

目前，有很多方法可以处理近似零值。例如，乘法替换法、乘法对数正态替换方法、基于 alr 坐标或 ilr 坐标的修正 EM 算法、数据扩充算法和 Kaplan-Meier 法。然而，后三种方法不能适用于高维成分数据集。为了解决这个问题，文献[63]提出了偏最小二乘回归方法和变量选择后基于模型的替换方法。通过乘法替换法对近似零值进行初始化插补后，偏最小二乘回归方法首先将初始有近似零值的部分置换到第一个部分，然后对第一个 ilr 坐标和剩余 ilr 坐标建立偏最小二乘回归。假定 p 个成分有近似零值，这个方法需要使用 p 次偏最小二乘回归。当成分数据集中有很多成分，即 p 是高维的，这个方法有较大的计算量。虽然变量选择后基于模型的替换方法能减少计算复杂度，但是计算精度不高。

本节研究高维成分数据中的近似零值插补，提出一种基于 Q 型聚类的回归插补方法。该方法首先对成分数据的部分进行 Q 型聚类分析，然后建立某一类子成分与其他类子成分之间的偏最小二乘回归，最后基于 EM 算法的思想，对某一类子成分中所有近似零值进行插补。在偏最小二乘回归中，因变量为子成分的对称对数比率系数或等距对数比率坐标能得到等价的结果，即能得到相同的近似零值插补值。最后在模拟数据集和实际数据集上，通过三种评价指标来比较本节提出的方法相比已有近似零值替换方法的表现，结果表明本节提出的方法在高维时能提高时间效率和计算精度。本节的主要目的是提出一种新的方法来提高时间效率和计算精度，并通过模拟分析和实际例子来比较该方法和已有方法[92]。

3.2.1 本节提出的方法

对于有 D 个部分的成分数据变量，如果有 n 个观测值，则数据集

可以记为

$$\boldsymbol{X}=(\boldsymbol{x}_1,\ \boldsymbol{x}_2,\ \cdots,\ \boldsymbol{x}_D)=[x_{ij}]_{n\times D}=\begin{pmatrix} x_{11} & x_{12} & \cdots & x_{1D} \\ x_{21} & x_{22} & \cdots & x_{2D} \\ \vdots & \vdots & \ddots & \vdots \\ x_{n1} & x_{n2} & \cdots & x_{nD} \end{pmatrix}$$

其中成分数据集 $\boldsymbol{X}$ 的每一行为一个成分数据，每一列 $\boldsymbol{x}_j\ (j=1,\ 2,\ \cdots,\ D)$ 是由所有 n 个成分数据的第 j 个成分组成的。假定成分数据集 $\boldsymbol{X}$ 有近似零值，近似零值是由于观测值低于已知的探测范围而产生的，而且不同成分数据相同部分的探测范围是相同的。对应的探测范围可以被记为 $\boldsymbol{e}=(e_1,\ e_2,\ \cdots,\ e_D)^{\mathrm{T}}$，其中 e_j 是第 j 个成分 $\boldsymbol{x}_j$ 的探测范围，且事先已知。

首先，通过乘法替换法对近似零值进行初始化，其中近似零值等于探测范围乘以 65％。

在这种情况下，协方差结构的扭曲最小[56]。然后对 $\boldsymbol{X}$ 的所有部分进行 Q 型聚类分析[18,93]，其中 $\boldsymbol{X}$ 的方差矩阵为不相似矩阵[19]。方差矩阵中每行每列的元素为任意两个成分的对数比率的方差。聚类分析的目的是使得相似的部分被放在相同的类中，不相似的部分被放在不同的类中。假定通过某个准则得到聚类个数为 g，最后根据每类中的部分数得到 g 类子成分数据集 $\boldsymbol{X}_1,\ \boldsymbol{X}_2,\ \cdots,\ \boldsymbol{X}_g$，

$$\boldsymbol{X}_k=(\boldsymbol{x}_{k1},\ \boldsymbol{x}_{k2},\ \cdots,\ \boldsymbol{x}_{kD_k})=[x_{ikj}]_{n\times D_k},\qquad k=1,\ 2,\ \cdots,\ g$$

其中 $\boldsymbol{x}_{kj}\ (k_j\in\{1,\ 2,\ \cdots,\ D\})$ 是 $\boldsymbol{X}_k$ 中的第 j 个成分。记 $M_k\subset\{1,\ 2,\ \cdots,\ n\}$ 为 $\boldsymbol{X}_k$ 中有近似零值的成分观测指标，$M_{k,\ i}\subset\{1,\ 2,\ \cdots,\ D_k\}$ 为 $\boldsymbol{X}_k$ 的第 i 个观测值中有近似零值的部分指标，则 $O_{k,\ i}=\{1,\ 2,\ \cdots,\ D_k\}\setminus M_{k,\ i}$ 指的是剩余部分指标。换句话说，M_k 对应数据集 $\boldsymbol{X}_k$ 的行指标，$M_{k,\ i}$ 和 $O_{k,\ i}$ 对应数据集 $\boldsymbol{X}_k$ 的列指标。

接下来，替换子成分数据集 $\boldsymbol{X}_k\ (k\in\{1,\ 2,\ \cdots,\ g\})$ 中的近似零值。首先，数据集 $\boldsymbol{X}_k$ 通过 clr 变换得到 clr 系数 $\boldsymbol{U}_k=\mathrm{clr}(\boldsymbol{X}_k)=(\boldsymbol{u}_{k,\ 1},\ \boldsymbol{u}_{k,\ 2},\ \cdots,\ \boldsymbol{u}_{k,\ D_k})=[u_{k,\ ij}]_{n\times D_k}$。对于第 i（$i\in M_k$）个观测值，近似

零值 $x_{ik_j} < e_{k_j} (j \in M_{k,i})$ 导致未知数 $u_{k,ij}$ 小于 $\psi_{k,ij}$，其中

$$u_{k,ij} = \ln \frac{x_{ik_j}}{\sqrt[D_k]{\prod_{l=1}^{D_k} x_{ik_l}}} = \frac{D_k - 1}{D_k} \ln \frac{x_{ik_j}}{\sqrt[D_k-1]{\prod_{l=1, l\neq j}^{D_k} x_{ik_l}}}$$

$$< \frac{D_k - 1}{D_k} \ln \frac{e_{k_j}}{\sqrt[D_k-1]{\prod_{l=1, l\neq j}^{D_k} x_{ik_l}}} = \psi_{k,ij} \tag{3.2.1}$$

$\psi_{k,ij}$ 是探测范围第 k_j 个元素对应的 clr 系数。记 $\boldsymbol{X}_{-k} = (\boldsymbol{X}_1, \cdots, \boldsymbol{X}_{k-1}, \boldsymbol{X}_{k+1}, \cdots, \boldsymbol{X}_g)$，$\boldsymbol{U}_{-k}$ 为 $\boldsymbol{X}_{-k}$ 的 clr 系数，然后使用偏最小二乘回归[94]来建立因变量 $\boldsymbol{U}_k$ 和自变量 $\boldsymbol{U}_{-k}$ 的线性关系

$$\boldsymbol{U}_k = \boldsymbol{1}_n \boldsymbol{\beta}_{k,0}^{\mathrm{T}} + \boldsymbol{U}_{-k} \boldsymbol{\beta}_k + \boldsymbol{\epsilon}_k \tag{3.2.2}$$

其中 $\boldsymbol{\beta}_{k,0}^{\mathrm{T}} = (\beta_{k,01}, \beta_{k,02}, \cdots, \beta_{k,0D_k})$ 是截距项，$\boldsymbol{\beta}_k = (\boldsymbol{\beta}_{k,1}, \boldsymbol{\beta}_{k,2}, \cdots, \boldsymbol{\beta}_{k,D_k})$ 是回归系数，$\boldsymbol{\epsilon}_k = (\boldsymbol{\epsilon}_{k,1}, \boldsymbol{\epsilon}_{k,2}, \cdots, \boldsymbol{\epsilon}_{k,D_k})$ 为误差项矩阵，$\boldsymbol{1}_n$ 为元素全为 1 的列向量。因变量 $\boldsymbol{U}_k$ 和自变量 $\boldsymbol{U}_{-k}$ 的关系不能直接通过公式(3.2.2)发现。事实上，因变量 $\boldsymbol{U}_k$ 和自变量 $\boldsymbol{U}_{-k}$ 可以通过潜变量建模，分别根据以下模型确定

$$\boldsymbol{U}_k = \boldsymbol{T}_1 \boldsymbol{P}_1^{\mathrm{T}} + \boldsymbol{E}_1, \qquad \boldsymbol{U}_{-k} = \boldsymbol{T}_2 \boldsymbol{P}_2^{\mathrm{T}} + \boldsymbol{E}_2$$

其中 $\boldsymbol{T}_1$ 和 $\boldsymbol{T}_2$ 是 $n \times r (r \leqslant \min(D_k, D - D_k, n))$ 得分矩阵，$\boldsymbol{P}_1$ 和 $\boldsymbol{P}_2$ 是载荷矩阵，$\boldsymbol{E}_1$ 和 $\boldsymbol{E}_2$ 是误差矩阵。通过最大化有约束的协方差来获得得分矩阵 $\boldsymbol{T}_1$ 和 $\boldsymbol{T}_2$[94]。对于求解偏最小二乘回归问题，很多算法可以估计公式(3.2.2)中的回归系数。

通过公式(3.2.2)可得

$$\boldsymbol{u}_{k,j} = \beta_{k,0j} \boldsymbol{1}_n + \boldsymbol{U}_{-k} \boldsymbol{\beta}_{k,j} + \boldsymbol{\epsilon}_{k,j} \quad (j = 1, 2, \cdots, D_k) \tag{3.2.3}$$

根据文献[58, 59]，未知数 $u_{k,ij}$ 插补为

$$\hat{u}_{k,ij} = \hat{\beta}_{k,0j} + \boldsymbol{u}_{-k,i} \hat{\boldsymbol{\beta}}_{k,j} - \hat{\sigma}_{k,j} \frac{\phi\left(\dfrac{\psi_{k,ij} - (\hat{\beta}_{k,0j} + \boldsymbol{u}_{-k,i} \hat{\boldsymbol{\beta}}_{k,j})}{\hat{\sigma}_{k,j}}\right)}{\Phi\left(\dfrac{\psi_{k,ij} - (\hat{\beta}_{k,0j} + \boldsymbol{u}_{-k,i} \hat{\boldsymbol{\beta}}_{k,j})}{\hat{\sigma}_{k,j}}\right)},$$

$$i \in M_k, \ j \in M_{k,i} \tag{3.2.4}$$

其中 $\boldsymbol{u}_{-k,i}$ 指的是 $\boldsymbol{U}_{-k}$ 的第 i 行，正态分布 $N(0, 1)$ 的分布函数和密度函数分别记为 $\Phi(\cdot)$ 和 $\phi(\cdot)$，$\hat{\sigma}_{k,j}$ 是变量 $\boldsymbol{u}_{k,j}$ 在条件变量 $\boldsymbol{U}_{-k}$ 下的估计方差的平方根。公式(3.2.4)的插补值 $\hat{u}_{k,ij}$ 是通过正态性假定下简化期望 $E(u_{k,ij} \mid \boldsymbol{u}_{-k,i}, u_{k,ij} < \psi_{k,ij})$ 得到的[58]。根据

$$E(u_{k,ij} \mid \boldsymbol{u}_{-k,i}, u_{k,ij} < \psi_{k,ij})$$

$$= \frac{\displaystyle\int_{-\infty}^{\psi_{k,ij}} \frac{u_{k,ij}}{\sqrt{2\pi}\hat{\sigma}_{k,j}} \exp\left(-\frac{1}{2}\left(\frac{u_{k,ij} - (\hat{\beta}_{k,0j} + \boldsymbol{u}_{-k,i}\hat{\boldsymbol{\beta}}_{k,j})}{\hat{\sigma}_{k,j}}\right)^2\right) \mathrm{d}u_{k,ij}}{P(u_{k,ij} < \psi_{k,ij})}$$

$$< \frac{\psi_{k,ij} \displaystyle\int_{-\infty}^{\psi_{k,ij}} \frac{1}{\sqrt{2\pi}\hat{\sigma}_{k,j}} \exp\left(-\frac{1}{2}\left(\frac{u_{k,ij} - (\hat{\beta}_{k,0j} + \boldsymbol{u}_{-k,i}\hat{\boldsymbol{\beta}}_{k,j})}{\hat{\sigma}_{k,j}}\right)^2\right) \mathrm{d}u_{k,ij}}{P(u_{k,ij} < \psi_{k,ij})}$$

$$= \frac{\psi_{k,ij} P(u_{k,ij} < \psi_{k,ij})}{P(u_{k,ij} < \psi_{k,ij})} = \psi_{k,ij}$$

可知插补值 $\hat{u}_{k,ij}$ 小于临界值 $\psi_{k,ij}$。

因为 clr 系数求和为零，所以需要调整已知的数据 $u_{k,ij}(i \in M_k, j \in O_{k,i})$。对于任意的 $j, l \in O_{k,i}$，成分 x_{ikj} 和成分 x_{ikl} 没有零值，因此比率 x_{ikj}/x_{ikl} 是不变的。由于 $u_{k,ij} - u_{k,il} = \ln(x_{ikj}/x_{ikl})$，修正后的数据 $\hat{u}_{k,ij}$ 和 $\hat{u}_{k,il}$ 需要满足

$$\hat{u}_{k,ij} - \hat{u}_{k,il} = u_{k,ij} - u_{k,il}, \quad i \in M_k, \quad j, l \in O_{k,i}$$

当 j 固定，l 在 $O_{k,i}$ 中变动时，上面不同等式的和为

$$|O_{k,i}| \hat{u}_{k,ij} - \sum_{l \in O_{k,i}} \hat{u}_{k,il} = |O_{k,i}| u_{k,ij} - \sum_{l \in O_{k,i}} u_{k,il} \tag{3.2.5}$$

其中 $|O_{k,i}|$ 为集合 $O_{k,i}$ 的基数。根据 $\sum_{l \in O_{k,i}} \hat{u}_{k,il} + \sum_{l \in M_{k,i}} \hat{u}_{k,il} = 0$，公式(3.2.5)可以简化为

$$\hat{u}_{k,ij} = \frac{1}{|O_{k,i}|}\left(|O_{k,i}| u_{k,ij} - \sum_{l \in M_{k,i}} \hat{u}_{k,il} - \sum_{l \in O_{k,i}} u_{k,il}\right),$$

$$i \in M_k, \ j \in O_{k,i} \tag{3.2.6}$$

记$\boldsymbol{U}_k$替换后的数据集为$\hat{\boldsymbol{U}}_k=[\hat{u}_{k,ij}]_{n\times D_k}$，其中$\hat{u}_{k,ij}=u_{k,ij}(i\in\{1,2,\cdots,n\}\setminus M_k)$。$\hat{\boldsymbol{U}}_k$通过clr逆变换后的数据集为$\hat{\boldsymbol{X}}_k=[\hat{x}_{ikj}]_{n\times D_k}$。为了得到原始的尺度，应该重新调整值$\hat{x}_{ikj}(i\in M_k,j\in M_{k,i})$。最后，近似零值$x_{ikj}(i\in M_k,j\in M_{k,i})$应该替换为以下表达式[63]

$$\hat{x}_{ikj}\frac{\sum\limits_{l\in O_{k,i}}x_{ikl}}{\sum\limits_{l\in O_{k,i}}\hat{x}_{ikl}},\qquad i\in M_k,\ j\in M_{k,i}\tag{3.2.7}$$

其中$x_{ikl}(l\in O_{k,i})$为原始不是近似零值的值。公式(3.2.7)将插补值调整为数据的原始尺度。

该方法的具体步骤如下：

Step 1 通过乘法替换方法对近似零值进行初始化。

Step 2 对$\boldsymbol{X}$进行Q型聚类分析得到g类部分，对应于g个子成分数据集$\boldsymbol{X}_1$，$\boldsymbol{X}_2$，…，$\boldsymbol{X}_g$。通过每一类中近似零值的比例对g类进行降序排列。不失一般性，假定g类已经排好序，即第一类中近似零值比例最高，其次是第二类，第g类中近似零值比例最低。

Step 3 设置$k=1$。

Step 4 记$\boldsymbol{X}_{-k}=(\boldsymbol{X}_1,\cdots,\boldsymbol{X}_{k-1},\boldsymbol{X}_{k+1},\cdots,\boldsymbol{X}_g)$，而且$\boldsymbol{X}_k$和$\boldsymbol{X}_{-k}$的clr系数分别为$\boldsymbol{U}_k$和$\boldsymbol{U}_{-k}$。建立$\boldsymbol{U}_k$和$\boldsymbol{U}_{-k}$的偏最小二乘回归，然后通过公式(3.2.4)插补未知数据$u_{k,ij}(i\in M_k,j\in M_{k,i})$，通过公式(3.2.6)调整已知数据$u_{k,ij}(i\in M_k,j\in O_{k,i})$。

Step 5 对插补后的数据集进行clr逆变换。最后，通过公式(3.2.7)替换近似零值$x_{ikj}(i\in M_k,j\in M_{k,i})$。

Step 6 对于每个有近似零值的子成分数据集$\boldsymbol{X}_k$对应的$k(k\in\{2,3,\cdots,g\})$执行Steps 4～5。

Step 7 重复Steps 3～6直到上一步迭代和下一步迭代中每一类$\boldsymbol{X}_k(k=1,2,\cdots,g)$的clr系数的元素平方差之和小于一个非常小的数。

Step 8　按成分部分原始的顺序对 g 类部分重新进行排序。

虽然算法的收敛性没有给出证明，但是在模拟和实例分析中提出的算法通常在几次迭代后收敛。在算法的每一步中(参见算法 Step 3 的指标 k)，通过公式(3.2.1)，算法从对应的探测范围值 e_{kj} 计算出对应的 $\psi_{k,ij}$ 值，之后在每一步这个值被逆变换到单形上。由于 $\psi_{k,ij}$ 和 e_{kj} 的单调对应关系，clr 系数的插补值低于 $\psi_{k,ij}$，对应于原始尺度数据近似零值的替换值低于 e_{kj}。实践经验也反映了这一点，即本节提出的方法的近似零值的替换值是低于对应的探测范围值的。

定理 3.2.1　在偏最小二乘回归(3.2.3)中，因变量为 $\boldsymbol{X}_k$ 的 clr 系数或 ilr 坐标能得到等价的结果。此外，在两种坐标系统下，公式(3.2.4)可以产生等价的结果。

证明　基于简单偏最小二乘算法来求解偏最小二乘问题。为了建立 $\boldsymbol{u}_k$ 和 $\boldsymbol{u}_{-k}$ 的偏最小二乘回归，首先考虑优化问题

$$\begin{aligned}&(\boldsymbol{w}_{(c)l},\ \boldsymbol{\theta}_{(c)l})\\&=\arg\max\{\widehat{\mathrm{Cov}}(\boldsymbol{u}_{-k}\boldsymbol{w}_{(c)l},\ \boldsymbol{u}_k\boldsymbol{\theta}_{(c)l}):\ \boldsymbol{w}_{(c)l}^{\mathrm{T}}\boldsymbol{w}_{(c)l}=1,\ \boldsymbol{\theta}_{(c)l}^{\mathrm{T}}\boldsymbol{\theta}_{(c)l}=1,\\&\mathbf{1}_{D-D_k}^{\mathrm{T}}\boldsymbol{w}_{(c)l}=0,\ \mathbf{1}_{D_k}^{\mathrm{T}}\boldsymbol{\theta}_{(c)l}=0,\ \{\boldsymbol{w}_{(c)l}^{\mathrm{T}}\widehat{\mathrm{Cov}}(\boldsymbol{u}_{-k},\ \boldsymbol{u}_{-k})\boldsymbol{w}_{(c)e}=0\}_{e=1}^{l-1}\}\end{aligned}\tag{3.2.8}$$

其中 $\boldsymbol{w}_{(c)l}$，$\boldsymbol{\theta}_{(c)l}(l=1, 2, \cdots, r)$ 为权重向量，下标 (c) 表示 $\boldsymbol{u}_k$ 是成分变量 $\boldsymbol{x}_k$ 的 clr 系数，r 指的是给定的偏最小二乘因子数。记 $\boldsymbol{W}_{(c)r}=(\boldsymbol{w}_{(c)1}, \boldsymbol{w}_{(c)2}, \cdots, \boldsymbol{w}_{(c)r})$，则由偏最小二乘因子构成的数据矩阵为 $\boldsymbol{F}_{(c)}=(\boldsymbol{U}_{-k}\boldsymbol{w}_{(c)1}, \boldsymbol{U}_{-k}\boldsymbol{w}_{(c)2}, \cdots, \boldsymbol{U}_{-k}\boldsymbol{w}_{(c)r})=\boldsymbol{U}_{-k}\boldsymbol{W}_{(c)r}$。

同样，使用 $\boldsymbol{X}_k^{(j)}$ 的 ilr 坐标为因变量，记为 $\boldsymbol{V}_k^{(j)}=(\boldsymbol{v}_{k,1}^{(j)}, \boldsymbol{v}_{k,2}^{(j)}, \cdots, \boldsymbol{v}_{k,D_k-1}^{(j)})=[v_{k,il}^{(j)}]_{n\times(D_k-1)}$，其中 $\boldsymbol{X}_k^{(j)}(j\in\{1, 2, \cdots, D_k\})$ 是 $\boldsymbol{X}_k$ 置换后的成分数据集。建立 $\boldsymbol{v}_k^{(j)}$ 和 $\boldsymbol{u}_{-k}$ 的偏最小二乘回归，优化问题为

$$\begin{aligned}(\boldsymbol{w}_{(i)l},\ \boldsymbol{\theta}_{(i)l})=&\arg\max\{\widehat{\mathrm{Cov}}(\boldsymbol{u}_{-k}\boldsymbol{w}_{(i)l},\ \boldsymbol{v}_k^{(j)}\boldsymbol{\theta}_{(i)l}):\ \boldsymbol{w}_{(i)l}^{\mathrm{T}}\boldsymbol{w}_{(i)l}\\&=1,\ \boldsymbol{\theta}_{(i)l}^{\mathrm{T}}\boldsymbol{\theta}_{(i)l}=1,\ \mathbf{1}_{D-D_k}^{\mathrm{T}}\boldsymbol{w}_{(i)l}=0,\ \{\boldsymbol{w}_{(i)l}^{\mathrm{T}}\widehat{\mathrm{Cov}}(\boldsymbol{u}_{-k},\end{aligned}$$

$$\boldsymbol{u}_{-k})\boldsymbol{w}_{(i)e}=0\}_{e=1}^{l-1}\} \tag{3.2.9}$$

其中 $\boldsymbol{w}_{(i)l}$，$\boldsymbol{\theta}_{(i)l}(l=1,2,\cdots,r)$ 是权重向量，下标 (i) 代表 $\boldsymbol{v}_k^{(j)}$ 是成分变量 $\boldsymbol{x}_k^{(j)}$ 的 ilr 坐标。由偏最小二乘因子构成的数据矩阵为 $\boldsymbol{F}_{(i)}=(\boldsymbol{U}_{-k}\boldsymbol{w}_{(i)1},\boldsymbol{U}_{-k}\boldsymbol{w}_{(i)2},\cdots,\boldsymbol{U}_{-k}\boldsymbol{w}_{(i)r})=\boldsymbol{U}_{-k}\boldsymbol{W}_{(i)r}$，其中 $\boldsymbol{W}_{(i)r}=(\boldsymbol{w}_{(i)1},\boldsymbol{w}_{(i)2},\cdots,\boldsymbol{w}_{(i)r})$。

对于公式(3.2.8)和公式(3.2.9)的优化问题，权重向量可以通过拉格朗日乘数法得到[95,96]，$\boldsymbol{w}_{(c)l}$ 和 $\boldsymbol{w}_{(i)l}$ $(l=1,2,\cdots,r)$ 分别为 $\boldsymbol{H}_{(c)l-1}\widehat{\mathrm{Cov}}(\boldsymbol{u}_{-k},\boldsymbol{u}_k)(\widehat{\mathrm{Cov}}(\boldsymbol{u}_{-k},\boldsymbol{u}_k))^{\mathrm{T}}$ 和 $\boldsymbol{H}_{(i)l-1}\widehat{\mathrm{Cov}}(\boldsymbol{u}_{-k},\boldsymbol{v}_k^{(j)})(\widehat{\mathrm{Cov}}(\boldsymbol{u}_{-k},\boldsymbol{v}_k^{(j)}))^{\mathrm{T}}$ 的最大特征值相关的单位特征向量，其中

$$\boldsymbol{H}_{(c)0}=\boldsymbol{H}_{(i)0}=\boldsymbol{I}_{D-D_k}$$

$$\boldsymbol{H}_{(c)l}=\boldsymbol{I}_{D-D_k}-\widehat{\mathrm{Cov}}(\boldsymbol{u}_{-k},\boldsymbol{u}_{-k})\boldsymbol{W}_{(c)l}[\boldsymbol{W}_{(c)l}^{\mathrm{T}}(\widehat{\mathrm{Cov}}(\boldsymbol{u}_{-k},\boldsymbol{u}_{-k}))^2\boldsymbol{W}_{(c)l}]^{-1}\boldsymbol{W}_{(c)l}^{\mathrm{T}}\widehat{\mathrm{Cov}}(\boldsymbol{u}_{-k},\boldsymbol{u}_{-k})$$

$$\boldsymbol{H}_{(i)l}=\boldsymbol{I}_{D-D_k}-\widehat{\mathrm{Cov}}(\boldsymbol{u}_{-k},\boldsymbol{u}_{-k})\boldsymbol{W}_{(i)l}[\boldsymbol{W}_{(i)l}^{\mathrm{T}}(\widehat{\mathrm{Cov}}(\boldsymbol{u}_{-k},\boldsymbol{u}_{-k}))^2\boldsymbol{W}_{(i)l}]^{-1}\boldsymbol{W}_{(i)l}^{\mathrm{T}}\widehat{\mathrm{Cov}}(\boldsymbol{u}_{-k},\boldsymbol{u}_{-k})$$

根据 clr 系数和 ilr 坐标之间的关系可以得到

$$\begin{aligned}\boldsymbol{U}_k&=\mathrm{clr}(\boldsymbol{X}_k)\boldsymbol{P}\boldsymbol{P}^{\mathrm{T}}=\mathrm{clr}(\boldsymbol{X}_k\boldsymbol{P})\boldsymbol{P}^{\mathrm{T}}=\mathrm{clr}(\boldsymbol{X}_k^{(j)})\boldsymbol{P}^{\mathrm{T}}=\mathrm{ilr}(\boldsymbol{X}_k^{(j)})\boldsymbol{\Psi}_{D_k}^{\mathrm{T}}\boldsymbol{P}^{\mathrm{T}}\\&=\boldsymbol{V}_k^{(j)}\boldsymbol{\Psi}_{D_k}^{\mathrm{T}}\boldsymbol{P}^{\mathrm{T}}\end{aligned}$$

其中 $\boldsymbol{P}$ 是置换矩阵，$\boldsymbol{\Psi}_{D_k}$ 是 $D_k\times(D_k-1)$ 对比矩阵，则

$$\begin{aligned}&\widehat{\mathrm{Cov}}(\boldsymbol{u}_{-k},\boldsymbol{u}_k)(\widehat{\mathrm{Cov}}(\boldsymbol{u}_{-k},\boldsymbol{u}_k))^{\mathrm{T}}\\&=\frac{1}{n^2}(\boldsymbol{U}_{-k}^{\mathrm{T}}\boldsymbol{U}_k-n\overline{\boldsymbol{U}}_{-k}^{\mathrm{T}}\overline{\boldsymbol{U}}_k)(\boldsymbol{U}_k^{\mathrm{T}}\boldsymbol{U}_{-k}-n\overline{\boldsymbol{U}}_k^{\mathrm{T}}\overline{\boldsymbol{U}}_{-k})\\&=\frac{1}{n^2}(\boldsymbol{U}_{-k}^{\mathrm{T}}\boldsymbol{V}_k^{(j)}-n\overline{\boldsymbol{U}}_{-k}^{\mathrm{T}}\overline{\boldsymbol{V}}_k^{(j)})\boldsymbol{\Psi}_{D_k}^{\mathrm{T}}\boldsymbol{P}^{\mathrm{T}}\boldsymbol{P}\boldsymbol{\Psi}_{D_k}((\boldsymbol{V}_k^{(j)})^{\mathrm{T}}\boldsymbol{U}_{-k}-n(\overline{\boldsymbol{V}}_k^{(j)})^{\mathrm{T}}\overline{\boldsymbol{U}}_{-k})\\&=\frac{1}{n^2}(\boldsymbol{U}_{-k}^{\mathrm{T}}\boldsymbol{V}_k^{(j)}-n\overline{\boldsymbol{U}}_{-k}^{\mathrm{T}}\overline{\boldsymbol{V}}_k^{(j)})((\boldsymbol{V}_k^{(j)})^{\mathrm{T}}\boldsymbol{U}_{-k}-n(\overline{\boldsymbol{V}}_k^{(j)})^{\mathrm{T}}\overline{\boldsymbol{U}}_{-k})\\&=\widehat{\mathrm{Cov}}(\boldsymbol{u}_{-k},\boldsymbol{v}_k^{(j)})(\widehat{\mathrm{Cov}}(\boldsymbol{u}_{-k},\boldsymbol{v}_k^{(j)}))^{\mathrm{T}}\end{aligned}$$

因此 $\boldsymbol{W}_{(c)r}=\boldsymbol{W}_{(i)r}$，$\boldsymbol{F}_{(c)}=\boldsymbol{F}_{(i)}$。

因变量 $\boldsymbol{U}_k$ 和自变量 $\boldsymbol{U}_{-k}$ 的偏最小二乘回归模型为

$$\boldsymbol{U}_k=\boldsymbol{1}_n\boldsymbol{\beta}_{(c)k,0}^{\mathrm{T}}+\boldsymbol{U}_{-k}\boldsymbol{\beta}_{(c)k}+\boldsymbol{\epsilon}_{(c)k} \tag{3.2.10}$$

其中 $\boldsymbol{\beta}_{(c)k,0}^{\mathrm{T}}=(\beta_{(c)k,01},\ \beta_{(c)k,02},\ \cdots,\ \beta_{(c)k,0D_k})$ 是截距项，$\boldsymbol{\beta}_{(c)k}=(\boldsymbol{\beta}_{(c)k,1},\ \boldsymbol{\beta}_{(c)k,2},\ \cdots,\ \boldsymbol{\beta}_{(c)k,D_k})$ 是回归系数，$\boldsymbol{\epsilon}_{(c)k}=(\boldsymbol{\epsilon}_{(c)k,1},\ \boldsymbol{\epsilon}_{(c)k,2},\ \cdots,\ \boldsymbol{\epsilon}_{(c)k,D_k})$ 是误差项矩阵。根据文献[94]，公式(3.2.10)中的回归系数估计为

$$\begin{pmatrix}\hat{\boldsymbol{\beta}}_{(c)k,0}^{\mathrm{T}}\\ \hat{\boldsymbol{\beta}}_{(c)k}\end{pmatrix}=\begin{pmatrix}1 & \boldsymbol{0}_r^{\mathrm{T}}\\ \boldsymbol{0}_{D-D_k} & \boldsymbol{W}_{(c)r}\end{pmatrix}\left[\begin{pmatrix}\boldsymbol{1}_n^{\mathrm{T}}\\ \boldsymbol{F}_{(c)}^{\mathrm{T}}\end{pmatrix}\begin{pmatrix}\boldsymbol{1}_n & \boldsymbol{F}_{(c)}\end{pmatrix}\right]^{-1}\begin{pmatrix}\boldsymbol{1}_n^{\mathrm{T}}\\ \boldsymbol{F}_{(c)}^{\mathrm{T}}\end{pmatrix}\boldsymbol{U}_k \tag{3.2.11}$$

其中 $\boldsymbol{0}_r$ 是元素全为 0 的列向量。

同样，因变量 $\boldsymbol{V}_k^{(j)}$ 和自变量 $\boldsymbol{U}_{-k}$ 的偏最小二乘回归模型为

$$\boldsymbol{V}_k^{(j)}=\boldsymbol{1}_n\boldsymbol{\beta}_{(i)k,0}^{\mathrm{T}}+\boldsymbol{U}_{-k}\boldsymbol{\beta}_{(i)k}+\boldsymbol{\epsilon}_{(i)k} \tag{3.2.12}$$

其中 $\boldsymbol{\beta}_{(i)k,0}^{\mathrm{T}}=(\beta_{(i)k,01},\ \beta_{(i)k,02},\ \cdots,\ \beta_{(i)k,0D_k-1})$，$\boldsymbol{\beta}_{(i)k}=(\boldsymbol{\beta}_{(i)k,1},\ \boldsymbol{\beta}_{(i)k,2},\ \cdots,\ \boldsymbol{\beta}_{(i)k,D_k-1})$ 是参数，$\boldsymbol{\epsilon}_{(i)k}=(\boldsymbol{\epsilon}_{(i)k,1},\ \boldsymbol{\epsilon}_{(i)k,2},\ \cdots\boldsymbol{\epsilon}_{(i)k,D_k-1})$ 是误差项矩阵。公式(3.2.12)的回归系数通过下式来估计

$$\begin{pmatrix}\hat{\boldsymbol{\beta}}_{(i)k,0}^{\mathrm{T}}\\ \hat{\boldsymbol{\beta}}_{(i)k}\end{pmatrix}=\begin{pmatrix}1 & \boldsymbol{0}_r^{\mathrm{T}}\\ \boldsymbol{0}_{D-D_k} & \boldsymbol{W}_{(i)r}\end{pmatrix}\left[\begin{pmatrix}\boldsymbol{1}_n^{\mathrm{T}}\\ \boldsymbol{F}_{(i)}^{\mathrm{T}}\end{pmatrix}\begin{pmatrix}\boldsymbol{1}_n & \boldsymbol{F}_{(i)}\end{pmatrix}\right]^{-1}\begin{pmatrix}\boldsymbol{1}_n^{\mathrm{T}}\\ \boldsymbol{F}_{(i)}^{\mathrm{T}}\end{pmatrix}\boldsymbol{V}_k^{(j)} \tag{3.2.13}$$

从公式(3.2.10)和(3.2.12)可以得到

$$\boldsymbol{u}_{k,j}=\beta_{(c)k,0j}\boldsymbol{1}_n+\boldsymbol{U}_{-k}\boldsymbol{\beta}_{(c)k,j}+\boldsymbol{\epsilon}_{(c)k,j}\quad (j=1,\ 2,\ \cdots,\ D_k) \tag{3.2.14}$$

$$\boldsymbol{v}_{k,1}^{(j)}=\beta_{(i)k,01}\boldsymbol{1}_n+\boldsymbol{U}_{-k}\boldsymbol{\beta}_{(i)k,1}+\boldsymbol{\epsilon}_{(i)k,1}\quad (j=1,\ 2,\ \cdots,\ D_k) \tag{3.2.15}$$

由于 $\boldsymbol{u}_{k,j}=\sqrt{\dfrac{D_k-1}{D_k}}\boldsymbol{v}_{k,1}^{(j)}$，通过公式(3.2.11)和(3.2.13)可得 $\hat{\beta}_{(c)k,0j}=\sqrt{\dfrac{D_k-1}{D_k}}\hat{\beta}_{(i)k,01}$，$\hat{\boldsymbol{\beta}}_{(c)k,j}=\sqrt{\dfrac{D_k-1}{D_k}}\hat{\boldsymbol{\beta}}_{(i)k,1}$，则

$$\hat{\beta}_{(c)k,0j}\mathbf{1}_n+\boldsymbol{U}_{-k}\hat{\boldsymbol{\beta}}_{(c)k,j}=\sqrt{\frac{D_k-1}{D_k}}(\hat{\beta}_{(i)k,01}\mathbf{1}_n+\boldsymbol{U}_{-k}\hat{\boldsymbol{\beta}}_{(i)k,1})\tag{3.2.16}$$

因此，在偏最小二乘回归中，因变量为clr系数或ilr坐标能得到等价的因变量值，差别在于一个尺度常数。

通过文献[58，59]和公式(3.2.14)，未知数据 $u_{k,ij}$ 的插补值为

$$\hat{u}_{k,ij}=\hat{\beta}_{(c)k,0j}+\boldsymbol{u}_{-k,i}\hat{\boldsymbol{\beta}}_{(c)k,j}-\hat{\sigma}_{(c)k,j}\frac{\phi\left(\dfrac{\psi_{k,ij}-(\hat{\beta}_{(c)k,0j}+\boldsymbol{u}_{-k,i}\hat{\boldsymbol{\beta}}_{(c)k,j})}{\hat{\sigma}_{(c)k,j}}\right)}{\Phi\left(\dfrac{\psi_{k,ij}-(\hat{\beta}_{(c)k,0j}+\boldsymbol{u}_{-k,i}\hat{\boldsymbol{\beta}}_{(c)k,j})}{\hat{\sigma}_{(c)k,j}}\right)},$$

$$i\in M_k,\quad j\in M_{k,i}$$

其中 $\hat{\sigma}_{(c)k,j}$ 是 $\boldsymbol{u}_{k,j}$ 在条件 $\boldsymbol{U}_{-k}$ 下估计方差的平方根，$\boldsymbol{u}_{-k,i}$ 指的是 $\boldsymbol{U}_{-k}$ 的第 i 行，$N(0,1)$ 的分布和密度函数分别记为 $\Phi(\cdot)$ 和 $\phi(\cdot)$。

同样，使用 $\boldsymbol{X}_k$ 的ilr坐标，近似零值 $x_{ik_j}<e_{k_j}$ 导致未知数据 $v_{k,i1}^{(j)}$ 小于 $\varphi_{k,i1}^{(j)}$，其中

$$\varphi_{k,i1}^{(j)}=\sqrt{\frac{D_k-1}{D_k}}\ln\frac{e_{k_j}}{\sqrt[D_k-1]{\prod\limits_{l=1,\,l\neq j}^{D_k}x_{ik_l}}}$$

根据公式(3.2.15)，未知数据 $v_{k,i1}^{(j)}$ 的插补值为

$$\hat{v}_{k,i1}^{(j)}=\hat{\beta}_{(i)k,01}+\boldsymbol{u}_{-k,i}\hat{\boldsymbol{\beta}}_{(i)k,1}-\hat{\sigma}_{(i)k,j}\frac{\phi\left(\dfrac{\varphi_{k,i1}^{(j)}-(\hat{\beta}_{(i)k,01}+\boldsymbol{u}_{-k,i}\hat{\boldsymbol{\beta}}_{(i)k,1})}{\hat{\sigma}_{(i)k,j}}\right)}{\Phi\left(\dfrac{\varphi_{k,i1}^{(j)}-(\hat{\beta}_{(i)k,01}+\boldsymbol{u}_{-k,i}\hat{\boldsymbol{\beta}}_{(i)k,1})}{\hat{\sigma}_{(i)k,j}}\right)},$$

$$i\in M_k,\quad j\in M_{k,i}$$

其中 $\hat{\sigma}_{(i)k,j}$ 是变量 $\boldsymbol{v}_{k,1}^{(j)}$ 在条件变量 $\boldsymbol{U}_{-k}$ 下估计方差的平方根。

现在证明 $\hat{u}_{k,ij}=\sqrt{\frac{D_k-1}{D_k}}\hat{v}_{k,i1}^{(j)}$。根据公式(3.2.16)可得

$$\hat{\sigma}_{(c)k,j}=\sqrt{\operatorname{var}(\boldsymbol{u}_{k,j}-(\hat{\beta}_{(c)k,0j}\mathbf{1}_n+\boldsymbol{U}_{-k}\hat{\boldsymbol{\beta}}_{(c)k,j}))}$$

$$=\sqrt{\frac{D_k-1}{D_k}\operatorname{var}((\boldsymbol{v}_{k,1}^{(j)}-(\hat{\beta}_{(i)k,01}\mathbf{1}_n+\boldsymbol{U}_{-k}\hat{\boldsymbol{\beta}}_{(i)k,1})))}$$

$$=\sqrt{\frac{D_k-1}{D_k}}\hat{\sigma}_{(i)k,j}$$

从 $\psi_{k,ij}=\sqrt{\frac{D_k-1}{D_k}}\varphi_{k,i1}^{(j)}$ 可知

$$\frac{\psi_{k,ij}-(\hat{\beta}_{(c)k,0j}+\boldsymbol{u}_{-k,i}\hat{\boldsymbol{\beta}}_{(c)k,j})}{\hat{\sigma}_{(c)k,j}}=\frac{\varphi_{k,i1}^{(j)}-(\hat{\beta}_{(i)k,01}+\boldsymbol{u}_{-k,i}\hat{\boldsymbol{\beta}}_{(i)k,1})}{\hat{\sigma}_{(i)k,j}}$$

因此 $\hat{u}_{k,ij}=\sqrt{\frac{D_k-1}{D_k}}\hat{v}_{k,i1}^{(j)}$。

■

3.2.2　模拟分析

为了说明本节所提出的方法的良好表现，本小节对该方法与乘法替换方法(multR)[56]、乘法对数正态替换方法 (multLN)[60]、偏最小二乘回归方法 (PLS)[63]和变量选择后基于模型的替换方法(varOLS)[63]进行比较。考虑三种评价指标，即算法的时间消耗 (Time)、成分误差偏差 (CED) 和协方差矩阵的相对差异(RDCM)[59]。给定原始成分数据集 $\boldsymbol{X}$，这个数据集中有相对非常小的值，将数据集中每个小于探测范围的非常小的数值设置为零值，则这个数据集中有近似零值。记所有近似零值被替换后的数据集为 $\boldsymbol{X}^*$，则评价指标 CED 定义为

$$\mathrm{CED}=\frac{\frac{1}{|M|}\sum_{k\in M}d_a(\boldsymbol{x}_k,\ \boldsymbol{x}_k^*)}{\max\limits_{\boldsymbol{x}_i,\ \boldsymbol{x}_j\in\boldsymbol{X}}\{d_a(\boldsymbol{x}_i,\ \boldsymbol{x}_j)\}}$$

其中 $\boldsymbol{x}_k$ 是数据集 $\boldsymbol{X}$ 的第 k 行，M 是所有有近似零值的观测值的行指标，$|M|$ 是 M 中所有元素的个数，$d_a(\cdot,\ \cdot)$ 代表单形 S^D 上的 Aitchison 距离。评价指标 RDCM 定义为

$$\text{RDCM} = \frac{\sqrt{\sum_{i,\ j=1}^{D-1} (s_{ij} - s_{ij}^{*})^2}}{\sqrt{\sum_{i,\ j=1}^{D-1} s_{ij}^2}}$$

其中 s_{ij} 是 ilr($\boldsymbol{X}$) 的第 i 个坐标和第 j 个坐标的样本协方差。评价指标 Time 反映了计算效率。后两种评价指标 CED 和 RDCM 分别代表了距离差异和协方差差异。

在本小节，我们将进行若干模拟研究。接下来试验的目的是检验本节提出的近似零值插补方法在计算时间减少和计算精度提高方面的表现。首先从下面的潜变量模型中产生有 n 个样本和 D 个变量的数据集 $\boldsymbol{Z}$[63]

$$\boldsymbol{Z} = \boldsymbol{TB} + \boldsymbol{E}$$

其中 $\boldsymbol{T}$ 是一个 $n \times l$ 得分矩阵，有 l 个成分，$\boldsymbol{B}$ 是一个载荷矩阵，$\boldsymbol{E}$ 为误差项矩阵。矩阵 $\boldsymbol{T}$ 和矩阵 $\boldsymbol{E}$ 中的元素分别从正态分布 $\boldsymbol{N}(0,\ 1)$ 和 $\boldsymbol{N}(0,\ 0.01)$ 中产生，$\boldsymbol{B}$ 中元素是从均匀分布 $\boldsymbol{U}(-1,\ 1)$ 中产生。成分数据集 $\boldsymbol{X}$ 从数据集 $\boldsymbol{Z}$ 的 ilr 逆变换得到。对于第 j 个成分，考虑 $\boldsymbol{x}_j$ 的 α 分位数 $Q_\alpha(\boldsymbol{x}_j)$ 作为探测范围，然后将第 j 个成分中小于对应探测范围的数据设置为零值。对于本节所提出的方法的 Q 型聚类，采用系统聚类 Ward 方法，通过围绕中心点的分割算法来决定聚类个数，选择这个算法是因为在 R 软件中通过函数 hclust 和 pamk 很容易实现。

设置 $(n,\ D,\ l) = (50,\ 10,\ 2)$ 和 $(50,\ 100,\ 5)$，对于每种设置重复 100 次模拟。假定近似零值被放置在 $\boldsymbol{X}$ 的每隔第三列中，则探测范围向量可以被记为

$$\boldsymbol{e} = (Q_\alpha(\boldsymbol{x}_1),\ 0,\ 0,\ Q_\alpha(\boldsymbol{x}_4),\ 0,\ 0,\ Q_\alpha(\boldsymbol{x}_7),\ 0,\ \cdots)^{\mathrm{T}}$$

构造 5 种情形的探测范围向量，其中 α 从 0.03 变到 0.3，步长为 0.06。模拟的平均结果见表 3.2.1，从表 3.2.1 中可以看出，随着近似零值的增加，所有方法的 CED 和 RDCM 倾向于变大。当 $(n,\ D,\ l) = (50,\ 10,\ 2)$ 时，不同方法的计算时间非常接近，在两种评价指标 CED

和 RDCM 上，PLS、varOLS 和本节提出的方法相比其他方法表现更优。此外，本节提出的方法相比其他已有的方法有较小的 CED 和 RDCM。当 $(n, D, l)=(50, 100, 5)$ 时可以得到相同的结论，本节提出的方法的 CED 和 RDCM 小于已有方法的这两种评价指标值。与 PLS 和 varOLS 两种方法相比，本节提出的方法在计算时间减少方面的表现是明显较好的。

表 3.2.1　**对于模拟数据集 5 种方法在 5 种探测范围向量情形下的 3 种评价指标**

	situation	multR	multLN	PLS	varOLS	proposed method
	$n=50$，$D=10$，$l=2$					
Time (s)	1	0.0026	0.0233	13.5485	0.3121	8.5479
	2	0.0010	0.0248	13.6429	0.3773	8.5660
	3	0.0012	0.0248	14.0575	0.4361	6.4895
	4	0.0012	0.0230	14.3257	0.4833	8.5702
	5	0.0015	0.0237	14.0768	0.4965	6.3630
CED	1	0.0370	0.0336	0.0205	0.0267	0.0127
	2	0.0383	0.0341	0.0238	0.0289	0.0162
	3	0.0410	0.0470	0.0247	0.0302	0.0144
	4	0.0451	0.0538	0.0270	0.0327	0.0165
	5	0.0539	0.0699	0.0354	0.0400	0.0211
RDCM	1	0.0272	0.0294	0.0196	0.0243	0.0116
	2	0.0423	0.0590	0.0400	0.0415	0.0174
	3	0.0696	0.1240	0.0477	0.0603	0.0172
	4	0.1196	0.2044	0.0707	0.0884	0.0246
	5	0.1891	0.2920	0.0821	0.1329	0.0497
	$n=50$，$D=100$，$l=5$					

续表

	situation	multR	multLN	PLS	varOLS	proposed method
Time (s)	1	0.0049	0.1949	1236.3850	30.5573	49.0472
	2	0.0070	0.1935	1286.4870	55.6591	46.5663
	3	0.0059	0.1928	1322.0430	95.3610	45.0877
	4	0.0072	0.1954	1332.2110	96.6582	45.5027
	5	0.0059	0.1941	1339.9670	97.4059	46.6096
CED	1	0.0212	0.0212	0.0170	0.0197	0.0053
	2	0.0339	0.0348	0.0236	0.0307	0.0108
	3	0.0478	0.0485	0.0372	0.0428	0.0149
	4	0.0599	0.0614	0.0599	0.0832	0.0261
	5	0.0663	0.0690	0.0933	0.0516	0.0249
RDCM	1	0.0249	0.0250	0.0219	0.0259	0.0064
	2	0.0665	0.0696	0.0374	0.0617	0.0201
	3	0.1172	0.1225	0.0691	0.1077	0.0348
	4	0.1651	0.1748	0.1318	0.2515	0.0567
	5	0.2027	0.2205	0.2347	0.1532	0.0760

本小节同样也做了一些模拟来表明本节提出的方法在高维时明显优于其他方法。在这个模拟中，假定成分数据集 $\boldsymbol{X}$ 在每隔 10 个成分中有近似零值，且近似零值小于对应成分的 15%分位数。表 3.2.2 给出了固定 $n=50$，$l=5$，变化 $D=100$，200，300，400，500 时，100 次模拟的平均结果。表 3.2.2 中没有包含 PLS 方法是因为它的计算时间可能会非常大。从表 3.2.2 中可以看出，对于小的 D，本节提出的方法的计算时间比其他方法长。当 $D=100$ 时，表 3.2.1 和表 3.2.2 的结果

有所区别，原因是表 3.2.2 中有近似零值的成分部分数小于表 3.2.1 中有近似零值的成分部分数。然而，随着维数的增加，本节提出方法的计算时间小于 varOLS 方法。但是本节提出的方法的计算时间没有增加的趋势，因为该方法的计算工作量依赖于有近似零值的成分部分数，与维数没有直接关系。除此之外，该方法的计算精度一直高于其他方法的计算精度，即该方法一直有较小的 CED 和 RDCM。

表 3.2.2　**对于模拟数据集 4 种方法在不同维数情形下的 3 种评价指标**

	D	multR	multLN	varOLS	proposed method
Time (s)	100	0.0052	0.0662	11.9632	39.6220
	200	0.0101	0.1193	112.0538	146.6357
	300	0.0147	0.1828	441.0266	105.1911
	400	0.0184	0.2480	893.4756	121.5153
	500	0.0229	0.3024	1501.7570	147.8408
CED	100	0.0287	0.0290	0.0264	0.0194
	200	0.0244	0.0247	0.0198	0.0099
	300	0.0256	0.0260	0.0214	0.0046
	400	0.0241	0.0245	0.0181	0.0098
	500	0.0231	0.0233	0.0187	0.0062
RDCM	100	0.0715	0.0719	0.0673	0.0479
	200	0.0674	0.0720	0.0560	0.0230
	300	0.0628	0.0653	0.0569	0.0074
	400	0.0575	0.0602	0.0377	0.0268
	500	0.0563	0.0595	0.0437	0.0146

总而言之，PLS方法有高的计算时间和高的计算精度，varOLS方法有低的计算工作量和低的计算精度。为了平衡计算时间和计算精度，建议用本节提出的方法，它在高维时有少的计算时间以及高的计算精度。

3.2.3 实例分析

代谢组学数据有高维小样本量特征，它们经常需要被归一化。归一化数据中任意两个成分的比率等于原始谱图中这两个成分对应的谱峰面积的比率。归一化数据是一个向量，反映了相对信息，所以代谢组学数据可以被考虑为成分数据[28]。本节提出的方法将被应用到文献[63]中的MCAD数据上，这个数据可以在github上的R程序包robCompositions中得到。这个数据集包含278个代谢物和50个样本，其中有25个样本是控制组，25个样本是试验组。在这个数据集中有一些值是非常低的浓度，所以在这里考虑近似零值是合理的。

类似于模拟分析，假定MCAD数据中近似零值是低于每隔5列对应成分的α分位数。构造5种情形的探测范围向量，其中α分别为0.05，0.1，0.15，0.2，0.25。在本节提出的方法中，每种情形的聚类个数为3，则成分数据集可以被分为三个子成分数据集。将本节提出的方法与先前的方法，包括multR，multLN，PLS和varOLS进行比较，结果见表3.2.3。从表3.2.3可以看到在3种评价指标下PLS方法相比其他方法表现较差。值得注意的是本节提出的方法在2种评价指标CED和RDCM上相比其他方法表现更好，而且与PLS和varOLS方法相比减少了计算时间。

表 3.2.3　　对于 MCAD 数据 5 种方法在 5 种探测范围向量情形下的 3 种评价指标

	situation	multR	multLN	PLS	varOLS	proposed method
Time (s)	1	0.0200	0.3300	5962.9900	347.5300	202.6600
	2	0.0200	0.3300	6300.9900	522.5200	197.2200
	3	0.0100	0.3200	6336.1000	910.9100	203.8700
	4	0.0100	0.3400	7169.7400	991.3100	239.2400
	5	0.0200	0.5200	6013.6500	684.1500	182.1100
CED	1	0.0252	0.0254	0.0418	0.0254	0.0239
	2	0.0322	0.0330	0.0621	0.0313	0.0304
	3	0.0395	0.0414	0.0916	0.0388	0.0352
	4	0.0479	0.0514	0.1084	0.0470	0.0427
	5	0.0606	0.0666	0.1716	0.0577	0.0546
RDCM	1	0.0887	0.0983	0.1084	0.0899	0.0822
	2	0.1266	0.1366	0.1882	0.1198	0.1158
	3	0.1526	0.1658	0.2789	0.1346	0.1205
	4	0.1852	0.2007	0.3188	0.1597	0.1412
	5	0.2169	0.2403	0.5314	0.1898	0.1648

3.3　本章小结

当成分数据中有零值时，对数比率坐标将会失效。本章 3.1 节提出了基于多元高斯核密度的非参数方法来替换近似零值。因为 clr 坐标求和为零，所以本节提出的方法采用 ilr 坐标。在本章采用的 ilr 坐标形式下，多元高斯核密度与子成分之间的 Aitchison 距离有关。在模拟分析和实例分析中，本章对本节提出的方法与乘法替换方法、Kaplan-Meier

法、乘法对数正态替换方法、基于 alr 坐标的修正 EM 算法和基于 ilr 坐标的稳健的修正 EM 算法进行了比较。模拟分析结果表明当近似零值比例增加时，本节提出的方法相比已有方法在评价指标 STRESS 和 RDVM 上有较好的表现。此外，在实例中，本节提出的方法的效果是明显的。该方法的优势在于当数据集的分布函数形式未知时可用。之后的研究中将致力于多元核密度窗宽矩阵的选择。

针对高维成分数据的近似零值，本章 3.2 节基于 Q 型聚类分析和偏最小二乘回归方法，给出了一种高维成分数据的近似零值插补方法，在程序包 robCompositions 中可见该方法对应的函数 imputeBDLs。在模拟分析和实际例子中，本章对本节提出的方法与 multR，multLN，PLS 和 varOLS 方法进行了比较。结果表明当数据集是高维时，本节提出的方法相比 PLS 和 varOLS 方法有较少的计算时间。最可能的原因是本节提出的方法中使用了较少次数的偏最小二乘回归。而且，该方法相比其他方法在两种评价指标 CED 和 RDCM 上表现良好。代谢组学实例分析发现，回归系数的解释与生物学意义相符。本章 3.2 节提出的方法的主要优点是它在高维设置下有更快的计算速度和高的精度。今后的工作将致力于提出基于 Lasso 算法的线性回归或其他非线性回归、非参数回归以及半参数回归来替换近似零值。

第4章　基于成分因变量和成分自变量的多元线性回归模型

对于成分数据回归分析的研究已有很多，文献[83]的模型假定了所有成分变量具有相同的部分数，当成分变量的部分数不相等时，文献[83]的模型是不适用的。除此之外，模型中自变量的不同成分对因变量不同成分具有相同的回归系数，不能区分自变量的不同成分对因变量的影响。在实际生活中，不同成分变量的部分数不是完全相同，而且不同成分对因变量的影响可能不一样。

本章推广了文献[83]的模型，提出基于成分因变量和成分自变量的多元线性回归模型，其中成分因变量和成分自变量可以有不同的部分数。本章提出的模型包括单形上的多元线性回归模型和实数空间上基于等距对数比率坐标的多元线性回归模型。除此之外，本章还给出所提出模型的参数估计和推论[97]。单形上的模型是基于矩阵乘积运算，它不仅可以处理因变量和自变量有非相同部分数的情况，而且自变量的每个部分对应的回归系数可以不相同。本章通过定理给出所提出的两个模型回归系数之间的关系，以及回归系数的估计和显著性检验。最后将本章提出的模型用来分析山西省消费结构与年龄结构之间的关系。与实数空间上基于原始数据的回归模型相比，本章提出的模型中回归系数的解释更接近实际情况，而且具有较小的预测误差。

4.1 单形上的多元线性回归模型

单形上的多元线性回归模型为

$$\boldsymbol{v}_i = \boldsymbol{a}_0 \oplus \boldsymbol{A}_1 \boxdot \boldsymbol{u}_{1i} \oplus \boldsymbol{A}_2 \boxdot \boldsymbol{u}_{2i} \oplus \cdots \oplus \boldsymbol{A}_q \boxdot \boldsymbol{u}_{qi} \oplus \boldsymbol{\varepsilon}_i,\ i = 1,\ 2,\ \cdots,\ n \tag{4.1.1}$$

其中 $\boldsymbol{v}_i \in S^L$ 为成分因变量的第 i 个观测值，$\boldsymbol{u}_{ji}(\boldsymbol{u}_{ji} \in S^{D_j}\ (j=1,\ 2,\ \cdots,\ q))$ 为第 j 个成分自变量的第 i 个观测值，$\boldsymbol{a}_0$，$\boldsymbol{A}_1$，$\cdots$，$\boldsymbol{A}_q$ 为参数矩阵且满足 $\boldsymbol{a}_0 \in S^L$，$\boldsymbol{1}_L^{\mathrm{T}}\boldsymbol{A}_j = \boldsymbol{0}_{D_j}^{\mathrm{T}}$，$\boldsymbol{A}_j\boldsymbol{1}_{D_j} = \boldsymbol{0}_L\ (j=1,\ 2,\ \cdots,\ q)$，两个运算 $\oplus$ 和 $\boxdot$ 见定义 2.1.1 和定义 2.3.1。假定成分随机误差项 $\boldsymbol{\varepsilon}_i(\boldsymbol{\varepsilon}_i \in S^L)$ 服从单形上的正态分布[90]。

记目标函数为随机误差项的 Aitchison 范数平方和，根据性质 2.2.3 和公式(2.3.3)，可得目标函数为

$$\begin{aligned}
Q(\boldsymbol{a}_0,\ \boldsymbol{A}_1,\ \cdots,\ \boldsymbol{A}_q) &= \sum_{i=1}^{n} \| \boldsymbol{\varepsilon}_i \|_a^2 \\
&= \sum_{i=1}^{n} \langle \boldsymbol{v}_i \ominus \boldsymbol{a}_0 \ominus (\oplus_{k=1}^{q}(\boldsymbol{A}_k \boxdot \boldsymbol{u}_{ki})),\ \boldsymbol{v}_i \ominus \boldsymbol{a}_0 \ominus \\
&\quad (\oplus_{k=1}^{q}(\boldsymbol{A}_k \boxdot \boldsymbol{u}_{ki}))\rangle_a \\
&= \sum_{i=1}^{n} (\langle \boldsymbol{v}_i,\ \boldsymbol{v}_i\rangle_a + \langle \boldsymbol{a}_0,\ \boldsymbol{a}_0\rangle_a + \sum_{j=1}^{q}\sum_{k=1}^{q} \langle \boldsymbol{A}_j \boxdot \boldsymbol{u}_{ji},\ \boldsymbol{A}_k \\
&\quad \boxdot \boldsymbol{u}_{ki}\rangle_a + 2\sum_{k=1}^{q}\langle \boldsymbol{a}_0,\ \boldsymbol{A}_k \boxdot \boldsymbol{u}_{ki}\rangle_a - 2\sum_{k=1}^{q}\langle \boldsymbol{v}_i,\ \boldsymbol{A}_k \boxdot \\
&\quad \boldsymbol{u}_{ki}\rangle_a - 2\langle \boldsymbol{v}_i,\ \boldsymbol{a}_0\rangle_a) \\
&= \sum_{i=1}^{n} ((\mathrm{clr}(\boldsymbol{v}_i))^{\mathrm{T}}\mathrm{clr}(\boldsymbol{v}_i) + (\mathrm{clr}(\boldsymbol{a}_0))^{\mathrm{T}}\mathrm{clr}(\boldsymbol{a}_0) + \sum_{j=1}^{q}\sum_{k=1}^{q}(\mathrm{clr}(\boldsymbol{A}_j \\
&\quad \boxdot \boldsymbol{u}_{ji}))^{\mathrm{T}}\mathrm{clr}(\boldsymbol{A}_k \boxdot \boldsymbol{u}_{ki}) + 2\sum_{k=1}^{q}(\mathrm{clr}(\boldsymbol{a}_0))^{\mathrm{T}}\mathrm{clr}(\boldsymbol{A}_k \boxdot \boldsymbol{u}_{ki}) - \\
&\quad 2\sum_{k=1}^{q}(\mathrm{clr}(\boldsymbol{v}_i))^{\mathrm{T}}\mathrm{clr}(\boldsymbol{A}_k \boxdot \boldsymbol{u}_{ki}) - 2(\mathrm{clr}(\boldsymbol{v}_i))^{\mathrm{T}}\mathrm{clr}(\boldsymbol{a}_0)) \\
&= \sum_{i=1}^{n}((\mathrm{clr}(\boldsymbol{v}_i))^{\mathrm{T}}\mathrm{clr}(\boldsymbol{v}_i) + (\mathrm{clr}(\boldsymbol{a}_0))^{\mathrm{T}}\mathrm{clr}(\boldsymbol{a}_0) +
\end{aligned}$$

$$\sum_{j=1}^{q}\sum_{k=1}^{q}(\mathrm{clr}(\boldsymbol{u}_{ji}))^{\mathrm{T}}\boldsymbol{A}_j^{\mathrm{T}}\boldsymbol{A}_k\mathrm{clr}(\boldsymbol{u}_{ki})+2\sum_{k=1}^{q}(\mathrm{clr}(\boldsymbol{a}_0))^{\mathrm{T}}$$

$$\boldsymbol{A}_k\mathrm{clr}(\boldsymbol{u}_{ki})-2\sum_{k=1}^{q}(\mathrm{clr}(\boldsymbol{v}_i))^{\mathrm{T}}\boldsymbol{A}_k\mathrm{clr}(\boldsymbol{u}_{ki})-2(\mathrm{clr}(\boldsymbol{v}_i))^{\mathrm{T}}\mathrm{clr}(\boldsymbol{a}_0)$$

通过最小化目标函数 $Q(\boldsymbol{a}_0, \boldsymbol{A}_1, \cdots, \boldsymbol{A}_q)$ 可以得到参数矩阵的估计值。将目标函数 $Q(\boldsymbol{a}_0, \boldsymbol{A}_1, \cdots, \boldsymbol{A}_q)$ 分别关于参数 $\mathrm{clr}(\boldsymbol{a}_0)$，$\boldsymbol{A}_1$，$\boldsymbol{A}_2$，…，$\boldsymbol{A}_q$ 求偏导，可得正规方程

$$\frac{\partial Q(\boldsymbol{a}_0, \boldsymbol{A}_1, \cdots, \boldsymbol{A}_q)}{\partial \mathrm{clr}(\boldsymbol{a}_0)} = 2n\mathrm{clr}(\boldsymbol{a}_0) + 2\sum_{i=1}^{n}\sum_{k=1}^{q}\boldsymbol{A}_k\mathrm{clr}(\boldsymbol{u}_{ki}) - 2\sum_{i=1}^{n}\mathrm{clr}(\boldsymbol{v}_i) = \boldsymbol{0}_L$$

$$\frac{\partial Q(\boldsymbol{a}_0, \boldsymbol{A}_1, \cdots, \boldsymbol{A}_q)}{\partial \boldsymbol{A}_k} = 2\sum_{i=1}^{n}\mathrm{clr}(\boldsymbol{a}_0)(\mathrm{clr}(\boldsymbol{u}_{ki}))^{\mathrm{T}} + 2\sum_{i=1}^{n}\sum_{j=1}^{q}\boldsymbol{A}_j\mathrm{clr}(\boldsymbol{u}_{ji})(\mathrm{clr}(\boldsymbol{u}_{ki}))^{\mathrm{T}} - 2\sum_{i=1}^{n}\mathrm{clr}(\boldsymbol{v}_i)(\mathrm{clr}(\boldsymbol{u}_{ki}))^{\mathrm{T}} = \boldsymbol{0}_{L\times D_k},\quad k=1, 2, \cdots, q$$

其中 $\boldsymbol{0}_{L\times D_k}$ 是一个 $L\times D_k$ 的元素全为 0 的矩阵。估计的参数矩阵 $\hat{\boldsymbol{a}}_0$，$\hat{\boldsymbol{A}}_1$，…，$\hat{\boldsymbol{A}}_q$ 可以通过如下方程求解

$$\begin{pmatrix}
n & \sum_{i=1}^{n}(\mathrm{clr}(\boldsymbol{u}_{1i}))^{\mathrm{T}} & \cdots & \sum_{i=1}^{n}(\mathrm{clr}(\boldsymbol{u}_{qi}))^{\mathrm{T}} \\
\sum_{i=1}^{n}\mathrm{clr}(\boldsymbol{u}_{1i}) & \sum_{i=1}^{n}\mathrm{clr}(\boldsymbol{u}_{1i})(\mathrm{clr}(\boldsymbol{u}_{1i}))^{\mathrm{T}} & \cdots & \sum_{i=1}^{n}\mathrm{clr}(\boldsymbol{u}_{1i})(\mathrm{clr}(\boldsymbol{u}_{qi}))^{\mathrm{T}} \\
\sum_{i=1}^{n}\mathrm{clr}(\boldsymbol{u}_{2i}) & \sum_{i=1}^{n}\mathrm{clr}(\boldsymbol{u}_{2i})(\mathrm{clr}(\boldsymbol{u}_{1i}))^{\mathrm{T}} & \cdots & \sum_{i=1}^{n}\mathrm{clr}(\boldsymbol{u}_{2i})(\mathrm{clr}(\boldsymbol{u}_{qi}))^{\mathrm{T}} \\
\vdots & \vdots & \ddots & \vdots \\
\sum_{i=1}^{n}\mathrm{clr}(\boldsymbol{u}_{qi}) & \sum_{i=1}^{n}\mathrm{clr}(\boldsymbol{u}_{qi})(\mathrm{clr}(\boldsymbol{u}_{1i}))^{\mathrm{T}} & \cdots & \sum_{i=1}^{n}\mathrm{clr}(\boldsymbol{u}_{qi})(\mathrm{clr}(\boldsymbol{u}_{qi}))^{\mathrm{T}}
\end{pmatrix}$$

$$\times\begin{pmatrix}(\mathrm{clr}(\hat{\boldsymbol{a}}_0))^{\mathrm{T}}\\ \hat{\boldsymbol{A}}_1^{\mathrm{T}}\\ \vdots\\ \hat{\boldsymbol{A}}_q^{\mathrm{T}}\end{pmatrix}=\begin{pmatrix}\sum_{i=1}^{n}(\mathrm{clr}(\boldsymbol{v}_i))^{\mathrm{T}}\\ \sum_{i=1}^{n}\mathrm{clr}(\boldsymbol{u}_{1i})(\mathrm{clr}(\boldsymbol{v}_i))^{\mathrm{T}}\\ \sum_{i=1}^{n}\mathrm{clr}(\boldsymbol{u}_{2i})(\mathrm{clr}(\boldsymbol{v}_i))^{\mathrm{T}}\\ \vdots\\ \sum_{i=1}^{n}\mathrm{clr}(\boldsymbol{u}_{qi})(\mathrm{clr}(\boldsymbol{v}_i))^{\mathrm{T}}\end{pmatrix}\tag{4.1.2}$$

4.2 基于等距对数比率坐标的多元线性回归模型

实数空间上基于 ilr 坐标的多元线性回归模型为

$$\mathrm{ilr}(\boldsymbol{v}_i)=\boldsymbol{b}_0+\boldsymbol{B}_1\mathrm{ilr}(\boldsymbol{u}_{1i})+\boldsymbol{B}_2\mathrm{ilr}(\boldsymbol{u}_{2i})+\cdots+\boldsymbol{B}_q\mathrm{ilr}(\boldsymbol{u}_{qi})+\mathrm{ilr}(\boldsymbol{\varepsilon}_i),\quad i=1,2,\cdots,n\tag{4.2.1}$$

其中 $\mathrm{ilr}(\boldsymbol{v}_i)$，$\mathrm{ilr}(\boldsymbol{u}_{ji})$ 分别代表的是因变量 $\boldsymbol{v}_i$ 和自变量 $\boldsymbol{u}_{ji}$ ($j=1, 2, \cdots, q$) 的 ilr 坐标，$\boldsymbol{b}_0$，$\boldsymbol{B}_1$，$\cdots$，$\boldsymbol{B}_q$ 为模型的参数，$\mathrm{ilr}(\boldsymbol{\varepsilon}_i)$ 为随机误差项，服从多元正态分布，均值为 $\boldsymbol{0}_{L-1}$ 且具有相同的协方差阵。使用最小二乘法，参数 $\boldsymbol{b}_0$，$\boldsymbol{B}_1$，$\cdots$，$\boldsymbol{B}_q$ 的估计值可以通过如下方程来求解

$$\begin{pmatrix}n & \sum_{i=1}^{n}(\mathrm{ilr}(\boldsymbol{u}_{1i}))^{\mathrm{T}} & \cdots & \sum_{i=1}^{n}(\mathrm{ilr}(\boldsymbol{u}_{qi}))^{\mathrm{T}}\\ \sum_{i=1}^{n}\mathrm{ilr}(\boldsymbol{u}_{1i}) & \sum_{i=1}^{n}\mathrm{ilr}(\boldsymbol{u}_{1i})(\mathrm{ilr}(\boldsymbol{u}_{1i}))^{\mathrm{T}} & \cdots & \sum_{i=1}^{n}\mathrm{ilr}(\boldsymbol{u}_{1i})(\mathrm{ilr}(\boldsymbol{u}_{qi}))^{\mathrm{T}}\\ \sum_{i=1}^{n}\mathrm{ilr}(\boldsymbol{u}_{2i}) & \sum_{i=1}^{n}\mathrm{ilr}(\boldsymbol{u}_{2i})(\mathrm{ilr}(\boldsymbol{u}_{1i}))^{\mathrm{T}} & \cdots & \sum_{i=1}^{n}\mathrm{ilr}(\boldsymbol{u}_{2i})(\mathrm{ilr}(\boldsymbol{u}_{qi}))^{\mathrm{T}}\\ \vdots & \vdots & \ddots & \vdots\\ \sum_{i=1}^{n}\mathrm{ilr}(\boldsymbol{u}_{qi}) & \sum_{i=1}^{n}\mathrm{ilr}(\boldsymbol{u}_{qi})(\mathrm{ilr}(\boldsymbol{u}_{1i}))^{\mathrm{T}} & \cdots & \sum_{i=1}^{n}\mathrm{ilr}(\boldsymbol{u}_{qi})(\mathrm{ilr}(\boldsymbol{u}_{qi}))^{\mathrm{T}}\end{pmatrix}$$

$$\times \begin{pmatrix} \hat{\boldsymbol{b}}_0^{\mathrm{T}} \\ \hat{\boldsymbol{B}}_1^{\mathrm{T}} \\ \vdots \\ \hat{\boldsymbol{B}}_q^{\mathrm{T}} \end{pmatrix} = \begin{pmatrix} \sum_{i=1}^{n} (\mathrm{clr}(\boldsymbol{v}_i))^{\mathrm{T}} \\ \sum_{i=1}^{n} \mathrm{clr}(\boldsymbol{u}_{1i})(\mathrm{clr}(\boldsymbol{v}_i))^{\mathrm{T}} \\ \sum_{i=1}^{n} \mathrm{clr}(\boldsymbol{u}_{2i})(\mathrm{clr}(\boldsymbol{v}_i))^{\mathrm{T}} \\ \vdots \\ \sum_{i=1}^{n} \mathrm{clr}(\boldsymbol{u}_{qi})(\mathrm{clr}(\boldsymbol{v}_i))^{\mathrm{T}} \end{pmatrix} \tag{4.2.2}$$

下面的定理给出了单形上的回归模型与实数空间上的回归模型的参数之间的关系。

定理 4.2.1　模型(4.1.1)的参数 $\boldsymbol{a}_0$，$\boldsymbol{A}_1$，…，$\boldsymbol{A}_q$ 和模型(4.2.1)的参数 $\boldsymbol{b}_0$，$\boldsymbol{B}_1$，…，$\boldsymbol{B}_q$ 具有如下关系：

$$\boldsymbol{a}_0 = \mathrm{ilr}^{-1}(\boldsymbol{b}_0),\ \boldsymbol{A}_j = \boldsymbol{\Psi}_L \boldsymbol{B}_j \boldsymbol{\Psi}_{Dj}^{\mathrm{T}},\ j = 1, 2, \cdots, q$$

对应的参数估计值之间的关系为

$$\hat{\boldsymbol{a}}_0 = \mathrm{ilr}^{-1}(\hat{\boldsymbol{b}}_0),\ \hat{\boldsymbol{A}}_j = \boldsymbol{\Psi}_L \hat{\boldsymbol{B}}_j \boldsymbol{\Psi}_{Dj}^{\mathrm{T}},\ j = 1, 2, \cdots, q$$

证明　分别对模型(4.1.1)两边做 ilr 变换，根据性质 2.2.5 和公式(2.3.3)可得

$$\begin{aligned}
\mathrm{ilr}(\boldsymbol{v}_i) &= \mathrm{ilr}(\boldsymbol{a}_0 \oplus \boldsymbol{A}_1 \boxdot \boldsymbol{u}_{1i} \oplus \cdots \oplus \boldsymbol{A}_q \boxdot \boldsymbol{u}_{qi} \oplus \boldsymbol{\varepsilon}_i \\
&= \mathrm{ilr}(\boldsymbol{a}_0) + \mathrm{ilr}(\boldsymbol{A}_1 \boxdot \boldsymbol{u}_{1i}) + \cdots + \mathrm{ilr}(\boldsymbol{A}_q \boxdot \boldsymbol{u}_{qi}) + \mathrm{ilr}(\boldsymbol{\varepsilon}_i) \\
&= \mathrm{ilr}(\boldsymbol{a}_0) + \boldsymbol{\Psi}_L^{\mathrm{T}} \boldsymbol{A}_1 \boldsymbol{\Psi}_{D1} \mathrm{ilr}(\boldsymbol{u}_{1i})) + \cdots + \boldsymbol{\Psi}_L^{\mathrm{T}} \boldsymbol{A}_q \boldsymbol{\Psi}_{Dq} \mathrm{ilr}(\boldsymbol{u}_{qi})) + \\
&\quad \mathrm{ilr}(\boldsymbol{\varepsilon}_i)
\end{aligned}$$

与模型(4.2.1)进行对照，可以得到 $\boldsymbol{b}_0 = \mathrm{ilr}(\boldsymbol{a}_0)$，$\boldsymbol{B}_j = \boldsymbol{\Psi}_L^{\mathrm{T}} \boldsymbol{A}_j \boldsymbol{\Psi}_{Dj}$ ($j = 1, 2, \cdots, q$)。由于 $\boldsymbol{\Psi}_L \boldsymbol{\Psi}_L^{\mathrm{T}} = \boldsymbol{G}_L$，$\boldsymbol{\Psi}_{Dj} \boldsymbol{\Psi}_{Dj}^{\mathrm{T}} = \boldsymbol{G}_{Dj}$ 且 $\boldsymbol{G}_L \boldsymbol{A}_j \boldsymbol{G}_{Dj} = \boldsymbol{A}_j$，所以 $\boldsymbol{a}_0 = \mathrm{ilr}^{-1}(\boldsymbol{b}_0)$，$\boldsymbol{A}_j = \boldsymbol{\Psi}_L \boldsymbol{B}_j \boldsymbol{\Psi}_{Dj}^{\mathrm{T}}$ ($j = 1, 2, \cdots, q$)。

根据 ilr 坐标和 clr 系数之间的关系（公式 2.2.3)可以得到

$$\begin{cases}
\mathrm{ilr}(\boldsymbol{u}_{ki})(\mathrm{ilr}(\boldsymbol{v}_i))^{\mathrm{T}} = \boldsymbol{\Psi}_{Dk}^{\mathrm{T}} \mathrm{clr}(\boldsymbol{u}_{ki})(\mathrm{clr}(\boldsymbol{v}_i))^{\mathrm{T}} \boldsymbol{\Psi}_L \\
\mathrm{ilr}(\boldsymbol{u}_{ji})(\mathrm{ilr}(\boldsymbol{u}_{ki}))^{\mathrm{T}} = \boldsymbol{\Psi}_{Dj}^{\mathrm{T}} \mathrm{clr}(\boldsymbol{u}_{ji})(\mathrm{clr}(\boldsymbol{u}_{ki}))^{\mathrm{T}} \boldsymbol{\Psi}_{Dk}
\end{cases}$$

因此公式(4.2.2)可以化简为

$$\begin{pmatrix} n & \sum_{i=1}^{n}(\mathrm{clr}(\boldsymbol{u}_{1i}))^{\mathrm{T}} & \cdots & \sum_{i=1}^{n}(\mathrm{clr}(\boldsymbol{u}_{qi}))^{\mathrm{T}} \\ \sum_{i=1}^{n}\mathrm{clr}(\boldsymbol{u}_{1i}) & \sum_{i=1}^{n}\mathrm{clr}(\boldsymbol{u}_{1i})(\mathrm{clr}(\boldsymbol{u}_{1i}))^{\mathrm{T}} & \cdots & \sum_{i=1}^{n}\mathrm{clr}(\boldsymbol{u}_{1i})(\mathrm{clr}(\boldsymbol{u}_{qi}))^{\mathrm{T}} \\ \sum_{i=1}^{n}\mathrm{clr}(\boldsymbol{u}_{2i}) & \sum_{i=1}^{n}\mathrm{clr}(\boldsymbol{u}_{2i})(\mathrm{clr}(\boldsymbol{u}_{1i}))^{\mathrm{T}} & \cdots & \sum_{i=1}^{n}\mathrm{clr}(\boldsymbol{u}_{2i})(\mathrm{clr}(\boldsymbol{u}_{qi}))^{\mathrm{T}} \\ \vdots & \vdots & \ddots & \vdots \\ \sum_{i=1}^{n}\mathrm{clr}(\boldsymbol{u}_{qi}) & \sum_{i=1}^{n}\mathrm{clr}(\boldsymbol{u}_{qi})(\mathrm{clr}(\boldsymbol{u}_{1i}))^{\mathrm{T}} & \cdots & \sum_{i=1}^{n}\mathrm{clr}(\boldsymbol{u}_{qi})(\mathrm{clr}(\boldsymbol{u}_{qi}))^{\mathrm{T}} \end{pmatrix}$$

$$\times \begin{pmatrix} \hat{\boldsymbol{b}}_0^{\mathrm{T}} \\ \boldsymbol{\Psi}_{D_1}\hat{\boldsymbol{B}}_1^{\mathrm{T}} \\ \vdots \\ \boldsymbol{\Psi}_{D_q}\hat{\boldsymbol{B}}_q^{\mathrm{T}} \end{pmatrix} = \begin{pmatrix} \sum_{i=1}^{n}(\mathrm{clr}(\boldsymbol{v}_i))^{\mathrm{T}}\boldsymbol{\Psi}_L \\ \sum_{i=1}^{n}\mathrm{clr}(\boldsymbol{u}_{1i})(\mathrm{clr}(\boldsymbol{v}_i))^{\mathrm{T}}\boldsymbol{\Psi}_L \\ \sum_{i=1}^{n}\mathrm{clr}(\boldsymbol{u}_{2i})(\mathrm{clr}(\boldsymbol{v}_i))^{\mathrm{T}}\boldsymbol{\Psi}_L \\ \vdots \\ \sum_{i=1}^{n}\mathrm{clr}(\boldsymbol{u}_{qi})(\mathrm{clr}(\boldsymbol{v}_i))^{\mathrm{T}}\boldsymbol{\Psi}_L \end{pmatrix}$$

上面的方程两边分别右乘矩阵 $\boldsymbol{\Psi}_L^{\mathrm{T}}$，因为 $\boldsymbol{\Psi}_L\boldsymbol{\Psi}_L^{\mathrm{T}}=\boldsymbol{G}_L$ 且 $(\mathrm{clr}(\boldsymbol{v}_i))^{\mathrm{T}}\boldsymbol{G}_L=(\mathrm{clr}(\boldsymbol{v}_i))^{\mathrm{T}}$，对应于公式(4.1.2)，我们有

$$\begin{cases}(\mathrm{clr}(\hat{\boldsymbol{a}}_0))^{\mathrm{T}}=\hat{\boldsymbol{b}}_0^{\mathrm{T}}\boldsymbol{\Psi}_L^{\mathrm{T}} \\ \hat{\boldsymbol{A}}_j^{\mathrm{T}}=\boldsymbol{\Psi}_{D_j}\hat{\boldsymbol{B}}_j^{\mathrm{T}}\boldsymbol{\Psi}_L^{\mathrm{T}},\ j=1,2,\cdots,q\end{cases} \Rightarrow \begin{cases}\hat{\boldsymbol{a}}_0=\mathrm{ilr}^{-1}(\hat{\boldsymbol{b}}_0) \\ \hat{\boldsymbol{A}}_j=\boldsymbol{\Psi}_L\hat{\boldsymbol{B}}_j\boldsymbol{\Psi}_{D_j}^{\mathrm{T}},\ j=1,2,\cdots,q\end{cases}$$

■

参数矩阵 $\boldsymbol{B}_j(j=1, 2, \cdots, q)$ 第一行第一列的元素解释了 $\boldsymbol{u}_j$ 的第一个 ilr 坐标 $\mathrm{ilr}(\boldsymbol{u}_j)_1$ 对 $\boldsymbol{v}$ 的第一个 ilr 坐标 $\mathrm{ilr}(\boldsymbol{v})_1$ 的影响，即反映了 $\boldsymbol{u}_j$ 的第一个成分的相对信息对 $\boldsymbol{v}$ 的第一个成分的相对信息的影响。然而，其他参数不能反映 $\boldsymbol{u}_j$ 的剩余成分的相对信息对 $\boldsymbol{v}$ 的剩余成分的相

对信息的影响。为了反映 $\boldsymbol{u}_j$ 的每个成分的相对信息对 $\boldsymbol{v}$ 的每个成分的相对信息的影响，需要置换 $\boldsymbol{u}_j$ 以及 $\boldsymbol{v}$ 的成分。当成分因变量和成分自变量的成分分别置换以后，模型(4.2.1) 可以表示为：

$$E(\mathrm{ilr}(\boldsymbol{v}_i^{(l_0)}) \mid \mathrm{ilr}(\boldsymbol{u}_{1i}^{(l_1)}),\ \cdots,\ \mathrm{ilr}(\boldsymbol{u}_{qi}^{(l_q)})) = \boldsymbol{b}_0^{(l_0)} + \boldsymbol{B}_1^{(l_0,\ l_1)}\mathrm{ilr}(\boldsymbol{u}_{1i}^{(l_1)}) + \cdots + \boldsymbol{B}_q^{(l_0,\ l_q)}\mathrm{ilr}(\boldsymbol{u}_{qi}^{(l_q)}),\ l_0 = 1,\ 2,\ \cdots,\ L;\ l_j = 1,\ 2,\ \cdots,\ D_j;\ j = 1,\ 2,\ \cdots,\ q;\quad i = 1,\ 2,\ \cdots,\ n \tag{4.2.3}$$

其中 $\mathrm{ilr}(\boldsymbol{v}_i^{(l_0)})$，$\mathrm{ilr}(\boldsymbol{u}_{1i}^{(l_1)})$，…，$\mathrm{ilr}(\boldsymbol{u}_{qi}^{(l_q)})$ 分别为置换后的成分 $\boldsymbol{v}_i^{(l_0)}$，$\boldsymbol{u}_{1i}^{(l_1)}$，…，$\boldsymbol{u}_{qi}^{(l_q)}$ 的 ilr 坐标，置换后的成分的定义见定义 1.1.5，$\boldsymbol{b}_0^{(l_0)}$ 为截距向量，$\boldsymbol{B}_j^{(l_0,\ l_j)}(j=1,\ 2,\ \cdots,\ q)$ 是回归系数矩阵。特别地，当模型(4.2.3)中 $l_0 = l_1 = \cdots = l_q = 1$ 时，可以得到模型(4.2.1)。在下面的定理中，可以看到模型(4.2.3)的截距向量和回归系数矩阵可以通过模型(4.2.1)的参数来表示。

定理 4.2.2　模型(4.2.1)的参数 $\boldsymbol{b}_0$，$\boldsymbol{B}_1$，…，$\boldsymbol{B}_q$ 与模型(4.2.3)的参数 $\boldsymbol{b}_0^{(l_0)}$，$\boldsymbol{B}_j^{(l_0,\ l_1)}$，…，$\boldsymbol{B}_j^{(l_0,\ l_q)}$ 具有如下关系

$$\boldsymbol{b}_0^{(l_0)} = \boldsymbol{\Psi}_L^{\mathrm{T}} \boldsymbol{P}_{L,\ l_0} \boldsymbol{\Psi}_L \boldsymbol{b}_0$$

$$\boldsymbol{B}_j^{(l_0,\ l_j)} = \boldsymbol{\Psi}_L^{\mathrm{T}} \boldsymbol{P}_{L,\ l_0} \boldsymbol{\Psi}_L \boldsymbol{B}_j \boldsymbol{\Psi}_{D_j}^{\mathrm{T}} \boldsymbol{P}_{D_j,\ l_j}^{\mathrm{T}} \boldsymbol{\Psi}_{D_j},\ j = 1,\ 2,\ \cdots,\ q$$

其中 $\boldsymbol{P}_{L,\ l_0}$ 为置换矩阵。

证明　对于任意的成分数据 $\boldsymbol{v}(\boldsymbol{v} \in S^L)$，根据公式(2.2.3)可以得到

$$\begin{aligned}\mathrm{ilr}(\boldsymbol{v}) &= \boldsymbol{\Psi}_L^{\mathrm{T}}\mathrm{clr}(\boldsymbol{v}) = \boldsymbol{\Psi}_L^{\mathrm{T}}\mathrm{clr}(\boldsymbol{P}_{L,\ l_0}^{\mathrm{T}} \boldsymbol{v}^{(l_0)}) = \boldsymbol{\Psi}_L^{\mathrm{T}} \boldsymbol{P}_{L,\ l_0}^{\mathrm{T}}\mathrm{clr}(\boldsymbol{v}^{(l_0)}) \\ &= \boldsymbol{\Psi}_L^{\mathrm{T}} \boldsymbol{P}_{L,\ l_0}^{\mathrm{T}} \boldsymbol{\Psi}_L\mathrm{ilr}(\boldsymbol{v}^{(l_0)})\end{aligned}$$

则模型(4.2.1)可以简化为

$$\begin{aligned}\boldsymbol{\Psi}_L^{\mathrm{T}} \boldsymbol{P}_{L,\ l_0}^{\mathrm{T}} \boldsymbol{\Psi}_L\mathrm{ilr}(\boldsymbol{v}_i^{(l_0)}) &= \boldsymbol{b}_0 + \boldsymbol{B}_1 \boldsymbol{\Psi}_{D_1}^{\mathrm{T}} \boldsymbol{P}_{D_1,\ l_1}^{\mathrm{T}} \boldsymbol{\Psi}_{D_1}\mathrm{ilr}(\boldsymbol{u}_{1i}^{(l_1)}) \\ &\quad + \cdots + \boldsymbol{B}_q \boldsymbol{\Psi}_{D_q}^{\mathrm{T}} \boldsymbol{P}_{D_q,\ l_q}^{\mathrm{T}} \boldsymbol{\Psi}_{D_q}\mathrm{ilr}(\boldsymbol{u}_{qi}^{(l_q)}) + \mathrm{ilr}(\boldsymbol{\varepsilon}_i)\end{aligned} \tag{4.2.4}$$

由于置换矩阵满足 $\boldsymbol{P}_{L,\ l_0} \boldsymbol{P}_{L,\ l_0}^{\mathrm{T}} = \boldsymbol{I}_L$ 且 $\boldsymbol{P}_{L,\ l_0} \boldsymbol{J}_L = \boldsymbol{J}_L$，则

$$\begin{aligned}\boldsymbol{\Psi}_L^{\mathrm{T}} \boldsymbol{P}_{L,l_0} \boldsymbol{\Psi}_L\ (\boldsymbol{\Psi}_L^{\mathrm{T}} \boldsymbol{P}_{L,l_0} \boldsymbol{\Psi}_L)^{\mathrm{T}} &= \boldsymbol{\Psi}_L^{\mathrm{T}} \boldsymbol{P}_{L,l_0} \boldsymbol{G}_L \boldsymbol{P}_{L,l_0}^{\mathrm{T}} \boldsymbol{\Psi}_L \\ &= \boldsymbol{\Psi}_L^{\mathrm{T}} \boldsymbol{P}_{L,l_0} \boldsymbol{P}_{L,l_0}^{\mathrm{T}} \boldsymbol{\Psi}_L - \frac{1}{L}\boldsymbol{\Psi}_L^{\mathrm{T}} \boldsymbol{P}_{L,l_0} \boldsymbol{J}_L \boldsymbol{P}_{L,l_0}^{\mathrm{T}} \boldsymbol{\Psi}_L\end{aligned}$$

$$=\boldsymbol{I}_{L-1}-\frac{1}{L}\boldsymbol{\Psi}_L^{\mathrm{T}}\boldsymbol{J}_L\boldsymbol{\Psi}_L$$
$$=\boldsymbol{I}_{L-1} \tag{4.2.5}$$

因此 $\boldsymbol{\Psi}_L^{\mathrm{T}}\boldsymbol{P}_{L,l_0}\boldsymbol{\Psi}_L$ 为正交矩阵。如果等式(4.2.4)两边分别左乘矩阵 $\boldsymbol{\Psi}_L^{\mathrm{T}}\boldsymbol{P}_{L,l_0}\boldsymbol{\Psi}_L$，则可以得到

$$\mathrm{ilr}(\boldsymbol{v}_i^{(l_0)})=\boldsymbol{\Psi}_L^{\mathrm{T}}\boldsymbol{P}_{L,l_0}\boldsymbol{\Psi}_L\boldsymbol{b}_0+\boldsymbol{\Psi}_L^{\mathrm{T}}\boldsymbol{P}_{L,l_0}\boldsymbol{\Psi}_L\boldsymbol{B}_1\boldsymbol{\Psi}_{D_1}^{\mathrm{T}}\boldsymbol{P}_{D_1,l_1}^{\mathrm{T}}\boldsymbol{\Psi}_{D_1}\mathrm{ilr}(\boldsymbol{u}_{1i}^{(l_1)})+\cdots+\boldsymbol{\Psi}_L^{\mathrm{T}}\boldsymbol{P}_{L,l_0}\boldsymbol{\Psi}_L\boldsymbol{B}_q\boldsymbol{\Psi}_{D_q}^{\mathrm{T}}\boldsymbol{P}_{D_q,l_q}^{\mathrm{T}}\boldsymbol{\Psi}_{D_q}\mathrm{ilr}(\boldsymbol{u}_{qi}^{(l_q)})+\boldsymbol{\Psi}_L^{\mathrm{T}}\boldsymbol{P}_{L,l_0}\boldsymbol{\Psi}_L\mathrm{ilr}(\boldsymbol{\varepsilon}_i)$$

通过与模型(4.2.3)进行对照，很容易得到

$$\boldsymbol{b}_0^{(l_0)}=\boldsymbol{\Psi}_L^{\mathrm{T}}\boldsymbol{P}_{L,l_0}\boldsymbol{\Psi}_L\boldsymbol{b}_0,$$
$$\boldsymbol{B}_j^{(l_0,l_j)}=\boldsymbol{\Psi}_L^{\mathrm{T}}\boldsymbol{P}_{L,l_0}\boldsymbol{\Psi}_L\boldsymbol{B}_j\boldsymbol{\Psi}_{D_j}^{\mathrm{T}}\boldsymbol{P}_{D_j,l_j}^{\mathrm{T}}\boldsymbol{\Psi}_{D_j},\ j=1,2,\cdots,q$$

■

模型(4.2.3)是一个经典的多因变量回归模型。我们主要关注矩阵 $\boldsymbol{B}_j^{(l_0,l_j)}(j=1,2,\cdots,q)$ 中第一行第一列的参数的解释，即感兴趣的是因变量 $\mathrm{ilr}(\boldsymbol{v}^{(l_0)})$ 的第一个变量，记为 $\boldsymbol{e}_{L-1,1}^{\mathrm{T}}\mathrm{ilr}(\boldsymbol{v}^{(l_0)})$，其中 $\boldsymbol{e}_{L-1,1}=(1,0,0,\cdots,0)^{\mathrm{T}}$，所以我们仅研究如下模型

$$E(\boldsymbol{e}_{L-1,1}^{\mathrm{T}}\mathrm{ilr}(\boldsymbol{v}_i^{(l_0)})\mid\mathrm{ilr}(\boldsymbol{u}_{1i}^{(l_1)}),\cdots,\mathrm{ilr}(\boldsymbol{u}_{qi}^{(l_q)}))=\boldsymbol{e}_{L-1,1}^{\mathrm{T}}\boldsymbol{b}_0^{(l_0)}+\boldsymbol{e}_{L-1,1}^{\mathrm{T}}\boldsymbol{B}_1^{(l_0,l_1)}\mathrm{ilr}(\boldsymbol{u}_{1i}^{(l_1)})+\cdots+\boldsymbol{e}_{L-1,1}^{\mathrm{T}}\boldsymbol{B}_q^{(l_0,l_q)}\mathrm{ilr}(\boldsymbol{u}_{qi}^{(l_q)}),\quad i=1,2,\cdots,n \tag{4.2.6}$$

记 $\boldsymbol{l}=(l_0,l_1,\cdots,l_q)$，及

$$\boldsymbol{y}_i^{(\boldsymbol{l})}=\boldsymbol{e}_{L-1,1}^{\mathrm{T}}\mathrm{ilr}(\boldsymbol{v}_i^{(l_0)}),\quad \boldsymbol{Y}^{(\boldsymbol{l})}=(\boldsymbol{y}_1^{(\boldsymbol{l})},\boldsymbol{y}_2^{(\boldsymbol{l})},\cdots,\boldsymbol{y}_n^{(\boldsymbol{l})})^{\mathrm{T}}$$
$$\boldsymbol{z}_i^{(\boldsymbol{l})}=(1,(\mathrm{ilr}(\boldsymbol{u}_{1i}^{(l_1)}))^{\mathrm{T}},\cdots,(\mathrm{ilr}(\boldsymbol{u}_{qi}^{(l_q)}))^{\mathrm{T}})^{\mathrm{T}},$$
$$\boldsymbol{Z}^{(\boldsymbol{l})}=(\boldsymbol{z}_1^{(\boldsymbol{l})},\boldsymbol{z}_2^{(\boldsymbol{l})},\cdots,\boldsymbol{z}_n^{(\boldsymbol{l})})^{\mathrm{T}}$$

$$\boldsymbol{\beta}^{(\boldsymbol{l})}=(\boldsymbol{e}_{L-1,1}^{\mathrm{T}}\boldsymbol{b}_0^{(l_0)},\boldsymbol{e}_{L-1,1}^{\mathrm{T}}\boldsymbol{B}_1^{(l_0,l_1)},\cdots,\boldsymbol{e}_{L-1,1}^{\mathrm{T}}\boldsymbol{B}_q^{(l_0,l_q)})^{\mathrm{T}}=(\beta_0^{(\boldsymbol{l})},\beta_1^{(\boldsymbol{l})},\cdots,\beta_D^{(\boldsymbol{l})})^{\mathrm{T}}$$

其中 $D=\sum_{j=1}^{q}D_j-q$，模型(4.2.6)可以简化为

$$E(\boldsymbol{Y}^{(\boldsymbol{l})}\mid\boldsymbol{Z}^{(\boldsymbol{l})})=\boldsymbol{Z}^{(\boldsymbol{l})}\boldsymbol{\beta}^{(\boldsymbol{l})} \tag{4.2.7}$$

通过最小二乘法可以得到

$$\hat{\boldsymbol{\beta}}^{(l)}=((\boldsymbol{Z}^{(l)})^{\mathrm{T}}\boldsymbol{Z}^{(l)})^{-1}(\boldsymbol{Z}^{(l)})^{\mathrm{T}}\boldsymbol{Y}^{(l)}.$$

4.3　模型的参数推论

虽然参数 $\boldsymbol{a}_0$，$\boldsymbol{A}_1$，$\boldsymbol{A}_2$，…，$\boldsymbol{A}_q$ 的估计可以得到，但是很难得到这些参数的推论，主要是由于参数具有约束 $\boldsymbol{a}_0\in S^L$，$\boldsymbol{1}_L^{\mathrm{T}}\boldsymbol{A}_j=\boldsymbol{0}_{Dj}^{\mathrm{T}}$，$\boldsymbol{A}_j\boldsymbol{1}_{Dj}=\boldsymbol{0}_L$（$j=1, 2, \cdots, q$）。为了解决这个问题，首先研究模型(4.2.7)的参数 $\boldsymbol{\beta}^{(l)}$ 的推论。

对于给定的 m（$m=0, 1, \cdots, D$），考虑假设检验

$$\mathrm{H}_{0\mathrm{m}}:\ \beta_m^{(l)}=0\quad \mathrm{VS}\quad \mathrm{H}_{1\mathrm{m}}:\ \beta_m^{(l)}\neq 0$$

检验统计量为

$$T_m^{(l)}=\frac{\hat{\beta}_m^{(l)}}{\sqrt{(S^{(l)})^2\{((\boldsymbol{Z}^{(l)})^{\mathrm{T}}\boldsymbol{Z}^{(l)})^{-1}\}_{m+1,\ m+1}}},$$

其中 $(S^{(l)})^2=(\boldsymbol{Y}^{(l)}-\boldsymbol{Z}^{(l)}\hat{\boldsymbol{\beta}}^{(l)})^{\mathrm{T}}(\boldsymbol{Y}^{(l)}-\boldsymbol{Z}^{(l)}\hat{\boldsymbol{\beta}}^{(l)})/(n-D-1)$ 是误差项方差的无偏估计，$\{((\boldsymbol{Z}^{(l)})^{\mathrm{T}}\boldsymbol{Z}^{(l)})^{-1}\}_{i,\ i}$ 代表矩阵 $((\boldsymbol{Z}^{(l)})^{\mathrm{T}}\boldsymbol{Z}^{(l)})^{-1}$ 的第 i 个对角元素。检验统计量 $T_m^{(l)}$ 在原假设下服从自由度为 $n-D-1$ 的学生氏 t 分布。

对于假设检验

H_0：$\beta_1^{(l)}=\beta_2^{(l)}=\cdots=\beta_D^{(l)}=0$　VS　H_1：$\beta_1^{(l)}$，$\beta_2^{(l)}$，…，$\beta_D^{(l)}$ 不完全等于 0

检验统计量为

$$F^{(l)}=\frac{1}{D(S^{(l)})^2}(\hat{\boldsymbol{\beta}}_*^{(l)})^{\mathrm{T}}\{((\boldsymbol{Z}^{(l)})^{\mathrm{T}}\boldsymbol{Z}^{(l)})^{-1}\}_{-1,\ -1}\hat{\boldsymbol{\beta}}_*^{(l)}$$

其中 $\hat{\boldsymbol{\beta}}_*^{(l)}=(\hat{\beta}_1^{(l)}, \cdots, \hat{\beta}_D^{(l)})^{\mathrm{T}}$ 是除了截距项以外的其余估计的回归系数构成的向量，$\{((\boldsymbol{Z}^{(l)})^{\mathrm{T}}\boldsymbol{Z}^{(l)})^{-1}\}_{-1,\ -1}$ 表示矩阵 $((\boldsymbol{Z}^{(l)})^{\mathrm{T}}\boldsymbol{Z}^{(l)})^{-1}$ 去掉第一行第一列元素后剩余元素构成的矩阵。当原假设满足时，检验统计量 $F^{(l)}$ 服从自由度为 D 和 $n-D-1$ 的 Fisher's F 分布。

通过以上过程，可以得到 $\boldsymbol{\beta}^{(l)}$ 的估计和假设检验，其中 $\beta_{k_j}^{(l)} = \boldsymbol{e}_{L-1,1}^{\mathrm{T}} \boldsymbol{B}_j^{(l_0, l_j)} \boldsymbol{e}_{D_j-1,1}$ $(k_j = \sum_{i=1}^{j} D_i - D_j - j + 2；j=1，2，\cdots，q)$ 解释了 $\mathrm{ilr}(\boldsymbol{u}_j^{(l_j)})_1$ 对 $\mathrm{ilr}(\boldsymbol{v}^{(l_0)})_1$ 的影响。当 l_0 固定后，我们主要感兴趣的是检验统计量 $T_{k_j}^{(l)}$ 和 $F^{(l)}$ 的置换不变性，具体见如下定理。

定理 4.3.1　考虑回归模型(4.2.6)，固定 l_0

(1) 当成分自变量 $\boldsymbol{u}_j^{(l_j)}$ $(j \in \{1，2，\cdots，q\})$ 除了第一个成分外的其余成分进行置换，其余成分自变量 $\boldsymbol{u}_k^{(l_k)}$ $(k \neq j)$ 的成分进行任意置换时，检验统计量 $T_0^{(l)}$ 和 $T_{k_j}^{(l)}$ $(j \in \{1，2，\cdots，q\})$ 是不变的。

(2) 当所有成分自变量 $\boldsymbol{u}_j^{(l_j)}$ $(j=1，\cdots，q)$ 除了第一个成分外的其余成分进行任意置换时，检验统计量 $T_0^{(l)}$ 和 $T_{k_1}^{(l)}$，$T_{k_2}^{(l)}$，…，$T_{k_q}^{(l)}$ 是不变的。

(3) 当成分自变量 $\boldsymbol{u}_j^{(l_j)}$ $(j=1，\cdots，q)$ 的成分进行任意置换时，检验统计量 $T_0^{(l)}$ 和 $F^{(l)}$ 是不变的。

证明　不失一般性，假设 $l_0 = l_1 = \cdots = l_q = 1$，模型(4.2.7)可以简化为 $\boldsymbol{E}(\boldsymbol{Y} \mid \boldsymbol{Z}) = \boldsymbol{Z}\boldsymbol{\beta}$。当成分自变量 $\boldsymbol{u}_j$ $(j=1，2，\cdots，q)$ 的成分通过一个 $D_j \times D_j$ 的置换矩阵 $\boldsymbol{P}_j$ 进行置换时，回归模型记为

$$\boldsymbol{E}(\boldsymbol{Y} \mid \boldsymbol{Z}^{(\boldsymbol{P})}) = \boldsymbol{Z}^{(\boldsymbol{P})} \boldsymbol{\beta}^{(\boldsymbol{P})} \tag{4.3.1}$$

其中 $\boldsymbol{Z}^{(\boldsymbol{P})} = (\boldsymbol{z}_1^{(\boldsymbol{P})}，\boldsymbol{z}_2^{(\boldsymbol{P})}，\cdots，\boldsymbol{z}_n^{(\boldsymbol{P})})^{\mathrm{T}}$，$\boldsymbol{z}_i^{(\boldsymbol{P})} = (1，(\mathrm{ilr}(\boldsymbol{P}_1 \boldsymbol{u}_{1i}))^{\mathrm{T}}，(\mathrm{ilr}(\boldsymbol{P}_2 \boldsymbol{u}_{2i}))^{\mathrm{T}}，\cdots，(\mathrm{ilr}(\boldsymbol{P}_q \boldsymbol{u}_{qi}))^{\mathrm{T}})^{\mathrm{T}}$ $\boldsymbol{\beta}^{(\boldsymbol{P})}$ 是回归系数向量。通过公式(2.2.3)可得

$$\mathrm{ilr}(\boldsymbol{P}_j \boldsymbol{u}_{ji}) = \boldsymbol{\Psi}_{D_j}^{\mathrm{T}} \mathrm{clr}(\boldsymbol{P}_j \boldsymbol{u}_{ji}) = \boldsymbol{\Psi}_{D_j}^{\mathrm{T}} \boldsymbol{P}_j \mathrm{clr}(\boldsymbol{u}_{ji}) = \boldsymbol{\Psi}_{D_j}^{\mathrm{T}} \boldsymbol{P}_j \boldsymbol{\Psi}_{D_j} \mathrm{ilr}(\boldsymbol{u}_{ji})$$

定义一个 $(D+1) \times (D+1)$ 矩阵

$$P = \begin{pmatrix} 1 & \boldsymbol{0}_{D_1-1}^{\mathrm{T}} & \boldsymbol{0}_{D_2-1}^{\mathrm{T}} & \cdots & \boldsymbol{0}_{D_q-1}^{\mathrm{T}} \\ \boldsymbol{0}_{D_1-1} & \boldsymbol{\Psi}_{D_1}^{\mathrm{T}} \boldsymbol{P}_1 \boldsymbol{\Psi}_{D_1} & \boldsymbol{0}_{(D_1-1)\times(D_2-1)} & \cdots & \boldsymbol{0}_{(D_1-1)\times(D_q-1)} \\ \boldsymbol{0}_{D_2-1} & \boldsymbol{0}_{(D_2-1)\times(D_1-1)} & \boldsymbol{\Psi}_{D_2}^{\mathrm{T}} \boldsymbol{P}_2 \boldsymbol{\Psi}_{D_2} & \cdots & \boldsymbol{0}_{(D_2-1)\times(D_q-1)} \\ \vdots & \vdots & \vdots & \ddots & \vdots \\ \boldsymbol{0}_{D_q-1} & \boldsymbol{0}_{(D_q-1)\times(D_1-1)} & \boldsymbol{0}_{(D_q-1)\times(D_2-1)} & \cdots & \boldsymbol{\Psi}_{D_q}^{\mathrm{T}} \boldsymbol{P}_q \boldsymbol{\Psi}_{D_q} \end{pmatrix} \tag{4.3.2}$$

根据公式(4.2.5)，$\boldsymbol{P}$ 是一个正交矩阵。很容易得到如下方程

$$\begin{cases}\boldsymbol{z}_i^{(\boldsymbol{P})}=\boldsymbol{P}\,\boldsymbol{z}_i\\ \boldsymbol{Z}^{(\boldsymbol{P})}=\boldsymbol{Z}\,\boldsymbol{P}^{\mathrm{T}}\\ ((\boldsymbol{Z}^{(\boldsymbol{P})})^{\mathrm{T}}\,\boldsymbol{Z}^{(\boldsymbol{P})})^{-1}=((\boldsymbol{Z}\boldsymbol{P}^{\mathrm{T}})^{\mathrm{T}}\,\boldsymbol{Z}\boldsymbol{P}^{\mathrm{T}})^{-1}=(\boldsymbol{P}^{\mathrm{T}})^{-1}(\boldsymbol{Z}^{\mathrm{T}}\,\boldsymbol{Z})^{-1}\boldsymbol{P}^{-1}=\boldsymbol{P}(\boldsymbol{Z}^{\mathrm{T}}\,\boldsymbol{Z})^{-1}\boldsymbol{P}^{\mathrm{T}}\\ \hat{\boldsymbol{\beta}}^{(\boldsymbol{P})}=((\boldsymbol{Z}^{(\boldsymbol{P})})^{\mathrm{T}}\,\boldsymbol{Z}^{(\boldsymbol{P})})^{-1}(\boldsymbol{Z}^{(\boldsymbol{P})})^{\mathrm{T}}\boldsymbol{Y}=\boldsymbol{P}(\boldsymbol{Z}^{\mathrm{T}}\,\boldsymbol{Z})^{-1}\boldsymbol{P}^{\mathrm{T}}\boldsymbol{P}\,\boldsymbol{Z}^{\mathrm{T}}\boldsymbol{Y}=\boldsymbol{P}(\boldsymbol{Z}^{\mathrm{T}}\,\boldsymbol{Z})^{-1}\boldsymbol{Z}^{\mathrm{T}}\boldsymbol{Y}=\boldsymbol{P}\hat{\boldsymbol{\beta}}\\ (S^{(\boldsymbol{P})})^2=\dfrac{(\boldsymbol{Y}-\boldsymbol{Z}^{(\boldsymbol{P})}\hat{\boldsymbol{\beta}}^{(\boldsymbol{P})})^{\mathrm{T}}(\boldsymbol{Y}-\boldsymbol{Z}^{(\boldsymbol{P})}\hat{\boldsymbol{\beta}}^{(\boldsymbol{P})})}{n-D-1}=\dfrac{(\boldsymbol{Y}-\boldsymbol{Z}\,\boldsymbol{P}^{\mathrm{T}}\boldsymbol{P}\hat{\boldsymbol{\beta}})^{\mathrm{T}}(\boldsymbol{Y}-\boldsymbol{Z}\,\boldsymbol{P}^{\mathrm{T}}\boldsymbol{P}\hat{\boldsymbol{\beta}})}{n-D-1}=S^2\end{cases}\tag{4.3.3}$$

其中 $(S^{(\boldsymbol{P})})^2$ 表示模型(4.3.1)的误差项方差的无偏估计。

(1)不失一般性，假设 $j=1$。如果成分自变量 $\boldsymbol{u}_1$ 除了第一个成分外的其余成分通过置换矩阵 $\boldsymbol{Q}_1$ 进行置换，则

$$\boldsymbol{\Psi}_{D_1}^{\mathrm{T}}\boldsymbol{P}_1\,\boldsymbol{\Psi}_{D_1}=\begin{pmatrix}\sqrt{\dfrac{D_1-1}{D_1}} & -\dfrac{1}{\sqrt{D_1(D_1-1)}}\boldsymbol{1}_{D_1-1}^{\mathrm{T}}\\ \boldsymbol{0}_{D_1-2} & \boldsymbol{\Psi}_{D_1-1}^{\mathrm{T}}\end{pmatrix}\begin{pmatrix}1 & \boldsymbol{0}_{D_1-1}^{\mathrm{T}}\\ \boldsymbol{0}_{D_1-1} & \boldsymbol{Q}_1\end{pmatrix}$$

$$\times\begin{pmatrix}\sqrt{\dfrac{D_1-1}{D_1}} & \boldsymbol{0}_{D_1-2}^{\mathrm{T}}\\ -\dfrac{1}{\sqrt{D_1(D_1-1)}}\boldsymbol{1}_{D_1-1} & \boldsymbol{\Psi}_{D_1-1}\end{pmatrix}$$

$$=$$

$$\begin{pmatrix}\dfrac{D_1-1}{D_1}+\dfrac{1}{D_1(D_1-1)}\boldsymbol{1}_{D_1-1}^{\mathrm{T}}\boldsymbol{Q}_1\,\boldsymbol{1}_{D_1-1} & -\dfrac{1}{\sqrt{D_1(D_1-1)}}\boldsymbol{1}_{D_1-1}^{\mathrm{T}}\boldsymbol{Q}_1\,\boldsymbol{\Psi}_{D_1-1}\\ -\dfrac{1}{\sqrt{D_1(D_1-1)}}\boldsymbol{\Psi}_{D_1-1}^{\mathrm{T}}\boldsymbol{Q}_1\,\boldsymbol{1}_{D_1-1} & \boldsymbol{\Psi}_{D_1-1}^{\mathrm{T}}\boldsymbol{Q}_1\,\boldsymbol{\Psi}_{D_1-1}\end{pmatrix}$$

$$=\begin{pmatrix}1 & \boldsymbol{0}_{D_1-2}^{\mathrm{T}}\\ \boldsymbol{0}_{D_1-2} & \boldsymbol{\Psi}_{D_1-1}^{\mathrm{T}}\boldsymbol{Q}_1\,\boldsymbol{\Psi}_{D_1-1}\end{pmatrix}\tag{4.3.4}$$

如果成分自变量 $\boldsymbol{u}_k(k\neq 1)$ 的成分通过任意的置换矩阵 $\boldsymbol{P}_k(k\neq 1)$ 进行置换，则公式(4.3.2)中的矩阵可以表示为

$$
P=\begin{pmatrix}
1 & 0 & \mathbf{0}_{D_1-2}^{\mathrm{T}} & \mathbf{0}_{D_2-1}^{\mathrm{T}} & \cdots & \mathbf{0}_{D_q-1}^{\mathrm{T}} \\
0 & 1 & \mathbf{0}_{D_1-2}^{\mathrm{T}} & \mathbf{0}_{D_2-1}^{\mathrm{T}} & \cdots & \mathbf{0}_{D_q-1}^{\mathrm{T}} \\
\mathbf{0}_{D_1-2} & \mathbf{0}_{D_1-2} & \boldsymbol{\Psi}_{D_1-1}^{\mathrm{T}}\boldsymbol{Q}_1\boldsymbol{\Psi}_{D_1-1} & \mathbf{0}_{(D_1-2)\times(D_2-1)} & \cdots & \mathbf{0}_{(D_1-2)\times(D_q-1)} \\
\mathbf{0}_{D_2-1} & \mathbf{0}_{D_2-1} & \mathbf{0}_{(D_2-1)\times(D_1-2)} & \boldsymbol{\Psi}_{D_2}^{\mathrm{T}}\boldsymbol{P}_2\boldsymbol{\Psi}_{D_2} & \cdots & \mathbf{0}_{(D_2-1)\times(D_q-1)} \\
\vdots & \vdots & \vdots & \vdots & \ddots & \vdots \\
\mathbf{0}_{D_q-1} & \mathbf{0}_{D_q-1} & \mathbf{0}_{(D_q-1)\times(D_1-2)} & \mathbf{0}_{(D_q-1)\times(D_2-1)} & \cdots & \boldsymbol{\Psi}_{D_q}^{\mathrm{T}}\boldsymbol{P}_q\boldsymbol{\Psi}_{D_q}
\end{pmatrix}
\tag{4.3.5}
$$

将公式(4.3.5)中的置换矩阵 $\boldsymbol{P}$ 代入公式(4.3.3)中，得到 $\beta_0=\beta_0^{(\boldsymbol{P})}$，$\beta_1=\beta_1^{(\boldsymbol{P})}$，而且

$$
\begin{aligned}
\{((\boldsymbol{Z}^{(\boldsymbol{P})})^{\mathrm{T}}\boldsymbol{Z}^{(\boldsymbol{P})})^{-1}\}_{1,1} &= \boldsymbol{e}_{D+1,1}^{\mathrm{T}}((\boldsymbol{Z}^{(\boldsymbol{P})})^{\mathrm{T}}\boldsymbol{Z}^{(\boldsymbol{P})})^{-1}\boldsymbol{e}_{D+1,1} \\
&= \boldsymbol{e}_{D+1,1}^{\mathrm{T}}\boldsymbol{P}(\boldsymbol{Z}^{\mathrm{T}}\boldsymbol{Z})^{-1}\boldsymbol{P}^{\mathrm{T}}\boldsymbol{e}_{D+1,1} \\
&= \boldsymbol{e}_{D+1,1}^{\mathrm{T}}(\boldsymbol{Z}^{\mathrm{T}}\boldsymbol{Z})^{-1}\boldsymbol{e}_{D+1,1}=\{(\boldsymbol{Z}^{\mathrm{T}}\boldsymbol{Z})^{-1}\}_{1,1} \\
\{((\boldsymbol{Z}^{(\boldsymbol{P})})^{\mathrm{T}}\boldsymbol{Z}^{(\boldsymbol{P})})^{-1}\}_{2,2} &= \boldsymbol{e}_{D+1,2}^{\mathrm{T}}((\boldsymbol{Z}^{(\boldsymbol{P})})^{\mathrm{T}}\boldsymbol{Z}^{(\boldsymbol{P})})^{-1}\boldsymbol{e}_{D+1,2} \\
&= \boldsymbol{e}_{D+1,2}^{\mathrm{T}}\boldsymbol{P}(\boldsymbol{Z}^{\mathrm{T}}\boldsymbol{Z})^{-1}\boldsymbol{P}^{\mathrm{T}}\boldsymbol{e}_{D+1,2} \\
&= \boldsymbol{e}_{D+1,2}^{\mathrm{T}}(\boldsymbol{Z}^{\mathrm{T}}\boldsymbol{Z})^{-1}\boldsymbol{e}_{D+1,2}=\{(\boldsymbol{Z}^{\mathrm{T}}\boldsymbol{Z})^{-1}\}_{2,2}
\end{aligned}
$$

因为 $(S^{(\boldsymbol{P})})^2=S^2$，所以检验统计量 T_0 和 T_1 是不变的。

(2)如果每个成分自变量 $\boldsymbol{u}_j(j=1,2,\cdots,q)$ 除第一个成分外的其余成分通过任意的置换矩阵 $\boldsymbol{Q}_j$ 进行置换，类似于公式(4.3.4)，公式(4.3.2)中的置换矩阵 $\boldsymbol{P}$ 可以表示为

$$
P=\begin{pmatrix}
1 & 0 & \mathbf{0}_{D_1-2}^{\mathrm{T}} & \cdots & 0 & \mathbf{0}_{D_q-2}^{\mathrm{T}} \\
0 & 1 & \mathbf{0}_{D_1-2}^{\mathrm{T}} & \cdots & 0 & \mathbf{0}_{D_q-2}^{\mathrm{T}} \\
\mathbf{0}_{D_1-2} & \mathbf{0}_{D_1-2} & \boldsymbol{\Psi}_{D_1-1}^{\mathrm{T}}\boldsymbol{Q}_1\boldsymbol{\Psi}_{D_1-1} & \cdots & \mathbf{0}_{D_1-2} & \mathbf{0}_{(D_1-2)\times(D_q-2)} \\
\vdots & \vdots & \vdots & \ddots & \vdots & \vdots \\
0 & 0 & \mathbf{0}_{D_1-2}^{\mathrm{T}} & \cdots & 1 & \mathbf{0}_{D_q-2}^{\mathrm{T}} \\
\mathbf{0}_{D_q-2} & \mathbf{0}_{D_q-2} & \mathbf{0}_{(D_q-2)\times(D_1-2)} & \cdots & \mathbf{0}_{D_q-2} & \boldsymbol{\Psi}_{D_q-1}^{\mathrm{T}}\boldsymbol{Q}_q\boldsymbol{\Psi}_{D_q-1}
\end{pmatrix}
\tag{4.3.6}
$$

根据公式(4.3.3)和公式(4.3.6)，可知参数 β_0，β_{k_j} $(j=1, 2, \cdots, q)$ 保持不变，而且

$$\begin{aligned}\{((\boldsymbol{Z}^{(\boldsymbol{P})})^{\mathrm{T}}\boldsymbol{Z}^{(\boldsymbol{P})})^{-1}\}_{1,1} &= \boldsymbol{e}_{D+1,1}^{\mathrm{T}}\boldsymbol{P}(\boldsymbol{Z}^{\mathrm{T}}\boldsymbol{Z})^{-1}\boldsymbol{P}^{\mathrm{T}}\boldsymbol{e}_{D+1,1}\\ &= \{(\boldsymbol{Z}^{\mathrm{T}}\boldsymbol{Z})^{-1}\}_{1,1}\\ \{((\boldsymbol{Z}^{(\boldsymbol{P})})^{\mathrm{T}}\boldsymbol{Z}^{(\boldsymbol{P})})^{-1}\}_{kj+1,kj+1} &= \boldsymbol{e}_{D+1,kj+1}^{\mathrm{T}}\boldsymbol{P}(\boldsymbol{Z}^{\mathrm{T}}\boldsymbol{Z})^{-1}\boldsymbol{P}^{\mathrm{T}}\boldsymbol{e}_{D+1,kj+1}\\ &= \boldsymbol{e}_{D+1,kj+1}^{\mathrm{T}}(\boldsymbol{Z}^{\mathrm{T}}\boldsymbol{Z})^{-1}\boldsymbol{e}_{D+1,kj+1}\\ &= \{(\boldsymbol{Z}^{\mathrm{T}}\boldsymbol{Z})^{-1}\}_{kj+1,kj+1}\end{aligned}$$

其中 $k_j=\sum_{i=1}^{j}D_i-D_j-j+2$ $(j=1, \cdots, q)$。因为 $(S^{(\boldsymbol{P})})^2=S^2$，所以检验统计量 T_0 和 T_{k_1}，T_{k_2}，…，T_{k_q} 是不变的。

(3)如果成分自变量 $\boldsymbol{u}_j(j=1, 2, \cdots, q)$ 的成分通过任意的置换矩阵 $\boldsymbol{P}_j$ 进行置换，为了方便，公式(4.3.2)的置换矩阵可以记为

$$\boldsymbol{P}=\begin{pmatrix}1 & \boldsymbol{0}_D^{\mathrm{T}}\\ \boldsymbol{0}_D & \boldsymbol{Q}\end{pmatrix} \tag{4.3.7}$$

其中 $\boldsymbol{Q}$ 是一个置换矩阵。将公式(4.3.7)中的置换矩阵 $\boldsymbol{P}$ 代入公式(4.3.3)中，很显然检验统计量 T_0 是不变的。检验模型(4.3.1)中所有参数是否都等于 0 的检验统计量为

$$\begin{aligned}&\frac{1}{D(S^{(\boldsymbol{P})})^2}(\hat{\boldsymbol{\beta}}_*^{(\boldsymbol{P})})^{\mathrm{T}}\{((\boldsymbol{Z}^{(\boldsymbol{P})})^{\mathrm{T}}\boldsymbol{Z}^{(\boldsymbol{P})})^{-1}\}_{-1,-1}\hat{\boldsymbol{\beta}}_*^{(\boldsymbol{P})}\\ &=\frac{1}{D(S^{(\boldsymbol{P})})^2}((\boldsymbol{0}_D, \boldsymbol{I}_D)\hat{\boldsymbol{\beta}}^{(\boldsymbol{P})})^{\mathrm{T}}(\boldsymbol{0}_D, \boldsymbol{I}_D)((\boldsymbol{P}^{(\boldsymbol{P})})^{\mathrm{T}}\boldsymbol{Z}^{(\boldsymbol{P})})^{-1}(\boldsymbol{0}_D, \boldsymbol{I}_D)^{\mathrm{T}}\\ &\quad(\boldsymbol{0}_D, \boldsymbol{I}_D)\hat{\boldsymbol{\beta}}^{(\boldsymbol{P})}\\ &=\frac{1}{D(S^{(\boldsymbol{P})})^2}(\hat{\boldsymbol{\beta}}^{(\boldsymbol{P})})^{\mathrm{T}}\begin{pmatrix}0 & \boldsymbol{0}_D^{\mathrm{T}}\\ \boldsymbol{0}_D & \boldsymbol{I}_D\end{pmatrix}((\boldsymbol{Z}^{(\boldsymbol{P})})^{\mathrm{T}}\boldsymbol{Z}^{(\boldsymbol{P})})^{-1}\begin{pmatrix}0 & \boldsymbol{0}_D^{\mathrm{T}}\\ \boldsymbol{0}_D & \boldsymbol{I}_D\end{pmatrix}\hat{\boldsymbol{\beta}}^{(\boldsymbol{P})}\\ &=\frac{1}{D(S^{(\boldsymbol{P})})^2}(\hat{\boldsymbol{\beta}})^{\mathrm{T}}\boldsymbol{P}^{\mathrm{T}}\begin{pmatrix}0 & \boldsymbol{0}_D^{\mathrm{T}}\\ \boldsymbol{0}_D & \boldsymbol{I}_D\end{pmatrix}\boldsymbol{P}(\boldsymbol{Z}^{\mathrm{T}}\boldsymbol{Z})^{-1}\boldsymbol{P}^{\mathrm{T}}\begin{pmatrix}0 & \boldsymbol{0}_D^{\mathrm{T}}\\ \boldsymbol{0}_D & \boldsymbol{I}_D\end{pmatrix}\boldsymbol{P}\hat{\boldsymbol{\beta}}\end{aligned}$$

$$=\frac{1}{D\,(S^{(\boldsymbol{P})})^2}(\hat{\boldsymbol{\beta}})^{\mathrm{T}}\begin{pmatrix}0 & \mathbf{0}_D^{\mathrm{T}}\\ \mathbf{0}_D & \boldsymbol{I}_D\end{pmatrix}(\boldsymbol{Z}^{\mathrm{T}}\boldsymbol{Z})^{-1}\begin{pmatrix}0 & \mathbf{0}_D^{\mathrm{T}}\\ \mathbf{0}_D & \boldsymbol{I}_D\end{pmatrix}\hat{\boldsymbol{\beta}}$$

$$=\frac{1}{D\,(S^{(\boldsymbol{P})})^2}((\mathbf{0}_D,\ \boldsymbol{I}_D)\hat{\boldsymbol{\beta}})^{\mathrm{T}}(\mathbf{0}_D,\ \boldsymbol{I}_D)(\boldsymbol{Z}^{\mathrm{T}}\boldsymbol{Z})^{-1}(\mathbf{0}_D,\ \boldsymbol{I}_D)^{\mathrm{T}}(\mathbf{0}_D,\ \boldsymbol{I}_D)\hat{\boldsymbol{\beta}}$$

$$=\frac{1}{DS^2}(\hat{\boldsymbol{\beta}}_*)^{\mathrm{T}}\{(\boldsymbol{Z}^{\mathrm{T}}\boldsymbol{Z})^{-1}\}_{-1,-1}\hat{\boldsymbol{\beta}}_*$$

因此检验统计量 F 在成分自变量 $\boldsymbol{u}_j$ 的成分任意置换下是不变的。

■

通过定理 4.3.1 (1)，当 l_0 和 l_j 固定后，在成分自变量 $\boldsymbol{u}_k^{(l_k)}(k\neq j)$ 的成分任意置换下，参数 $\boldsymbol{e}_{L-1,1}^{\mathrm{T}}\boldsymbol{B}_j^{(l_0,l_j)}\boldsymbol{e}_{D_j-1,1}$ 的推论保持不变。根据定理 4.3.1(3)可知，对于任意的 $l_j(j=1,2,\cdots,q)$，参数 $\boldsymbol{e}_{L-1,1}^{\mathrm{T}}\boldsymbol{b}_0^{(l_0)}$ 的推论都可以通过公式(4.2.6)中的任意一个模型获得。在回归模型(4.2.6)中，当 l_0 从 1 变到 L，l_j 从 1 变到 $D_j(j=1,2,\cdots,q)$，可以得到参数 $\boldsymbol{e}_{L-1,1}^{\mathrm{T}}\boldsymbol{b}_0^{(l_0)}(l_0=1,2,\cdots,L)$ 和 $\boldsymbol{e}_{L-1,1}^{\mathrm{T}}\boldsymbol{B}_j^{(l_0,l_j)}(l_j=1,2,\cdots,D_j;\ j=1,2,\cdots,q)$ 的估计与假设检验结果。记

$$\boldsymbol{c}_0=\begin{pmatrix}\boldsymbol{e}_{L-1,1}^{\mathrm{T}}\boldsymbol{b}_0^{(1)}\\ \boldsymbol{e}_{L-1,1}^{\mathrm{T}}\boldsymbol{b}_0^{(2)}\\ \vdots\\ \boldsymbol{e}_{L-1,1}^{\mathrm{T}}\boldsymbol{b}_0^{(L)}\end{pmatrix},\ C_j=\begin{pmatrix}\boldsymbol{e}_{L-1,1}^{\mathrm{T}}\boldsymbol{B}_j^{(1,1)}\boldsymbol{e}_{D_j-1,1} & \cdots & \boldsymbol{e}_{L-1,1}^{\mathrm{T}}\boldsymbol{B}_j^{(1,D_j)}\boldsymbol{e}_{D_j-1,1}\\ \boldsymbol{e}_{L-1,1}^{\mathrm{T}}\boldsymbol{B}_j^{(2,1)}\boldsymbol{e}_{D_j-1,1} & \cdots & \boldsymbol{e}_{L-1,1}^{\mathrm{T}}\boldsymbol{B}_j^{(2,D_j)}\boldsymbol{e}_{D_j-1,1}\\ \vdots & \ddots & \vdots\\ \boldsymbol{e}_{L-1,1}^{\mathrm{T}}\boldsymbol{B}_j^{(L,1)}\boldsymbol{e}_{D_j-1,1} & \cdots & \boldsymbol{e}_{L-1,1}^{\mathrm{T}}\boldsymbol{B}_j^{(L,D_j)}\boldsymbol{e}_{D_j-1,1}\end{pmatrix}\tag{4.3.8}$$

定理 4.3.2 向量 $\boldsymbol{c}_0$ 与成分向量 $\boldsymbol{a}_0$ 有关，矩阵 $\boldsymbol{C}_j(j=1,2,\cdots,q)$ 与单形上模型(4.1.1)的回归系数矩阵 $\boldsymbol{A}_j$ 具有线性关系

$$\boldsymbol{a}_0=\mathrm{clr}^{-1}\left(\sqrt{\frac{L-1}{L}}\boldsymbol{c}_0\right),\ \boldsymbol{A}_j=\sqrt{\frac{L-1}{L}}\sqrt{\frac{D_j-1}{D_j}}\boldsymbol{C}_j(j=1,2,\cdots,q).$$

证明 对于本章选用的 ilr 坐标，相应的对比矩阵 $\boldsymbol{\Psi}_L$ 见公式(2.2.4)，则

$$\boldsymbol{e}_{L-1,1}^{\mathrm{T}}\boldsymbol{\Psi}_L^{\mathrm{T}}=\left(\sqrt{\frac{L-1}{L}},\ -\frac{1}{\sqrt{L(L-1)}},\ \cdots,\ -\frac{1}{\sqrt{L(L-1)}}\right)$$

因此

$$\begin{pmatrix}\boldsymbol{e}_{L-1,1}^{\mathrm{T}}\boldsymbol{\Psi}_L^{\mathrm{T}}\boldsymbol{P}_{L,1}\\ \boldsymbol{e}_{L-1,1}^{\mathrm{T}}\boldsymbol{\Psi}_L^{\mathrm{T}}\boldsymbol{P}_{L,2}\\ \vdots\\ \boldsymbol{e}_{L-1,1}^{\mathrm{T}}\boldsymbol{\Psi}_L^{\mathrm{T}}\boldsymbol{P}_{L,L}\end{pmatrix}=\begin{pmatrix}\sqrt{\frac{L-1}{L}} & -\frac{1}{\sqrt{L(L-1)}} & \cdots & -\frac{1}{\sqrt{L(L-1)}}\\ -\frac{1}{\sqrt{L(L-1)}} & \sqrt{\frac{L-1}{L}} & \cdots & -\frac{1}{\sqrt{L(L-1)}}\\ \vdots & \vdots & \ddots & \vdots\\ -\frac{1}{\sqrt{L(L-1)}} & -\frac{1}{\sqrt{L(L-1)}} & \cdots & \sqrt{\frac{L-1}{L}}\end{pmatrix}$$

$$=\sqrt{\frac{L}{L-1}}\boldsymbol{G}_L$$

基于以上结果以及定理 4.2.1 和定理 4.2.2，可以得到

$$\boldsymbol{c}_0=\begin{pmatrix}\boldsymbol{e}_{L-1,1}^{\mathrm{T}}\boldsymbol{b}_0^{(1)}\\ \boldsymbol{e}_{L-1,1}^{\mathrm{T}}\boldsymbol{b}_0^{(2)}\\ \vdots\\ \boldsymbol{e}_{L-1,1}^{\mathrm{T}}\boldsymbol{b}_0^{(L)}\end{pmatrix}=\begin{pmatrix}\boldsymbol{e}_{L-1,1}^{\mathrm{T}}\boldsymbol{\Psi}_L^{\mathrm{T}}\boldsymbol{P}_{L,1}\boldsymbol{\Psi}_L\boldsymbol{b}_0\\ \boldsymbol{e}_{L-1,1}^{\mathrm{T}}\boldsymbol{\Psi}_L^{\mathrm{T}}\boldsymbol{P}_{L,2}\boldsymbol{\Psi}_L\boldsymbol{b}_0\\ \vdots\\ \boldsymbol{e}_{L-1,1}^{\mathrm{T}}\boldsymbol{\Psi}_L^{\mathrm{T}}\boldsymbol{P}_{L,L}\boldsymbol{\Psi}_L\boldsymbol{b}_0\end{pmatrix}=\begin{pmatrix}\boldsymbol{e}_{L-1,1}^{\mathrm{T}}\boldsymbol{\Psi}_L^{\mathrm{T}}\boldsymbol{P}_{L,1}\\ \boldsymbol{e}_{L-1,1}^{\mathrm{T}}\boldsymbol{\Psi}_L^{\mathrm{T}}\boldsymbol{P}_{L,2}\\ \vdots\\ \boldsymbol{e}_{L-1,1}^{\mathrm{T}}\boldsymbol{\Psi}_L^{\mathrm{T}}\boldsymbol{P}_{L,L}\end{pmatrix}\boldsymbol{\Psi}_L\boldsymbol{b}_0$$

$$=\sqrt{\frac{L}{L-1}}\boldsymbol{G}_L\boldsymbol{\Psi}_L\boldsymbol{b}_0=\sqrt{\frac{L}{L-1}}\boldsymbol{\Psi}_L\boldsymbol{b}_0=\sqrt{\frac{L}{L-1}}\mathrm{clr}(\boldsymbol{a}_0)$$

$$C_j=\begin{pmatrix}\boldsymbol{e}_{L-1,1}^{\mathrm{T}}\boldsymbol{B}_j^{(1,1)}\boldsymbol{e}_{D_j-1,1} & \cdots & \boldsymbol{e}_{L-1,1}^{\mathrm{T}}\boldsymbol{B}_j^{(1,D_j)}\boldsymbol{e}_{D_j-1,1}\\ \boldsymbol{e}_{L-1,1}^{\mathrm{T}}\boldsymbol{B}_j^{(2,1)}\boldsymbol{e}_{D_j-1,1} & \cdots & \boldsymbol{e}_{L-1,1}^{\mathrm{T}}\boldsymbol{B}_j^{(2,D_j)}\boldsymbol{e}_{D_j-1,1}\\ \vdots & \ddots & \vdots\\ \boldsymbol{e}_{L-1,1}^{\mathrm{T}}\boldsymbol{B}_j^{(L,1)}\boldsymbol{e}_{D_j-1,1} & \cdots & \boldsymbol{e}_{L-1,1}^{\mathrm{T}}\boldsymbol{B}_j^{(L,D_j)}\boldsymbol{e}_{D_j-1,1}\end{pmatrix}$$

$$=\begin{pmatrix}\boldsymbol{e}_{L-1,1}^{\mathrm{T}}\boldsymbol{\Psi}_L^{\mathrm{T}}\boldsymbol{P}_{L,1}\boldsymbol{\Psi}_L\boldsymbol{B}_j\boldsymbol{\Psi}_{D_j}^{\mathrm{T}}(\boldsymbol{P}_{D_j,1}^{\mathrm{T}}\boldsymbol{\Psi}_{D_j}\boldsymbol{e}_{D_j-1,1},\ \cdots,\ \boldsymbol{P}_{D_j,D_j}^{\mathrm{T}}\boldsymbol{\Psi}_{D_j}\boldsymbol{e}_{D_j-1,1})\\ \boldsymbol{e}_{L-1,1}^{\mathrm{T}}\boldsymbol{\Psi}_L^{\mathrm{T}}\boldsymbol{P}_{L,2}\boldsymbol{\Psi}_L\boldsymbol{B}_j\boldsymbol{\Psi}_{D_j}^{\mathrm{T}}(\boldsymbol{P}_{D_j,1}^{\mathrm{T}}\boldsymbol{\Psi}_{D_j}\boldsymbol{e}_{D_j-1,1},\ \cdots,\ \boldsymbol{P}_{D_j,D_j}^{\mathrm{T}}\boldsymbol{\Psi}_{D_j}\boldsymbol{e}_{D_j-1,1})\\ \vdots\\ \boldsymbol{e}_{L-1,1}^{\mathrm{T}}\boldsymbol{\Psi}_L^{\mathrm{T}}\boldsymbol{P}_{L,L}\boldsymbol{\Psi}_L\boldsymbol{B}_j\boldsymbol{\Psi}_{D_j}^{\mathrm{T}}(\boldsymbol{P}_{D_j,1}^{\mathrm{T}}\boldsymbol{\Psi}_{D_j}\boldsymbol{e}_{D_j-1,1},\ \cdots,\ \boldsymbol{P}_{D_j,D_j}^{\mathrm{T}}\boldsymbol{\Psi}_{D_j}\boldsymbol{e}_{D_j-1,1})\end{pmatrix}$$

$$
=\begin{pmatrix}
\boldsymbol{e}_{L-1,1}^{\mathrm{T}}\boldsymbol{\Psi}_L^{\mathrm{T}}\boldsymbol{P}_{L,1}\boldsymbol{\Psi}_L\boldsymbol{B}_j\boldsymbol{\Psi}_{D_j}^{\mathrm{T}}\sqrt{\dfrac{D_j}{D_j-1}}\boldsymbol{G}_{D_j}\\
\boldsymbol{e}_{L-1,1}^{\mathrm{T}}\boldsymbol{\Psi}_L^{\mathrm{T}}\boldsymbol{P}_{L,2}\boldsymbol{\Psi}_L\boldsymbol{B}_j\boldsymbol{\Psi}_{D_j}^{\mathrm{T}}\sqrt{\dfrac{D_j}{D_j-1}}\boldsymbol{G}_{D_j}\\
\vdots\\
\boldsymbol{e}_{L-1,1}^{\mathrm{T}}\boldsymbol{\Psi}_L^{\mathrm{T}}\boldsymbol{P}_{L,L}\boldsymbol{\Psi}_L\boldsymbol{B}_j\boldsymbol{\Psi}_{D_j}^{\mathrm{T}}\sqrt{\dfrac{D_j}{D_j-1}}\boldsymbol{G}_{D_j}
\end{pmatrix}
$$

$$
=\sqrt{\frac{D_j}{D_j-1}}\begin{pmatrix}
\boldsymbol{e}_{L-1,1}^{\mathrm{T}}\boldsymbol{\Psi}_L^{\mathrm{T}}\boldsymbol{P}_{L,1}\\
\boldsymbol{e}_{L-1,1}^{\mathrm{T}}\boldsymbol{\Psi}_L^{\mathrm{T}}\boldsymbol{P}_{L,2}\\
\vdots\\
\boldsymbol{e}_{L-1,1}^{\mathrm{T}}\boldsymbol{\Psi}_L^{\mathrm{T}}\boldsymbol{P}_{L,L}
\end{pmatrix}\boldsymbol{\Psi}_L\boldsymbol{B}_j\boldsymbol{\Psi}_{D_j}^{\mathrm{T}}\boldsymbol{G}_{D_j}
$$

$$
=\sqrt{\frac{D_j}{D_j-1}}\sqrt{\frac{L}{L-1}}\boldsymbol{G}_L\boldsymbol{\Psi}_L\boldsymbol{B}_j\boldsymbol{\Psi}_{D_j}^{\mathrm{T}}\boldsymbol{G}_{D_j}=\sqrt{\frac{D_j}{D_j-1}}\sqrt{\frac{L}{L-1}}\boldsymbol{A}_j
$$

因此，$\boldsymbol{a}_0=\mathrm{clr}^{-1}\left(\sqrt{\dfrac{L-1}{L}}\boldsymbol{c}_0\right)$， $\boldsymbol{A}_j=\sqrt{\dfrac{L-1}{L}}\sqrt{\dfrac{D_j-1}{D_j}}\boldsymbol{C}_j\ (j=1,2,\cdots,q)$。

■

从定理 4.3.2 可知，矩阵 $\boldsymbol{A}_j\ (j=1,2,\cdots,q)$ 的阶数和 $\boldsymbol{C}_j$ 的阶数是相同的，所以矩阵 $\boldsymbol{A}_j$ 的系数和 $\boldsymbol{C}_j$ 的系数是一一对应的，因此可以通过参数 $\boldsymbol{C}_j$ 的推论得到矩阵 $\boldsymbol{A}_j$ 中系数的推论。

4.4 实例分析

本节来验证本章所提出的模型的有用性和有效性。基于该模型来对中国山西省的消费结构和年龄结构之间的线性关系进行建模。消费结构成分（$\boldsymbol{y}$）包括在食物（y_1）、衣服（y_2）、房屋（y_3）、家庭设备（y_4）、医疗保健（y_5）、交通和通信（y_6）、教育娱乐（y_7）和其他活动（y_8）方面的消费。年龄结构成分（$\boldsymbol{x}$）包括三个部分：年龄小于 15 岁（x_1），年龄在 15 岁到 64 岁之间（x_2），年龄大于 64 岁（x_3）。消费结构和年龄结构数据来自历年《山西统计年鉴》(见表 4.4.1)。

表 4.4.1　　　山西省消费结构和年龄结构数据(%)

年份	No.	y_1	y_2	y_3	y_4	y_5	y_6	y_7	y_8	x_1	x_2	x_3
2002	1	32.50	13.94	11.35	6.03	7.74	8.62	16.59	3.19	23.44	69.61	6.95
2003	2	33.53	14.21	10.99	6.15	7.19	9.36	15.65	2.87	22.96	69.93	7.10
2004	3	33.91	13.21	10.86	5.56	7.10	10.38	15.94	3.00	21.18	71.77	7.05
2005	4	32.42	14.71	11.47	5.66	8.49	9.52	14.70	2.99	21.30	71.55	7.15
2006	5	31.41	14.17	11.57	6.16	8.22	11.50	14.05	2.87	20.20	72.60	7.20
2007	6	32.09	13.14	12.24	5.89	7.90	12.68	13.01	3.02	19.64	73.02	7.34
2008	7	33.77	12.91	14.20	5.35	8.74	10.57	11.83	2.59	18.35	73.75	7.90
2009	8	32.83	12.42	14.10	6.02	8.44	11.71	11.44	3.01	17.32	74.60	8.08
2010	9	31.17	12.31	12.71	6.25	7.91	13.69	12.55	3.38	17.10	75.33	7.58
2011	10	31.33	12.87	11.69	7.33	7.49	13.10	12.50	3.65	16.47	75.62	7.91
2012	11	31.57	12.52	11.78	6.81	7.41	13.69	12.33	3.85	16.44	75.59	7.97

考虑消费结构为成分因变量，年龄结构为成分自变量，建立单形上的线性回归模型

$$\boldsymbol{y}_i=\boldsymbol{a}_0\oplus\boldsymbol{A}_1\boxdot\boldsymbol{x}_i\oplus\boldsymbol{\varepsilon}_i,\quad i=1,2,\cdots,11\tag{4.4.1}$$

其中 $\boldsymbol{a}_0$ 和 $\boldsymbol{A}_1$ 是参数。基于置换后的消费成分和年龄成分的 ilr 坐标的回归模型为

$$E(\boldsymbol{e}_{7,1}^{\mathrm{T}}\mathrm{ilr}(\boldsymbol{y}_i^{(l_0)})\mid\mathrm{ilr}(\boldsymbol{x}_i^{(l_1)}))=\boldsymbol{e}_{7,1}^{\mathrm{T}}\boldsymbol{b}_0^{(l_0)}+\boldsymbol{e}_{7,1}^{\mathrm{T}}\boldsymbol{B}_1^{(l_0,l_1)}\mathrm{ilr}(\boldsymbol{x}_i^{(l_1)}),$$
$$i=1,2,\cdots,11\tag{4.4.2}$$

其中因变量和自变量分别为 $\boldsymbol{e}_{7,1}^{\mathrm{T}}\mathrm{ilr}(\boldsymbol{y}^{(l_0)})$（$l_0\in\{1,2,\cdots,8\}$）和 $\mathrm{ilr}(\boldsymbol{x}^{(l_1)})$（$l_1\in\{1,2,3\}$），$\boldsymbol{e}_{7,1}^{\mathrm{T}}\boldsymbol{b}_0^{(l_0)}$ 是截距，$\boldsymbol{e}_{7,1}^{\mathrm{T}}\boldsymbol{B}_1^{(l_0,l_1)}$ 是回归系数

向量。当模型(4.4.2)中的 l_0 从 1 变到 8，l_1 从 1 变到 3 时，参数估计和推论结果见表 4.4.2。例如，参数估计的第一行是 $\boldsymbol{e}_{7,1}^{\mathrm{T}}\boldsymbol{b}_0^{(1)}$，$\boldsymbol{e}_{7,1}^{\mathrm{T}}\boldsymbol{B}_1^{(1,1)}\boldsymbol{e}_{2,1}$，$\boldsymbol{e}_{7,1}^{\mathrm{T}}\boldsymbol{B}_1^{(1,2)}\boldsymbol{e}_{2,1}$，$\boldsymbol{e}_{7,1}^{\mathrm{T}}\boldsymbol{B}_1^{(1,3)}\boldsymbol{e}_{2,1}$ 的估计及 p 值。而且表 4.4.2 也给出了统计量 F 值及相应 p 值。当 l_0 固定时，通过定理 4.3.1 (3)，对于任意的 l_1($l_1=1$，2，3)，检验统计量 F 值可以通过模型(4.4.2)中的任意一个模型得到。

表 4.4.2　**基于置换后的消费成分和年龄成分的 ilr 坐标的回归模型结果**

	参数估计				统计量 F
	截距	ilr $(\boldsymbol{x}^{(1)})_1$	ilr $(\boldsymbol{x}^{(2)})_1$	ilr $(\boldsymbol{x}^{(3)})_1$	
ilr $(\boldsymbol{y}^{(1)})_1$	3.9262 (0.0130)	0.4239 (0.0109)	−1.6222 (0.0498)	1.1984 (0.0861)	5.474 (0.0318)
ilr $(\boldsymbol{y}^{(2)})_1$	1.1944 (0.3497)	0.5704 (0.0019)	−0.7279 (0.3183)	0.1575 (0.7983)	16.66 (0.0014)
ilr $(\boldsymbol{y}^{(3)})_1$	5.3677 (0.0636)	0.0846 (0.7529)	−2.8231 (0.0819)	2.7386 (0.0577)	3.513 (0.0804)
ilr $(\boldsymbol{y}^{(4)})_1$	−1.4108 (0.5750)	−0.2850 (0.2900)	0.5793 (0.6840)	−0.2943 (0.8120)	0.850 (0.4625)
ilr $(\boldsymbol{y}^{(5)})_1$	2.6975 (0.3280)	0.2367 (0.4050)	−1.6975 (0.2820)	1.4608 (0.2880)	0.666 (0.5401)
ilr $(\boldsymbol{y}^{(6)})_1$	−5.719 (0.0136)	−1.3638 (9.03E−05)	3.6954 (0.0072)	−2.3317 (0.0321)	29.88 (0.0002)
ilr $(\boldsymbol{y}^{(7)})_1$	−1.4469 (0.357)	0.8875 (0.0004)	0.5711 (0.5168)	−1.4585 (0.0821)	44.9 (4.48E−05)
ilr $(\boldsymbol{y}^{(8)})_1$	−4.6091 (0.1550)	−0.5542 (0.1070)	2.0249 (0.2590)	−1.4707 (0.3410)	1.675 (0.2468)

根据表 4.4.2 可知公式(4.3.8)中 $\boldsymbol{c}_0$ 和 $\boldsymbol{C}_1$ 的估计值。根据定理 4.3.2 可以得到

$$
\boldsymbol{a}_0=\mathrm{clr}^{-1}\begin{pmatrix} \mathbf{3.6726} \\ 1.1173 \\ \mathbf{5.0210} \\ -1.3197 \\ 2.5233 \\ \mathbf{-5.3496} \\ -1.3535 \\ -4.3114 \end{pmatrix},\quad \boldsymbol{A}_1=\begin{pmatrix} \mathbf{0.3237} & \mathbf{-1.2390} & \mathbf{0.9153} \\ \mathbf{0.4357} & -0.5560 & 0.1203 \\ 0.0646 & \mathbf{-2.1562} & \mathbf{2.0916} \\ -0.2177 & 0.4425 & -0.2248 \\ 0.1808 & -1.2965 & 1.1157 \\ \mathbf{-1.0416} & \mathbf{2.8224} & \mathbf{-1.7808} \\ \mathbf{0.6778} & 0.4362 & \mathbf{-1.1140} \\ -0.4233 & 1.5466 & -1.1233 \end{pmatrix},
$$

其中黑色字体值代表对应参数在显著性水平 0.1 下是显著的。易证估计的系数矩阵 $\hat{\boldsymbol{A}}_1$ 每行每列求和都为 0，$\hat{\boldsymbol{a}}_0$ 是一个成分向量。矩阵$\boldsymbol{A}_1$ 的第 i 行第 j 列的参数解释了关于成分 x_j 的对数比率对关于成分 y_i 的对数比率的影响，即解释了关于成分 x_j 的所有相对信息对关于成分 y_i 的所有相对信息的影响。估计的回归系数矩阵 $\hat{\boldsymbol{A}}_1$ 的解释如下：小于15岁，在 15～64 岁，大于 64 岁的居民分别更加关注教育娱乐，交通和通信以及居住；年龄组小于 15 岁的居民对文教娱乐方面的消费具有正影响，因为教育是一个永恒的主题，要从小抓起；年龄在 15～64 岁的居民对交通和通信方面的消费具有正影响，因为对于该年龄段的居民，汽车和手机在日常生活中是必不可少的；年龄大于 64 岁的居民对居住方面的消费具有正影响，这对应于父母为孩子买房的社会现象。因此，年龄小于 15 岁的人口比例和教育娱乐消费比例，年龄在 15～64 岁的人口比例和交通通信消费比例，年龄大于 64 岁的人口比例和居住消费比例分别随着年份的变化有一种直接的比例关系，这与表 4.4.1 中的数据趋势是一致的。

考虑另一个实数空间上基于未变换数据的模型

$$\boldsymbol{y}_{i,-8}=\boldsymbol{\gamma}_0+\boldsymbol{\gamma}\,\boldsymbol{x}_{i,-3}+\boldsymbol{\varepsilon}_i,\quad i=1,2,\cdots,11 \tag{4.4.3}$$

其中 $\boldsymbol{y}_{i,-8}$，$\boldsymbol{x}_{i,-3}$ 分别为因变量和自变量，$\boldsymbol{y}_{i,-8}$ 指的是 $\boldsymbol{y}_i$ 中除了第 8 个成分外的其余成分，$\boldsymbol{x}_{i,-3}$ 指的是 $\boldsymbol{x}_i$ 中除了第 3 个成分外的其余成分。$\boldsymbol{x}_i$ 中去掉第3个成分是为了避免多重共线性。由于 $\boldsymbol{y}_i$ 的8个成分求和为常数 100%，则 $\boldsymbol{y}_i$ 中去除第 8 个成分。通过最小二乘法可得 $\hat{\boldsymbol{\gamma}}_0$ 和 $\hat{\boldsymbol{\gamma}}$，

$$\hat{\boldsymbol{\gamma}}_0=\begin{pmatrix}\mathbf{2.9022}(0.0530)\\-0.2154\ (0.8050)\\\mathbf{3.1186}\ (0.0492)\\-0.2653\ (0.7720)\\0.9106\ (0.3570)\\\mathbf{-2.9122}\ (0.0228)\\\mathbf{-2.0846}\ (0.0900)\end{pmatrix},\quad \hat{\boldsymbol{\gamma}}=\begin{pmatrix}\mathbf{-2.2846}\ (0.0971) & \mathbf{-2.9202}\ (0.0751)\\0.5468\ (0.5150) & 0.3313\ (0.7340)\\\mathbf{-3.0466}\ (0.0445) & \mathbf{-3.2914}\ (0.0599)\\0.2184\ (0.8010) & 0.3886\ (0.7040)\\-0.8202\ (0.3810) & -0.9200\ (0.4020)\\\mathbf{2.3574}\ (0.0436) & \mathbf{3.5138}\ (0.0161)\\\mathbf{2.6302}\ (0.0336) & \mathbf{2.3398}\ (0.0885)\end{pmatrix}$$

其中黑色字体值代表对应参数在显著性水平 0.1 下是显著的。从回归系数 $\hat{\boldsymbol{\gamma}}$ 可以看出，年龄小于15岁和15～64岁的人口比例对相同的因变量 y_1，y_3，y_6，y_7 具有显著影响，而且具有相同的回归系数符号。由于年龄小于15岁和15～64岁人口比例之间的差异，基于未变换数据的模型中参数的解释结果与实际是不相符的。

为了比较基于原始成分数据的模型(4.4.1)和模型(4.4.3)的预测精度，考虑均方根距离作为评价指标

$$\text{RMSD}=\sqrt{\frac{\sum_{i=1}^{11} d_a^2(\boldsymbol{y}_i,\ \hat{\boldsymbol{y}}_i)}{11}}$$

其中 $\hat{\boldsymbol{y}}_i$ 为 $\boldsymbol{y}_i$ 的预测值。对于模型(4.4.3)，y_i 的第 8 个成分的预测值为 $\hat{\boldsymbol{y}}_{i8}=100\%-\sum_{j=1}^{7}\hat{\boldsymbol{y}}_{ij}$。两种模型(4.4.1)和(4.4.3)的 RMSD 分别为

0.1549 和 0.1581。结果表明这两种模型的预测精度非常接近，虽然如此，模型在回归参数的解释方面表现更优。

4.5　本章小结

在成分数据的回归分析方面，早期的研究主要关注于第一种类型和第二种类型，已有的模型大多是基于对数比率建立的，特别地，ilr 坐标被广泛使用。由于 clr 系数有求和为零的约束，这会导致多重共线性，因此在回归模型中不使用 clr 系数。本章基于矩阵乘积运算，提出了单形上的基于成分因变量和成分自变量的多元线性回归模型。本章提出的模型适用于第三种类型的回归分析，即因变量和自变量都是成分数据，该模型可以适用于有不同成分部分数的成分变量，而且不同成分对应的回归系数是不同的。4.2 节和 4.3 节给出了一些定理，通过这些定理可以得到本章提出的模型的回归系数的估计和显著性检验。将本章提出的模型应用于实际例子中，结果表明相比实数空间上使用原始数据的模型，该模型中回归系数的解释更接近实际情况，而且具有较小的预测误差。当回归分析中成分自变量的部分数特别大时，本章提出的模型继续使用最小二乘估计将是不恰当的。线性回归在实际生活中有可能不能满足要求，因此需要研究一些非线性、非参数以及半参数回归分析方法。

第 5 章　基于成分因变量和成分自变量的异方差线性回归模型

基于成分数据的回归分析分为三种类型，第一章介绍了每种类型下已有的回归模型。已有的模型都是假定随机成分误差项具有同方差性。当这个假定不成立，即异方差现象存在时，已有的基于同方差矩阵假定的模型将会导致错误的参数统计推论，并失去可用性。对于第一种类型的基于成分自变量的回归分析，由于误差项是实数空间上的数据，因此已有的经典的异方差分析方法都可以直接应用[98]。对于第二种类型的基于成分因变量的回归分析，对应的误差项为成分数据，不需做数据变换的狄氏回归模型[77,99]可以处理这种类型的异方差问题。然而，狄氏分布的不足是它不能满足尺度不变性[22]，这个原则暗示了成分数据的相对信息被包含在对数比率中。不同于前两种类型，很少有研究人员研究第三种类型下的异方差回归模型。

本章研究异方差下第三种类型的回归分析，即针对随机成分误差项是异方差的情形，研究基于成分因变量和成分自变量的异方差线性回归模型。不同于第四章，本章考虑回归模型中误差项是成分数据且具有异方差性的情况，并提出回归系数的估计及显著性检验方法。通过加权最小二乘法来获得回归系数的估计。对于回归系数的显著性检验，检验统计量通过基于 ilr 坐标的模型的参数推论得到，并通过普通最小二乘估计和对应的异方差一致协方差矩阵估计来计算[100]。在这之前，首先需要估计成分误差项对应的 ilr 坐标的协方差矩阵。在这个过程中，我们参考了异方差一致协方差矩阵估计方法（HCCME）。HCCME 常用的版本是 Eicker-Huber-White 估计，记为 HC0[101]。之后，HC0 的一系列改进版本被提出，其中有 HC1[102]，HC2[103] 和 HC3[104]，这些估计与 jackknife 估计密切相关。当数据中有杠杆点时，HC4[105] 和 HC4m[106] 估计被提出，其中 HC4m 是 HC4 的修正版本。最后将提出的方法应用于模拟分析和实际例子中，并与普通最小二乘方法进行比较，结果表明提出的方法在回归系数估计和显著性检验方面有明显的优势。

5.1 异方差线性回归模型的参数估计

考虑基于成分因变量 $\boldsymbol{y} \in S^L$ 和成分自变量 $\boldsymbol{x}_1 \in S^{D_1}$，$\boldsymbol{x}_2 \in S^{D_2}$，…，$\boldsymbol{x}_q \in S^{D_q}$ 的多元线性回归模型[97]

$$\boldsymbol{Y} = \boldsymbol{A}_1 \boxdot \boldsymbol{X}_1 \oplus \boldsymbol{A}_2 \boxdot \boldsymbol{X}_2 \oplus \cdots \oplus \boldsymbol{A}_q \boxdot \boldsymbol{X}_q \oplus \boldsymbol{\varepsilon} \tag{5.1.1}$$

其中 $\boldsymbol{Y} = (\boldsymbol{y}_1, \boldsymbol{y}_2, \cdots, \boldsymbol{y}_n)$，$\boldsymbol{X}_j = (\boldsymbol{x}_{1j}, \boldsymbol{x}_{2j}, \cdots, \boldsymbol{x}_{nj})$ $(j = 1, 2, \cdots, q)$ 分别为中心化后的有 n 个观测值的样本数据集，$\boldsymbol{A}_1$，$\boldsymbol{A}_2$，…，$\boldsymbol{A}_q$ 为参数矩阵且满足 $\boldsymbol{1}_L^{\mathrm{T}} \boldsymbol{A}_j = \boldsymbol{0}_{D_j}^{\mathrm{T}}$，$\boldsymbol{A}_j \boldsymbol{1}_{D_j} = \boldsymbol{0}_L$ $(j = 1, 2, \cdots, q)$。成分误差项为 $\boldsymbol{\varepsilon} = (\boldsymbol{\varepsilon}_1, \boldsymbol{\varepsilon}_2, \cdots, \boldsymbol{\varepsilon}_n)$，其中 $\boldsymbol{\varepsilon}_i (\boldsymbol{\varepsilon}_i \in S^L (i = 1, 2, \cdots, n))$ 中心为 $C(1, 1, \cdots, 1)^{\mathrm{T}}$，即 $\mathrm{cen}(\boldsymbol{\varepsilon}_i) = C(1, 1, \cdots, 1)^{\mathrm{T}}$。如果 $\mathrm{var}(\mathrm{ilr}(\boldsymbol{\varepsilon}_1))$，$\mathrm{var}(\mathrm{ilr}(\boldsymbol{\varepsilon}_2))$，…，$\mathrm{var}(\mathrm{ilr}(\varepsilon_n))$ 不完全相等，则成分误差项具有异方差性。接下来，分别给出模型(5.1.1)中参数的估计和推论。

通过加权最小二乘方法可以估计异方差模型(5.1.1)中的参数矩阵。目标函数为

$$Q(\boldsymbol{A}_1, \boldsymbol{A}_2, \cdots, \boldsymbol{A}_q) = \sum_{i=1}^{n} w_i \| \boldsymbol{\varepsilon}_i \|_a^2 = \sum_{i=1}^{n} w_i \langle \boldsymbol{\varepsilon}_i, \boldsymbol{\varepsilon}_i \rangle_a$$

$$= \sum_{i=1}^{n} w_i \langle \boldsymbol{y}_i \ominus (\oplus_{k=1}^{q} (\boldsymbol{A}_k \boxdot \boldsymbol{x}_{ik})), \quad \boldsymbol{y}_i \ominus$$

$$
\begin{aligned}
&(\oplus_{k=1}^{q}(\boldsymbol{A}_k \boxdot \boldsymbol{x}_{ik})) \rangle_a \\
&= \sum_{i=1}^{n} w_i \Big(\langle \boldsymbol{y}_i, \boldsymbol{y}_i \rangle_a - 2\sum_{k=1}^{q} \langle \boldsymbol{y}_i, \boldsymbol{A}_k \boxdot \boldsymbol{x}_{ik} \rangle_a + \\
&\quad \sum_{j=1}^{q}\sum_{k=1}^{q} \langle \boldsymbol{A}_j \boxdot \boldsymbol{x}_{ij}, \boldsymbol{A}_k \boxdot \boldsymbol{x}_{ik} \rangle_a \Big) \\
&= \sum_{i=1}^{n} w_i \ (\mathrm{clr}(\boldsymbol{y}_i))^{\mathrm{T}} \mathrm{clr}(\boldsymbol{y}_i) - 2\sum_{i=1}^{n} w_i \sum_{k=1}^{q} (\mathrm{clr}(\boldsymbol{y}_i))^{\mathrm{T}} \\
&\quad \boldsymbol{A}_k \mathrm{clr}(\boldsymbol{x}_{ik}) + \sum_{i=1}^{n} w_i \sum_{j=1}^{q}\sum_{k=1}^{q} (\mathrm{clr}(\boldsymbol{x}_{ij}))^{\mathrm{T}} \boldsymbol{A}_j^{\mathrm{T}} \boldsymbol{A}_k \mathrm{clr}(\boldsymbol{x}_{ik})
\end{aligned}
$$

其中 w_i 为权重。通过最小化目标函数 $Q(\boldsymbol{A}_1, \boldsymbol{A}_2, \cdots, \boldsymbol{A}_q)$ 关于 $\boldsymbol{A}_k$ $(k=1, 2, \cdots, q)$ 可获得估计量 $\hat{\boldsymbol{A}}_1, \hat{\boldsymbol{A}}_2, \cdots, \hat{\boldsymbol{A}}_q$。记对角矩阵 $\boldsymbol{W}=\mathrm{diag}(w_1, w_2, \cdots, w_n)$，根据

$$
\begin{aligned}
\frac{\partial Q(\boldsymbol{A}_1, \boldsymbol{A}_2, \cdots, \boldsymbol{A}_q)}{\partial \boldsymbol{A}_k} &= -2\sum_{i=1}^{n} w_i \mathrm{clr}(\boldsymbol{y}_i)\ (\mathrm{clr}(\boldsymbol{x}_{ik}))^{\mathrm{T}} + 2\sum_{i=1}^{n} w_i \sum_{j=1}^{q} \\
&\quad A_j \mathrm{clr}(\boldsymbol{x}_{ij})(\mathrm{clr}(\boldsymbol{x}_{ik}))^{\mathrm{T}} \\
&= -2\mathrm{clr}(\boldsymbol{Y})\boldsymbol{W}\ (\mathrm{clr}(\boldsymbol{X}_k))^{\mathrm{T}} + 2\sum_{j=1}^{q} \boldsymbol{A}_j \mathrm{clr}(\boldsymbol{X}_j) \\
&\quad \boldsymbol{W}\ (\mathrm{clr}(\boldsymbol{X}_k))^{\mathrm{T}}
\end{aligned}
$$

可以得到

$$
\begin{aligned}
&(\hat{\boldsymbol{A}}_1, \hat{\boldsymbol{A}}_2, \cdots, \hat{\boldsymbol{A}}_q) \\
&\begin{pmatrix}
\mathrm{clr}(\boldsymbol{X}_1)\boldsymbol{W}(\mathrm{clr}(\boldsymbol{X}_1))^{\mathrm{T}} & \mathrm{clr}(\boldsymbol{X}_1)\boldsymbol{W}(\mathrm{clr}(\boldsymbol{X}_2))^{\mathrm{T}} & \cdots & \mathrm{clr}(\boldsymbol{X}_1)\boldsymbol{W}(\mathrm{clr}(\boldsymbol{X}_q))^{\mathrm{T}} \\
\mathrm{clr}(\boldsymbol{X}_2)\boldsymbol{W}(\mathrm{clr}(\boldsymbol{X}_1))^{\mathrm{T}} & \mathrm{clr}(\boldsymbol{X}_2)\boldsymbol{W}(\mathrm{clr}(\boldsymbol{X}_2))^{\mathrm{T}} & \cdots & \mathrm{clr}(\boldsymbol{X}_2)\boldsymbol{W}(\mathrm{clr}(\boldsymbol{X}_q))^{\mathrm{T}} \\
\vdots & \vdots & \ddots & \vdots \\
\mathrm{clr}(\boldsymbol{X}_q)\boldsymbol{W}(\mathrm{clr}(\boldsymbol{X}_1))^{\mathrm{T}} & \mathrm{clr}(\boldsymbol{X}_q)\boldsymbol{W}(\mathrm{clr}(\boldsymbol{X}_2))^{\mathrm{T}} & \cdots & \mathrm{clr}(\boldsymbol{X}_q)\boldsymbol{W}(\mathrm{clr}(\boldsymbol{X}_q))^{\mathrm{T}}
\end{pmatrix} \\
&=(\mathrm{clr}(\boldsymbol{Y})\boldsymbol{W}(\mathrm{clr}(\boldsymbol{X}_1))^{\mathrm{T}}, \mathrm{clr}(\boldsymbol{Y})\boldsymbol{W}(\mathrm{clr}(\boldsymbol{X}_2))^{\mathrm{T}}, \cdots, \mathrm{clr}(\boldsymbol{Y})\boldsymbol{W}(\mathrm{clr}(\boldsymbol{X}_q))^{\mathrm{T}})
\end{aligned}
\tag{5.1.2}
$$

记 $\hat{\boldsymbol{A}} = (\hat{\boldsymbol{A}}_1, \hat{\boldsymbol{A}}_2, \cdots, \hat{\boldsymbol{A}}_q)$，$\boldsymbol{U}_{\mathrm{clr}} = ((\mathrm{clr}(\boldsymbol{X}_1))^{\mathrm{T}}, (\mathrm{clr}(\boldsymbol{X}_2))^{\mathrm{T}}, \cdots, (\mathrm{clr}(\boldsymbol{X}_q))^{\mathrm{T}})^{\mathrm{T}}$，$\boldsymbol{V}_{\mathrm{clr}}=\mathrm{clr}(\boldsymbol{Y})$ 公式(5.1.2)可以简化为

$$
\hat{\boldsymbol{A}}\, \boldsymbol{U}_{\mathrm{clr}} \boldsymbol{W}\, (\boldsymbol{U}_{\mathrm{clr}})^{\mathrm{T}} = \boldsymbol{V}_{\mathrm{clr}} \boldsymbol{W}\, (\boldsymbol{U}_{\mathrm{clr}})^{\mathrm{T}} \tag{5.1.3}
$$

由于 clr 系数求和为零，因此矩阵 $\boldsymbol{U}_{\text{clr}}\boldsymbol{W}\,(\boldsymbol{U}_{\text{clr}})^{\mathrm{T}}$ 是奇异的，则公式(5.1.3)不能给出 $\hat{\boldsymbol{A}}$ 的显示表达式。因此，需要通过公式(5.1.3)来推导实数空间上异方差回归模型的参数估计。

对回归模型(5.1.1)两边分别取 ilr 坐标，根据公式(2.3.3)可以得到

$$\begin{aligned}\operatorname{ilr}(\boldsymbol{Y}) = {} & \boldsymbol{\Psi}_L^{\mathrm{T}} \boldsymbol{A}_1 \boldsymbol{\Psi}_{D1} \operatorname{ilr}(\boldsymbol{X}_1) + \boldsymbol{\Psi}_L^{\mathrm{T}} \boldsymbol{A}_2 \boldsymbol{\Psi}_{D2} \operatorname{ilr}(\boldsymbol{X}_2) + \cdots + \boldsymbol{\Psi}_L^{\mathrm{T}} \boldsymbol{A}_q \\ & \boldsymbol{\Psi}_{D_q} \operatorname{ilr}(\boldsymbol{X}_q) + \operatorname{ilr}(\boldsymbol{\varepsilon})\end{aligned}$$

基于置换后的成分数据的定义(见定义 2.1.5)，记 $\boldsymbol{Y}^{(l_0)} = (\boldsymbol{y}_1^{(l_0)}, \boldsymbol{y}_2^{(l_0)}, \cdots, \boldsymbol{y}_n^{(l_0)})$，$\boldsymbol{X}_j^{(l_j)} = (\boldsymbol{x}_{1j}^{(l_j)}, \boldsymbol{x}_{2j}^{(l_j)}, \cdots, \boldsymbol{x}_{nj}^{(l_j)})$ $(j=1, 2, \cdots, q)$ 分别为置换后的成分数据集，置换后的成分误差项为 $\boldsymbol{\varepsilon}^{(l_0)} = (\boldsymbol{\varepsilon}_1^{(l_0)}, \boldsymbol{\varepsilon}_2^{(l_0)}, \cdots, \boldsymbol{\varepsilon}_n^{(l_0)})$。根据公式(2.3.3)，置换后的成分数据集的 ilr 坐标与原始成分数据集的 ilr 坐标之间的关系为

$$\operatorname{ilr}(\boldsymbol{Y}^{(l_0)}) = \boldsymbol{\Psi}_L^{\mathrm{T}} \operatorname{clr}(\boldsymbol{Y}^{(l_0)}) = \boldsymbol{\Psi}_L^{\mathrm{T}} \boldsymbol{P}_{L,l_0} \operatorname{clr}(\boldsymbol{Y}) = \boldsymbol{\Psi}_L^{\mathrm{T}} \boldsymbol{P}_{L,l_0} \boldsymbol{\Psi}_L \operatorname{ilr}(\boldsymbol{Y}) \tag{5.1.4}$$

由于 $\boldsymbol{\Psi}_L^{\mathrm{T}} \boldsymbol{P}_{L,l_0} \boldsymbol{\Psi}_L$ 为正交矩阵(见公式(4.2.5))，则

$$\operatorname{ilr}(\boldsymbol{Y}) = \boldsymbol{\Psi}_L^{\mathrm{T}} \boldsymbol{P}_{L,l_0}^{\mathrm{T}} \boldsymbol{\Psi}_L \operatorname{ilr}(\boldsymbol{Y}^{(l_0)}) \tag{5.1.5}$$

基于关系式(5.1.4)和(5.1.5)可以得到

$$\begin{aligned}\operatorname{ilr}(\boldsymbol{Y}^{(l_0)}) &= \boldsymbol{\Psi}_L^{\mathrm{T}} \boldsymbol{P}_{L,l_0} \boldsymbol{\Psi}_L \operatorname{ilr}(\boldsymbol{Y}) \\ &= \boldsymbol{\Psi}_L^{\mathrm{T}} \boldsymbol{P}_{L,l_0} \boldsymbol{\Psi}_L \boldsymbol{\Psi}_L^{\mathrm{T}} \boldsymbol{A}_1 \boldsymbol{\Psi}_{D1} \operatorname{ilr}(\boldsymbol{X}_1) + \boldsymbol{\Psi}_L^{\mathrm{T}} \boldsymbol{P}_{L,l_0} \boldsymbol{\Psi}_L \boldsymbol{\Psi}_L^{\mathrm{T}} \boldsymbol{A}_2 \boldsymbol{\Psi}_{D2} \\ &\quad \operatorname{ilr}(\boldsymbol{X}_2) + \cdots + \boldsymbol{\Psi}_L^{\mathrm{T}} \boldsymbol{P}_{L,l_0} \boldsymbol{\Psi}_L \boldsymbol{\Psi}_L^{\mathrm{T}} \boldsymbol{A}_q \boldsymbol{\Psi}_{D_q} \operatorname{ilr}(\boldsymbol{X}_q) + \boldsymbol{\Psi}_L^{\mathrm{T}} \boldsymbol{P}_{L,l_0} \\ &\quad \boldsymbol{\Psi}_L \operatorname{ilr}(\boldsymbol{\varepsilon}) \\ &= \boldsymbol{\Psi}_L^{\mathrm{T}} \boldsymbol{P}_{L,l_0} \boldsymbol{A}_1 \boldsymbol{\Psi}_{D1} \operatorname{ilr}(\boldsymbol{X}_1) + \boldsymbol{\Psi}_L^{\mathrm{T}} \boldsymbol{P}_{L,l_0} \boldsymbol{A}_2 \boldsymbol{\Psi}_{D2} \operatorname{ilr}(\boldsymbol{X}_2) + \cdots + \boldsymbol{\Psi}_L^{\mathrm{T}} \\ &\quad \boldsymbol{P}_{L,l_0} \boldsymbol{A}_q \boldsymbol{\Psi}_{D_q} \times \operatorname{ilr}(\boldsymbol{X}_q) + \boldsymbol{\Psi}_L^{\mathrm{T}} \boldsymbol{P}_{L,l_0} \boldsymbol{\Psi}_L \operatorname{ilr}(\boldsymbol{\varepsilon}) \\ &= \boldsymbol{\Psi}_L^{\mathrm{T}} \boldsymbol{P}_{L,l_0} \boldsymbol{A}_1 \boldsymbol{\Psi}_{D1} \boldsymbol{\Psi}_{D1}^{\mathrm{T}} \boldsymbol{P}_{D1,l_1}^{\mathrm{T}} \boldsymbol{\Psi}_{D1} \operatorname{ilr}(\boldsymbol{X}_1^{(l_1)}) + \boldsymbol{\Psi}_L^{\mathrm{T}} \boldsymbol{P}_{L,l_0} \boldsymbol{A}_2 \boldsymbol{\Psi}_{D2} \\ &\quad \boldsymbol{\Psi}_{D2}^{\mathrm{T}} \boldsymbol{P}_{D2,l_2}^{\mathrm{T}} \boldsymbol{\Psi}_{D2} \times \operatorname{ilr}(\boldsymbol{X}_2^{(l_2)}) + \cdots + \boldsymbol{\Psi}_L^{\mathrm{T}} \boldsymbol{P}_{L,l_0} \boldsymbol{A}_q \boldsymbol{\Psi}_{D_q} \boldsymbol{\Psi}_{D_q}^{\mathrm{T}} \boldsymbol{P}_{D_q,l_q}^{\mathrm{T}} \\ &\quad \boldsymbol{\Psi}_{D_q} \operatorname{ilr}(\boldsymbol{X}_q^{(l_q)}) + \operatorname{ilr}(\boldsymbol{\varepsilon}^{(l_0)}) \\ &= \boldsymbol{\Psi}_L^{\mathrm{T}} \boldsymbol{P}_{L,l_0} \boldsymbol{A}_1 \boldsymbol{P}_{D1,l_1}^{\mathrm{T}} \boldsymbol{\Psi}_{D1} \operatorname{ilr}(\boldsymbol{X}_1^{(l_1)}) + \boldsymbol{\Psi}_L^{\mathrm{T}} \boldsymbol{P}_{L,l_0} \boldsymbol{A}_2 \boldsymbol{P}_{D2,l_2}^{\mathrm{T}} \boldsymbol{\Psi}_{D2} \operatorname{ilr}\end{aligned}$$

$$(\boldsymbol{X}_2^{(l_2)})+\cdots+\boldsymbol{\Psi}_L^{\mathrm{T}}\boldsymbol{P}_{L,l_0}\boldsymbol{A}_q\boldsymbol{P}_{D_q,l_q}^{\mathrm{T}}\boldsymbol{\Psi}_{D_q}\mathrm{ilr}(\boldsymbol{X}_q^{(l_q)})+\mathrm{ilr}(\boldsymbol{\varepsilon}^{(l_0)}) \tag{5.1.6}$$

其中第三个等号和第五个等号是基于关系式 $\boldsymbol{\Psi}_L\boldsymbol{\Psi}_L^{\mathrm{T}}=\boldsymbol{G}_L$，$\boldsymbol{\Psi}_{D_j}\boldsymbol{\Psi}_{D_j}^{\mathrm{T}}=\boldsymbol{G}_{D_j}$ 和 $\boldsymbol{G}_L\boldsymbol{A}_j=\boldsymbol{A}_j\boldsymbol{G}_{D_j}=\boldsymbol{A}_j(j=1, 2, \cdots, q)$ 得到的。

记 $\boldsymbol{V}_{\mathrm{ilr}}=\mathrm{ilr}(\boldsymbol{Y}^{(l_0)})$，$\boldsymbol{U}_{\mathrm{ilr}}=((\mathrm{ilr}(\boldsymbol{X}_1^{(l_1)}))^{\mathrm{T}}, (\mathrm{ilr}(\boldsymbol{X}_2^{(l_2)}))^{\mathrm{T}}, \cdots, (\mathrm{ilr}(\boldsymbol{X}_q^{(l_q)}))^{\mathrm{T}})^{\mathrm{T}}$，$\boldsymbol{B}=(\boldsymbol{B}_1^{(l_0, l_1)}, \boldsymbol{B}_2^{(l_0, l_2)}, \cdots, \boldsymbol{B}_q^{(l_0, l_q)})$，其中

$$\boldsymbol{B}_j^{(l_0, l_j)}=\boldsymbol{\Psi}_L^{\mathrm{T}}\boldsymbol{P}_{L, l_0}\boldsymbol{A}_j\boldsymbol{P}_{D_j, l_j}^{\mathrm{T}}\boldsymbol{\Psi}_{D_j}, \quad j=1, 2, \cdots, q \tag{5.1.7}$$

公式(5.1.6)可以简化为

$$\boldsymbol{V}_{\mathrm{ilr}}=\boldsymbol{B}\boldsymbol{U}_{\mathrm{ilr}}+\mathrm{ilr}(\boldsymbol{\varepsilon}^{(l_0)}) \tag{5.1.8}$$

根据公式(5.1.5)有

$$\begin{aligned}\mathrm{var}(\mathrm{ilr}(\boldsymbol{\varepsilon}_i))&=\mathrm{var}(\boldsymbol{\Psi}_L^{\mathrm{T}}\boldsymbol{P}_{L, l_0}^{\mathrm{T}}\boldsymbol{\Psi}_L\mathrm{ilr}(\boldsymbol{\varepsilon}_i^{(l_0)}))\\&=\boldsymbol{\Psi}_L^{\mathrm{T}}\boldsymbol{P}_{L, l_0}^{\mathrm{T}}\boldsymbol{\Psi}_L\mathrm{var}(\mathrm{ilr}(\boldsymbol{\varepsilon}_i^{(l_0)}))\boldsymbol{\Psi}_L^{\mathrm{T}}\boldsymbol{P}_{L, l_0}\boldsymbol{\Psi}_L\end{aligned}$$

由于 $\boldsymbol{\Psi}_L^{\mathrm{T}}\boldsymbol{P}_{L, l_0}\boldsymbol{\Psi}_L$ 是正交矩阵，如果 $\mathrm{var}(\mathrm{ilr}(\boldsymbol{\varepsilon}_1))$，$\mathrm{var}(\mathrm{ilr}(\boldsymbol{\varepsilon}_2))$，$\cdots\mathrm{var}(\mathrm{ilr}(\boldsymbol{\varepsilon}_n))$ 不完全相同，则 $\mathrm{var}(\mathrm{ilr}(\boldsymbol{\varepsilon}_1^{(l_0)}))$，$\mathrm{var}(\mathrm{ilr}(\boldsymbol{\varepsilon}_2^{(l_0)}))$，$\cdots\mathrm{var}(\mathrm{ilr}(\boldsymbol{\varepsilon}_n^{(l_0)}))$ 不完全相同。因此，模型(5.1.8)的异方差误差项即 $\mathrm{var}(\mathrm{ilr}(\boldsymbol{\varepsilon}_1^{(l_0)}))$，$\mathrm{var}(\mathrm{ilr}(\boldsymbol{\varepsilon}_2^{(l_0)}))$，$\cdots\mathrm{var}(\mathrm{ilr}(\boldsymbol{\varepsilon}_n^{(l_0)}))$ 彼此不完全相同。

定理 5.1.1 虑异方差线性回归模型(5.1.8)，参数矩阵 $\boldsymbol{B}$ 的估计量 $\hat{\boldsymbol{B}}$ 可以通过下面的表达式得到

$$\hat{\boldsymbol{B}}=\boldsymbol{V}_{\mathrm{ilr}}\boldsymbol{W}\boldsymbol{U}_{\mathrm{ilr}}^{\mathrm{T}}(\boldsymbol{U}_{\mathrm{ilr}}\boldsymbol{W}\boldsymbol{U}_{\mathrm{ilr}}^{\mathrm{T}})^{-1}$$

证明 参数矩阵 $\boldsymbol{B}_j^{(l_0, l_j)}$ 和 $\boldsymbol{A}_j$ 之间的关系为

$$\boldsymbol{B}_j^{(l_0, l_j)}=\boldsymbol{\Psi}_L^{\mathrm{T}}\boldsymbol{P}_{L, l_0}\boldsymbol{A}_j\boldsymbol{P}_{D_j, l_j}^{\mathrm{T}}\boldsymbol{\Psi}_{D_j}, \quad j=1, 2, \cdots, q$$

基于关系式 $\boldsymbol{P}_{D_j, l_j}^{\mathrm{T}}\boldsymbol{\Psi}_{D_j}\boldsymbol{\Psi}_{D_j}^{\mathrm{T}}\boldsymbol{P}_{D_j, l_j}=\boldsymbol{G}_{D_j}$ 和 $\boldsymbol{A}_j\boldsymbol{G}_{D_j}=\boldsymbol{A}_j$ 可得

$$\boldsymbol{B}_j^{(l_0, l_j)}\boldsymbol{\Psi}_{D_j}^{\mathrm{T}}\boldsymbol{P}_{D_j, l_j}=\boldsymbol{\Psi}_L^{\mathrm{T}}\boldsymbol{P}_{L, l_0}\boldsymbol{A}_j$$

记 $\hat{\boldsymbol{B}}=(\hat{\boldsymbol{B}}_1^{(l_0, l_1)}, \hat{\boldsymbol{B}}_2^{(l_0, l_2)}, \cdots, \hat{\boldsymbol{B}}_q^{(l_0, l_q)})$ 和 $\hat{\boldsymbol{A}}=(\hat{\boldsymbol{A}}_1, \hat{\boldsymbol{A}}_2, \cdots, \hat{\boldsymbol{A}}_q)$ 为估计的参数矩阵，且

$$\boldsymbol{P}=\begin{pmatrix}\boldsymbol{\Psi}_{D_1}^{\mathrm{T}}\boldsymbol{P}_{D_1, l_1} & \boldsymbol{0}_{(D_1-1)\times D_2} & \cdots & \boldsymbol{0}_{(D_1-1)\times D_q}\\ \boldsymbol{0}_{(D_2-1)\times D_1} & \boldsymbol{\Psi}_{D_2}^{\mathrm{T}}\boldsymbol{P}_{D_2, l_2} & \cdots & \boldsymbol{0}_{(D_2-1)\times D_q}\\ \vdots & \vdots & \ddots & \vdots\\ \boldsymbol{0}_{(D_q-1)\times D_1} & \boldsymbol{0}_{(D_q-1)\times D_2} & \cdots & \boldsymbol{\Psi}_{D_q}^{\mathrm{T}}\boldsymbol{P}_{D_q, l_q}\end{pmatrix}$$

我们有

$$\hat{\boldsymbol{B}}P=\boldsymbol{\Psi}_L^{\mathrm{T}}\boldsymbol{P}_{L,\ l_0}\hat{\boldsymbol{A}}$$

对上面等式两端分别右乘矩阵 $\boldsymbol{U}_{\mathrm{clr}}\boldsymbol{W}(\boldsymbol{U}_{\mathrm{clr}})^{\mathrm{T}}\boldsymbol{P}^{\mathrm{T}}$，则

$$\hat{\boldsymbol{B}}\boldsymbol{P}\boldsymbol{U}_{\mathrm{clr}}\boldsymbol{W}(\boldsymbol{U}_{\mathrm{clr}})^{\mathrm{T}}\boldsymbol{P}^{\mathrm{T}}=\boldsymbol{\Psi}_L^{\mathrm{T}}\boldsymbol{P}_{L,\ l_0}\hat{\boldsymbol{A}}\boldsymbol{U}_{\mathrm{clr}}\boldsymbol{W}(\boldsymbol{U}_{\mathrm{clr}})^{\mathrm{T}}\boldsymbol{P}^{\mathrm{T}}\tag{5.1.9}$$

由于

$$\boldsymbol{P}\boldsymbol{U}_{\mathrm{clr}}=\begin{pmatrix}\boldsymbol{\Psi}_{D_1}^{\mathrm{T}}\boldsymbol{P}_{D_1,\ l_1} & \boldsymbol{0}_{(D_1-1)\times D_2} & \cdots & \boldsymbol{0}_{(D_1-1)\times D_q}\\ \boldsymbol{0}_{(D_2-1)\times D_1} & \boldsymbol{\Psi}_{D_2}^{\mathrm{T}}\boldsymbol{P}_{D_2,\ l_2} & \cdots & \boldsymbol{0}_{(D_2-1)\times D_q}\\ \vdots & \vdots & \ddots & \vdots\\ \boldsymbol{0}_{(D_q-1)\times D_1} & \boldsymbol{0}_{(D_q-1)\times D_2} & \cdots & \boldsymbol{\Psi}_{D_q}^{\mathrm{T}}\boldsymbol{P}_{D_q,\ l_q}\end{pmatrix}\begin{pmatrix}\mathrm{clr}(\boldsymbol{X}_1)\\ \mathrm{clr}(\boldsymbol{X}_2)\\ \vdots\\ \mathrm{clr}(\boldsymbol{X}_q)\end{pmatrix}$$

$$=\begin{pmatrix}\boldsymbol{\Psi}_{D_1}^{\mathrm{T}}\boldsymbol{P}_{D_1,\ l_1}\mathrm{clr}(\boldsymbol{X}_1)\\ \boldsymbol{\Psi}_{D_2}^{\mathrm{T}}\boldsymbol{P}_{D_2,\ l_2}\mathrm{clr}(\boldsymbol{X}_2)\\ \vdots\\ \boldsymbol{\Psi}_{D_q}^{\mathrm{T}}\boldsymbol{P}_{D_q,\ l_q}\mathrm{clr}(\boldsymbol{X}_q)\end{pmatrix}=\begin{pmatrix}\mathrm{ilr}(\boldsymbol{X}_1^{(l_1)})\\ \mathrm{ilr}(\boldsymbol{X}_2^{(l_2)})\\ \vdots\\ \mathrm{ilr}(\boldsymbol{X}_q^{(l_q)})\end{pmatrix}=\boldsymbol{U}_{\mathrm{ilr}}$$

则等式(5.1.9)左边等于 $\hat{\boldsymbol{B}}\boldsymbol{U}_{\mathrm{ilr}}\boldsymbol{W}\boldsymbol{U}_{\mathrm{ilr}}^{\mathrm{T}}$，右边等于

$$\boldsymbol{\Psi}_L^{\mathrm{T}}\boldsymbol{P}_{L,\ l_0}\hat{\boldsymbol{A}}\boldsymbol{U}_{\mathrm{clr}}\boldsymbol{W}(\boldsymbol{U}_{\mathrm{clr}})^{\mathrm{T}}\boldsymbol{P}^{\mathrm{T}}=\boldsymbol{\Psi}_L^{\mathrm{T}}\boldsymbol{P}_{L,\ l_0}\boldsymbol{V}_{\mathrm{clr}}\boldsymbol{W}(\boldsymbol{U}_{\mathrm{clr}})^{\mathrm{T}}\boldsymbol{P}^{\mathrm{T}}=\boldsymbol{V}_{\mathrm{ilr}}\boldsymbol{W}\boldsymbol{U}_{\mathrm{ilr}}^{\mathrm{T}}$$

第一个等号是基于公式(5.1.3)得到的。因此，公式(5.1.9)可以简化为 $\hat{\boldsymbol{B}}\boldsymbol{U}_{\mathrm{ilr}}\boldsymbol{W}\boldsymbol{U}_{\mathrm{ilr}}^{\mathrm{T}}=\boldsymbol{V}_{\mathrm{ilr}}\boldsymbol{W}\boldsymbol{U}_{\mathrm{ilr}}^{\mathrm{T}}$，则 $\hat{\boldsymbol{B}}=\boldsymbol{V}_{\mathrm{ilr}}\boldsymbol{W}\boldsymbol{U}_{\mathrm{ilr}}^{\mathrm{T}}(\boldsymbol{U}_{\mathrm{ilr}}\boldsymbol{W}\boldsymbol{U}_{\mathrm{ilr}}^{\mathrm{T}})^{-1}$

■

通过定理 5.1.1 可以得到回归系数矩阵 $\boldsymbol{B}$ 的估计，基于公式(5.1.7)进而可以得到 $\boldsymbol{A}_1$，$\boldsymbol{A}_2$，…，$\boldsymbol{A}_q$ 的估计。根据成分数据的总方差和成分数据的 ilr 坐标的方差之间的关系（见 2.4 节），可得

$$\begin{aligned}\mathrm{totvar}(\boldsymbol{\varepsilon}_i)&=\mathrm{tr}(\mathrm{var}(\mathrm{ilr}(\boldsymbol{\varepsilon}_i)))=\mathrm{tr}(\boldsymbol{\Psi}_L^{\mathrm{T}}\boldsymbol{P}_{L,\ l_0}^{\mathrm{T}}\boldsymbol{\Psi}_L\mathrm{var}(\mathrm{ilr}(\boldsymbol{\varepsilon}_i^{(l_0)}))\boldsymbol{\Psi}_L^{\mathrm{T}}\boldsymbol{P}_{L,\ l_0}\boldsymbol{\Psi}_L)\\&=\mathrm{tr}(\mathrm{var}(\mathrm{ilr}(\boldsymbol{\varepsilon}_i^{(l_0)}))\boldsymbol{\Psi}_L^{\mathrm{T}}\boldsymbol{P}_{L,\ l_0}\boldsymbol{\Psi}_L\boldsymbol{\Psi}_L^{\mathrm{T}}\boldsymbol{P}_{L,\ l_0}^{\mathrm{T}}\boldsymbol{\Psi}_L)\\&=\mathrm{tr}(\mathrm{var}(\mathrm{ilr}(\boldsymbol{\varepsilon}_i^{(l_0)})))\end{aligned}$$

因此本章选择权重

$$w_i=1/\widehat{\mathrm{totvar}}(\boldsymbol{\varepsilon}_i)=1/\mathrm{tr}(\widehat{\mathrm{var}}(\mathrm{ilr}(\boldsymbol{\varepsilon}_i^{(l_0)})))\tag{5.1.10}$$

5.2 异方差线性回归模型的参数推论

根据定理 4.3.2 可知

$$\boldsymbol{e}_{L,l_0}^{\mathrm{T}}\boldsymbol{A}_j\,\boldsymbol{e}_{D_j,l_j}=\sqrt{\frac{L-1}{L}}\sqrt{\frac{D_j-1}{D_j}}\boldsymbol{e}_{L-1,1}^{\mathrm{T}}\boldsymbol{B}_j^{(l_0,l_j)}\,\boldsymbol{e}_{D_j-1,1},\ j=1,\ 2,\ \cdots,\ q \tag{5.2.1}$$

因此模型(5.1.1)的参数矩阵 $\boldsymbol{A}$ 的显著性检验结果可以通过模型(5.1.8)中参数矩阵 $\boldsymbol{B}$ 的推论获得。

参数估计量 $\hat{\boldsymbol{B}}$ 可以表示为

$$\begin{aligned}\hat{\boldsymbol{B}}&=\boldsymbol{V}_{\mathrm{ilr}}\boldsymbol{W}\boldsymbol{U}_{\mathrm{ilr}}^{\mathrm{T}}\,(\boldsymbol{U}_{\mathrm{ilr}}\boldsymbol{W}\boldsymbol{U}_{\mathrm{ilr}}^{\mathrm{T}})^{-1}\\&=(\boldsymbol{B}\boldsymbol{U}_{\mathrm{ilr}}+\mathrm{ilr}(\boldsymbol{\varepsilon}^{(l_0)}))\boldsymbol{W}\boldsymbol{U}_{\mathrm{ilr}}^{\mathrm{T}}\,(\boldsymbol{U}_{\mathrm{ilr}}\boldsymbol{W}\boldsymbol{U}_{\mathrm{ilr}}^{\mathrm{T}})^{-1}\\&=\boldsymbol{B}\boldsymbol{U}_{\mathrm{ilr}}\boldsymbol{W}\boldsymbol{U}_{\mathrm{ilr}}^{\mathrm{T}}\,(\boldsymbol{U}_{\mathrm{ilr}}\boldsymbol{W}\boldsymbol{U}_{\mathrm{ilr}}^{\mathrm{T}})^{-1}+\mathrm{ilr}(\boldsymbol{\varepsilon}^{(l_0)})\boldsymbol{W}\boldsymbol{U}_{\mathrm{ilr}}^{\mathrm{T}}\,(\boldsymbol{U}_{\mathrm{ilr}}\boldsymbol{W}\boldsymbol{U}_{\mathrm{ilr}}^{\mathrm{T}})^{-1}\\&=\boldsymbol{B}+\mathrm{ilr}(\boldsymbol{\varepsilon}^{(l_0)})\boldsymbol{W}\boldsymbol{U}_{\mathrm{ilr}}^{\mathrm{T}}\,(\boldsymbol{U}_{\mathrm{ilr}}\boldsymbol{W}\boldsymbol{U}_{\mathrm{ilr}}^{\mathrm{T}})^{-1}\end{aligned}$$

因为成分误差项 $\boldsymbol{\varepsilon}_i$ 中心为 $C\,(1,\ 1,\ \cdots,\ 1)^{\mathrm{T}}$，根据成分数据的期望和成分数据的 ilr 坐标的期望之间的关系（见 2.4 节），可得 $E(\mathrm{ilr}(\boldsymbol{\varepsilon}_i^{(l_0)}))=\mathrm{ilr}(\mathrm{cen}(\boldsymbol{\varepsilon}_i^{(l_0)}))=\boldsymbol{0}_{L-1}$。因此 $E(\hat{\boldsymbol{B}})=\boldsymbol{B}$，即 $\hat{\boldsymbol{B}}$ 是 $\boldsymbol{B}$ 的一个无偏估计。但 $\hat{\boldsymbol{B}}$ 不是 $\boldsymbol{B}$ 的唯一的无偏估计，普通最小二乘估计

$$\hat{\boldsymbol{B}}_{\mathrm{OLS}}=\boldsymbol{V}_{\mathrm{ilr}}\,\boldsymbol{U}_{\mathrm{ilr}}^{\mathrm{T}}\,(\boldsymbol{U}_{\mathrm{ilr}}\,\boldsymbol{U}_{\mathrm{ilr}}^{\mathrm{T}})^{-1}=\boldsymbol{B}+\mathrm{ilr}(\boldsymbol{\varepsilon}^{(l_0)})\,\boldsymbol{U}_{\mathrm{ilr}}^{\mathrm{T}}\,(\boldsymbol{U}_{\mathrm{ilr}}\,\boldsymbol{U}_{\mathrm{ilr}}^{\mathrm{T}})^{-1}$$

$\hat{\boldsymbol{B}}_{\mathrm{OLS}}$ 也是 $\boldsymbol{B}$ 的一个无偏估计。为简单起见，使用普通最小二乘估计 $\hat{\boldsymbol{B}}_{\mathrm{OLS}}$ 来进行 $\boldsymbol{B}$ 中参数的显著性检验。接下来求 $\hat{\boldsymbol{B}}_{\mathrm{OLS}}$ 的方差。

引理 5.2.1 给定 p 维随机变量和 q 维常数列向量 $\boldsymbol{b}$，则

$$\mathrm{var}(\mathrm{vec}(\boldsymbol{X}\boldsymbol{b}^{\mathrm{T}}))=\boldsymbol{b}\boldsymbol{b}^{\mathrm{T}}\otimes\mathrm{var}(\boldsymbol{X})$$

其中 vec 是拉直运算，$\otimes$ 是克罗克内积。

证明 假定 $\boldsymbol{b}=(b_1,\ b_2,\ \cdots,\ b_q)^{\mathrm{T}}$，则

$$\mathrm{var}(\mathrm{vec}(\boldsymbol{X}\boldsymbol{b}^{\mathrm{T}}))=\mathrm{var}\begin{pmatrix}\boldsymbol{X}b_1\\\boldsymbol{X}b_2\\\vdots\\\boldsymbol{X}b_q\end{pmatrix}$$

$$
=\begin{pmatrix} \operatorname{var}(\boldsymbol{X}b_1) & \operatorname{cov}(\boldsymbol{X}b_1, \boldsymbol{X}b_2) & \cdots & \operatorname{cov}(\boldsymbol{X}b_1, \boldsymbol{X}b_q) \\ \operatorname{cov}(\boldsymbol{X}b_2, \boldsymbol{X}b_1) & \operatorname{var}(\boldsymbol{X}b_2) & \cdots & \operatorname{cov}(\boldsymbol{X}b_2, \boldsymbol{X}b_q) \\ \vdots & \vdots & \ddots & \vdots \\ \operatorname{cov}(\boldsymbol{X}b_q, \boldsymbol{X}b_1) & \operatorname{cov}(\boldsymbol{X}b_q, \boldsymbol{X}b_2) & \cdots & \operatorname{cov}(\boldsymbol{X}b_q, Xb_q) \end{pmatrix}
$$

$$
=\begin{pmatrix} b_1^2\operatorname{var}(\boldsymbol{X}) & b_1b_2\operatorname{var}(\boldsymbol{X}) & \cdots & b_1b_q\operatorname{var}(\boldsymbol{X}) \\ b_2b_1\operatorname{var}(\boldsymbol{X}) & b_2^2\operatorname{var}(\boldsymbol{X}) & \cdots & b_2b_q\operatorname{var}(\boldsymbol{X}) \\ \vdots & \vdots & \ddots & \vdots \\ b_qb_1\operatorname{var}(\boldsymbol{X}) & b_qb_2\operatorname{var}(\boldsymbol{X}) & \cdots & b_q^2\operatorname{var}(\boldsymbol{X}) \end{pmatrix}
$$

$$
=\boldsymbol{bb}^{\mathrm{T}}\otimes\operatorname{var}(\boldsymbol{X})
$$

■

记矩阵 $\boldsymbol{U}_{\mathrm{ilr}}^{\mathrm{T}}(\boldsymbol{U}_{\mathrm{ilr}}\boldsymbol{U}_{\mathrm{ilr}}^{\mathrm{T}})^{-1}=\boldsymbol{C}=(\boldsymbol{c}_1, \boldsymbol{c}_2, \cdots, \boldsymbol{c}_n)^{\mathrm{T}}$，其中 $\boldsymbol{c}_i^{\mathrm{T}}(i=1, 2, \cdots, n)$ 为矩阵 $\boldsymbol{U}_{\mathrm{ilr}}^{\mathrm{T}}(\boldsymbol{U}_{\mathrm{ilr}}\boldsymbol{U}_{\mathrm{ilr}}^{\mathrm{T}})^{-1}$ 的第 i 行。基于引理 5.2.1，$\hat{\boldsymbol{B}}_{\mathrm{OLS}}$ 的方差为

$$
\begin{aligned}
\operatorname{var}(\operatorname{vec}(\hat{\boldsymbol{B}}_{\mathrm{OLS}})) &= \operatorname{var}(\operatorname{vec}(\boldsymbol{B}+\operatorname{ilr}(\boldsymbol{\varepsilon}^{(l_0)})\boldsymbol{C})) \\
&= \operatorname{var}(\operatorname{vec}(\boldsymbol{B})+\operatorname{vec}(\operatorname{ilr}(\boldsymbol{\varepsilon}^{(l_0)})\boldsymbol{C})) \\
&= \operatorname{var}(\operatorname{vec}(\operatorname{ilr}(\boldsymbol{\varepsilon}^{(l_0)})\boldsymbol{C})) \\
&= \operatorname{var}\left(\operatorname{vec}\left((\operatorname{ilr}(\boldsymbol{\varepsilon}_1^{(l_0)}), \operatorname{ilr}(\boldsymbol{\varepsilon}_2^{(l_0)}), \cdots, \operatorname{ilr}(\boldsymbol{\varepsilon}_n^{(l_0)}))\begin{pmatrix} \boldsymbol{c}_1^{\mathrm{T}} \\ \boldsymbol{c}_2^{\mathrm{T}} \\ \vdots \\ \boldsymbol{c}_n^{\mathrm{T}} \end{pmatrix}\right)\right) \\
&= \operatorname{var}(\operatorname{vec}(\operatorname{ilr}(\boldsymbol{\varepsilon}_1^{(l_0)})\boldsymbol{c}_1^{\mathrm{T}})+\operatorname{vec}(\operatorname{ilr}(\boldsymbol{\varepsilon}_2^{(l_0)})\boldsymbol{c}_2^{\mathrm{T}})+\cdots+ \\
&\quad \operatorname{vec}(\operatorname{ilr}(\boldsymbol{\varepsilon}_n^{(l_0)})\boldsymbol{c}_n^{\mathrm{T}})) \\
&= \operatorname{var}(\operatorname{vec}(\operatorname{ilr}(\boldsymbol{\varepsilon}_1^{(l_0)})\boldsymbol{c}_1^{\mathrm{T}}))+\operatorname{var}(\operatorname{vec}(\operatorname{ilr}(\boldsymbol{\varepsilon}_2^{(l_0)})\boldsymbol{c}_2^{\mathrm{T}}))+\cdots+ \\
&\quad \operatorname{var}(\operatorname{vec}(\operatorname{ilr}(\boldsymbol{\varepsilon}_n^{(l_0)})\boldsymbol{c}_n^{\mathrm{T}})) \\
&= \boldsymbol{c}_1\boldsymbol{c}_1^{\mathrm{T}}\otimes\operatorname{var}(\operatorname{ilr}(\boldsymbol{\varepsilon}_1^{(l_0)}))+\boldsymbol{c}_2\boldsymbol{c}_2^{\mathrm{T}}\otimes\operatorname{var}(\operatorname{ilr}(\boldsymbol{\varepsilon}_2^{(l_0)}))\cdots+\boldsymbol{c}_n \\
&\quad \boldsymbol{c}_n^{\mathrm{T}}\otimes\operatorname{var}(\operatorname{ilr}(\boldsymbol{\varepsilon}_n^{(l_0)}))
\end{aligned}
$$

倒数第二个等式成立是因为 $\operatorname{cov}(\operatorname{ilr}(\boldsymbol{\varepsilon}_i^{(l_0)}), \operatorname{ilr}(\boldsymbol{\varepsilon}_j^{(l_0)}))=\boldsymbol{0}_{(L-1)\times(L-1)}$

$(i \neq j)$。

考虑 $\mathrm{vec}(\boldsymbol{B})$ 的第 m $\left(m=1, 2, \cdots, (L-1)\left(\sum_{j=1}^{q} D_j - q\right)\right)$ 个参数的假设检验

$$\mathrm{H}_{0m}: \mathrm{vec}(\boldsymbol{B})_m = 0 \quad \mathrm{VS} \quad \mathrm{H}_{1m}: \mathrm{vec}(\boldsymbol{B})_m \neq 0$$

检验统计量为

$$\tau_m = \frac{\mathrm{vec}(\hat{\boldsymbol{B}}_{\mathrm{OLS}})_m}{\sqrt{\{\widehat{\mathrm{var}}(\mathrm{vec}(\hat{\boldsymbol{B}}_{\mathrm{OLS}}))\}_{m,m}}} \tag{5.2.2}$$

其中 $\{\widehat{\mathrm{var}}(\mathrm{vec}(\hat{\boldsymbol{B}}_{\mathrm{OLS}}))\}_{m,m}$ 表示 $\widehat{\mathrm{var}}(\mathrm{vec}(\hat{\boldsymbol{B}}_{\mathrm{OLS}}))$ 的第 m 个对角元素。检验统计量 τ_m 在原假设下服从渐进 $N(0, 1)$ 分布[105]。

根据公式(5.2.1)，我们感兴趣的是检验统计量 τ_{k_j} $\left(k_j = (L-1)\left(\sum_{t=0}^{j-1} D_t - (j-1)\right) + 1;\ j=1, 2, \cdots, q\right)$，其中 $D_0=0$。这些检验统计量具有置换不变性，见如下定理。

定理 5.2.2 当成分自变量 $\boldsymbol{x}_j^{(lj)}$ $(j=1, 2, \cdots, q)$ 中除了第一个成分外的其余成分进行任意置换时，检验统计量 τ_{k_1}，τ_{k_2}，$\cdots$，τ_{k_q} 是不变的。

证明 假设成分自变量 $\boldsymbol{x}_j^{(lj)}$ $(j=1, 2, \cdots, q)$ 的成分通过一个 $D_j \times D_j$ 的置换矩阵 $\boldsymbol{Q}_j$ 进行置换，其中 $\boldsymbol{Q}_j$ 的第一行第一列的元素为1。基于 ilr 坐标与 clr 系数之间的关系可以得到

$$(\boldsymbol{Q}_j \boldsymbol{X}_j^{(lj)}) = \boldsymbol{\Psi}_{D_j}^{\mathrm{T}} \mathrm{clr}(\boldsymbol{Q}_j \boldsymbol{X}_j^{(lj)}) = \boldsymbol{\Psi}_{D_j}^{\mathrm{T}} \boldsymbol{Q}_j \mathrm{clr}(\boldsymbol{X}_j^{(lj)}) = \boldsymbol{\Psi}_{D_j}^{\mathrm{T}} \boldsymbol{Q}_j \boldsymbol{\Psi}_{D_j} \mathrm{ilr}(\boldsymbol{X}_j^{(lj)}) \tag{5.2.3}$$

记 $D = \sum_{j=1}^{q} D_j - q$，构造一个 $D \times D$ 矩阵

$$\boldsymbol{Q} = \begin{pmatrix} \boldsymbol{\Psi}_{D_1}^{\mathrm{T}} \boldsymbol{Q}_1 \boldsymbol{\Psi}_{D_1} & \boldsymbol{0}_{(D_1-1)\times(D_2-1)} & \cdots & \boldsymbol{0}_{(D_1-1)\times(D_q-1)} \\ \boldsymbol{0}_{(D_2-1)\times(D_1-1)} & \boldsymbol{\Psi}_{D_2}^{\mathrm{T}} \boldsymbol{Q}_2 \boldsymbol{\Psi}_{D_2} & \cdots & \boldsymbol{0}_{(D_2-1)\times(D_q-1)} \\ \vdots & \vdots & \ddots & \vdots \\ \boldsymbol{0}_{(D_q-1)\times(D_1-1)} & \boldsymbol{0}_{(D_q-1)\times(D_2-1)} & \cdots & \boldsymbol{\Psi}_{D_q}^{\mathrm{T}} \boldsymbol{Q}_q \boldsymbol{\Psi}_{D_q} \end{pmatrix}.$$

当所有成分自变量 $\boldsymbol{x}_1^{(l_1)}$，$\boldsymbol{x}_2^{(l_2)}$，…，$\boldsymbol{x}_q^{(l_q)}$ 的成分分别都被任意置换后，对应的回归方程为

$$\boldsymbol{V}_{\text{ilr}}=\boldsymbol{B}^{Q}\boldsymbol{U}_{\text{ilr}}^{Q}+\text{ilr}(\boldsymbol{\varepsilon}^{(l_0)})$$

其中 $\boldsymbol{U}_{\text{ilr}}^{Q}=((\text{ilr}(\boldsymbol{Q}_1\boldsymbol{X}_1^{(l_1)}))^{\text{T}},(\text{ilr}(\boldsymbol{Q}_2\boldsymbol{X}_2^{(l_2)}))^{\text{T}},\cdots,(\text{ilr}(\boldsymbol{Q}_q\boldsymbol{X}_q^{(l_q)}))^{\text{T}})^{\text{T}}$，$\boldsymbol{B}^{Q}$ 是回归系数矩阵。由公式(5.2.3)可知 $\boldsymbol{U}_{\text{ilr}}^{Q}=\boldsymbol{Q}\boldsymbol{U}_{\text{ilr}}$，则 $\boldsymbol{B}^{Q}$ 的普通最小二乘估计为

$$\begin{aligned}\hat{\boldsymbol{B}}_{OLS}^{Q}&=\boldsymbol{V}_{\text{ilr}}(\boldsymbol{U}_{\text{ilr}}^{Q})^{\text{T}}(\boldsymbol{U}_{\text{ilr}}^{Q}(\boldsymbol{U}_{\text{ilr}}^{Q})^{\text{T}})^{-1}\\&=V_{\text{ilr}}\boldsymbol{U}_{\text{ilr}}^{\text{T}}\boldsymbol{Q}^{\text{T}}(\boldsymbol{Q}\boldsymbol{U}_{\text{ilr}}\boldsymbol{U}_{\text{ilr}}^{\text{T}}\boldsymbol{Q}^{\text{T}})^{-1}\\&=V_{\text{ilr}}\boldsymbol{U}_{\text{ilr}}^{\text{T}}\boldsymbol{Q}^{\text{T}}(\boldsymbol{Q}^{\text{T}})^{-1}(\boldsymbol{U}_{\text{ilr}}\boldsymbol{U}_{\text{ilr}}^{\text{T}})^{-1}\boldsymbol{Q}^{-1}\\&=V_{\text{ilr}}\boldsymbol{U}_{\text{ilr}}^{\text{T}}(\boldsymbol{U}_{\text{ilr}}\boldsymbol{U}_{\text{ilr}}^{\text{T}})^{-1}\boldsymbol{Q}^{\text{T}}\\&=\hat{\boldsymbol{B}}_{OLS}\boldsymbol{Q}^{\text{T}}\end{aligned}$$

倒数第二个等号是基于 $\boldsymbol{Q}$ 矩阵是正交矩阵得到的。

因为 $\boldsymbol{x}_j^{(l_j)}$ 的第一个成分没有被置换，则矩阵 $\boldsymbol{\Psi}_{D_j}^{\text{T}}\boldsymbol{Q}_j\boldsymbol{\Psi}_{D_j}$ 的第一个元素为 1，于是有 $\boldsymbol{Q}^{\text{T}}\boldsymbol{e}_{D,\sum_{t=0}^{j-1}D_t-j+2}=\boldsymbol{e}_{D,\sum_{t=0}^{j-1}D_t-j+2}(j=1,2,\cdots,q)$。因此

$$\begin{aligned}\text{vec}(\hat{\boldsymbol{B}}_{OLS}^{Q})_{kj}&=\text{vec}(\hat{\boldsymbol{B}}_{OLS}^{Q})_{(L-1)\left(\sum_{t=0}^{j-1}D_t-(j-1)\right)+1}=\boldsymbol{e}_{L-1,1}^{\text{T}}\hat{\boldsymbol{B}}_{OLS}^{Q}\boldsymbol{e}_{D,\sum_{t=0}^{j-1}D_t-j+2}\\&=\boldsymbol{e}_{L-1,1}^{\text{T}}\hat{\boldsymbol{B}}_{OLS}Q^{\text{T}}\boldsymbol{e}_{D,\sum_{t=0}^{j-1}D_t-j+2}=\boldsymbol{e}_{L-1,1}^{\text{T}}\hat{\boldsymbol{B}}_{OLS}\boldsymbol{e}_{D,\sum_{t=0}^{j-1}D_t-j+2}\\&=\text{vec}(\hat{\boldsymbol{B}}_{OLS})_{kj}\end{aligned}$$

而且

$$\begin{aligned}\{\text{var}(\text{vec}(\hat{\boldsymbol{B}}_{OLS}^{Q}))\}_{kj,kj}&=\text{var}(\text{vec}(\hat{\boldsymbol{B}}_{OLS}^{Q})_{kj})=\text{var}(\text{vec}(\hat{\boldsymbol{B}}_{OLS})_{kj})\\&=\{\text{var}(\text{vec}(\hat{\boldsymbol{B}}_{OLS}))\}_{kj,kj}\end{aligned}$$

所以对应的检验统计量 τ_{k1}，τ_{k2}，…，τ_{kq} 是不变的。

■

当计算公式(5.1.10)中的权重 w_i 以及公式(5.2.2)中的检验统计量 τ_m 时，首先需要知道 $\widehat{\text{var}}(\text{ilr}(\boldsymbol{\varepsilon}_i^{(l_0)}))$ $(i=1,2,\cdots,n)$。参考 HC0[101]，HC1[102]，HC2[103]，HC3[104]，HC4[105] 和 HC4m[106] 方法，可以得到 $\boldsymbol{\Sigma}_i=\text{var}(\text{ilr}(\boldsymbol{\varepsilon}_i^{(l_0)}))$ 的估计量，分别记为 $\hat{\boldsymbol{\Sigma}}_i^{\text{HC0}}$，$\hat{\boldsymbol{\Sigma}}_i^{\text{HC1}}$，

$\hat{\boldsymbol{\Sigma}}_i^{\mathrm{HC2}}$，$\hat{\boldsymbol{\Sigma}}_i^{\mathrm{HC3}}$，$\hat{\boldsymbol{\Sigma}}_i^{\mathrm{HC4}}$ 和 $\hat{\boldsymbol{\Sigma}}_i^{\mathrm{HC4m}}$。

$$\hat{\boldsymbol{\Sigma}}_i^{\mathrm{HC0}}=(\boldsymbol{V}_{\mathrm{ilr}}\boldsymbol{e}_{n,i}-\hat{\boldsymbol{B}}_{\mathrm{OLS}}\boldsymbol{U}_{\mathrm{ilr}}\boldsymbol{e}_{n,i})(\boldsymbol{V}_{\mathrm{ilr}}\boldsymbol{e}_{n,i}-\hat{\boldsymbol{B}}_{\mathrm{OLS}}\boldsymbol{U}_{\mathrm{ilr}}\boldsymbol{e}_{n,i})^{\mathrm{T}}$$

$$\hat{\boldsymbol{\Sigma}}_i^{\mathrm{HC1}}=\frac{n}{n-\left(\sum_{j=1}^{q}D_j-q\right)}\hat{\boldsymbol{\Sigma}}_i^{\mathrm{HC0}}$$

$$\hat{\boldsymbol{\Sigma}}_i^{\mathrm{HC2}}=\frac{1}{1-h_i}\hat{\boldsymbol{\Sigma}}_i^{\mathrm{HC0}}$$

$$\hat{\boldsymbol{\Sigma}}_i^{\mathrm{HC3}}=\frac{1}{(1-h_i)^2}\hat{\boldsymbol{\Sigma}}_i^{\mathrm{HC0}}$$

$$\hat{\boldsymbol{\Sigma}}_i^{\mathrm{HC4}}=\frac{1}{(1-h_i)^{\delta_i}}\hat{\boldsymbol{\Sigma}}_i^{\mathrm{HC0}},\quad \delta_i=\min\{4,\ h_i/\bar{h}\},\ \bar{h}=\frac{\sum_{i=1}^{n}h_i}{n}$$

$$\hat{\boldsymbol{\Sigma}}_i^{\mathrm{HC4m}}=\frac{1}{(1-h_i)^{\delta_i}}\hat{\boldsymbol{\Sigma}}_i^{\mathrm{HC0}},\quad \delta_i=\min\{\gamma_1,\ h_i/\bar{h}\}+\min\{\gamma_2,\ h_i/\bar{h}\}$$

其中 h_i 是矩阵 $\boldsymbol{U}_{\mathrm{ilr}}^{\mathrm{T}}(\boldsymbol{U}_{\mathrm{ilr}}\boldsymbol{U}_{\mathrm{ilr}}^{\mathrm{T}})^{-1}\boldsymbol{U}_{\mathrm{ilr}}$ 的第 i 个对角元素，γ_1 和 γ_2 为正实数。当 $\gamma_1=1.0$，$\gamma_2=1.5$ 时，可以得到 HC4m 估计的最佳一致逼近[106]。

根据定理 5.1.1 和公式(5.2.2)，可以获得实数空间上模型(5.1.8)中 $\boldsymbol{B}=(\boldsymbol{B}_1^{(l_0,\ l_1)},\ \boldsymbol{B}_2^{(l_0,\ l_2)},\ \cdots,\ \boldsymbol{B}_q^{(l_0,\ l_q)})$ 的估计和假设检验。基于公式(5.2.1)，可得本章研究的单形上模型(5.1.1)中 $\boldsymbol{A}_1$，$\boldsymbol{A}_2$，…，$\boldsymbol{A}_q$ 的估计和推论，即得到 $\hat{\boldsymbol{A}}_1$，$\hat{\boldsymbol{A}}_2$，…，$\hat{\boldsymbol{A}}_q$。因此，因变量中心为

$$\mathrm{cen}(\boldsymbol{y}\mid\hat{\boldsymbol{A}}_1,\ \hat{\boldsymbol{A}}_2,\ \cdots,\ \hat{\boldsymbol{A}}_q)=\hat{\boldsymbol{A}}_1\boxdot\boldsymbol{x}_1\oplus\hat{\boldsymbol{A}}_2\boxdot\boldsymbol{x}_2\oplus\cdots\oplus\hat{\boldsymbol{A}}_q\boxdot\boldsymbol{x}_q$$

上式两边分别取 clr 系数可以得到

$$\mathrm{clr}(\mathrm{cen}(\boldsymbol{y}\mid\hat{\boldsymbol{A}}_1,\ \hat{\boldsymbol{A}}_2,\ \cdots,\ \hat{\boldsymbol{A}}_q))=\hat{\boldsymbol{A}}_1\mathrm{clr}(\boldsymbol{x}_1)+\hat{\boldsymbol{A}}_2\mathrm{clr}(\boldsymbol{x}_2)+\cdots+\hat{\boldsymbol{A}}_q\mathrm{clr}(\boldsymbol{x}_q)$$

其中 $\hat{\boldsymbol{A}}_j(j=1,\ 2,\ \cdots,\ q)$ 中第 l（$l=1,\ 2,\ \cdots,\ L$）行第 k（$k=1,\ 2,\ \cdots,\ D_j$）列的参数反映了 $\boldsymbol{x}_j$ 的第 k 个成分的所有相对信息对因变量中心的第 l 个成分的所有相对信息的影响。

最后，预测的成分数据集 $\hat{\boldsymbol{Y}}=(\hat{\boldsymbol{y}}_1,\ \hat{\boldsymbol{y}}_2,\ \cdots,\ \hat{\boldsymbol{y}}_n)$ 为

$$\hat{\boldsymbol{Y}}=\hat{\boldsymbol{A}}_1\boxdot\boldsymbol{X}_1\oplus\hat{\boldsymbol{A}}_2\boxdot\boldsymbol{X}_2\oplus\cdots\oplus\hat{\boldsymbol{A}}_q\boxdot\boldsymbol{X}_q$$

考虑均方根距离

$$\mathrm{RMSD}=\sqrt{\frac{\sum_{i=1}^{n} d_a^2(\boldsymbol{y}_i,\ \hat{\boldsymbol{y}}_i)}{n}}$$

作为模型的评价指标，小的 RMSD 代表模型有高的预测精度。

5.3　模拟分析

本节通过模拟分析来验证异方差线性回归模型中使用本章提出的方法相比普通最小二乘方法（OLS）表现更优。当成分误差项的 ilr 坐标的方差矩阵分别通过 HC0，HC1，HC2，HC3，HC4 和 HC4m 方法进行估计时，本章提出的方法类似被记为 HC0，HC1，HC2，HC3，HC4 和 HC4m。

模拟具有一个成分因变量和两个成分自变量的线性回归模型。首先生成实数数据集 $\boldsymbol{U}=[u_{ij}]_{2\times n}$ 和 $\boldsymbol{V}=[v_{ij}]_{2\times n}$。$\boldsymbol{U}$ 的每一列是从多元正态分布 $N_2(\boldsymbol{\mu},\ \boldsymbol{\Sigma})$ 中随机产生，其中 $\boldsymbol{\mu}=(-1,\ 1)^{\mathrm{T}}$，$\boldsymbol{\Sigma}=[0.3^{|i-j|}]_{2\times 2}$。$\boldsymbol{V}$ 中的元素是从区间 $[-1,\ 1]$ 上的均匀分布中产生。实数空间上的误差项数据集为 $\boldsymbol{e}=[e_{ij}]_{2\times n}$，其中 $e_{ij}=\exp\{\gamma(u_{1j}+u_{2j})\}t_{ij}$，$t_{ij}$ 是从标准正态分布中随机产生的。然后两个中心化的成分自变量数据集 $\boldsymbol{X}_1$ 和 $\boldsymbol{X}_2$ 可以通过如下等式得到

$$\boldsymbol{X}_1=\mathrm{ilr}^{-1}(\boldsymbol{U})\ominus\overline{\mathrm{ilr}^{-1}(\boldsymbol{U})},\qquad \boldsymbol{X}_2=\mathrm{ilr}^{-1}(\boldsymbol{V})\ominus\overline{\mathrm{ilr}^{-1}(\boldsymbol{V})}$$

成分误差项 $\boldsymbol{\varepsilon}$ 可以通过 $\boldsymbol{e}$ 的 ilr 逆变换得到，即 $\boldsymbol{\varepsilon}=\mathrm{ilr}^{-1}(\boldsymbol{e})$。最后，成分因变量 $\boldsymbol{Y}$ 通过如下模型得到

$$\boldsymbol{Y}=\boldsymbol{A}_1\boxdot\boldsymbol{X}_1\oplus\boldsymbol{A}_2\boxdot\boldsymbol{X}_2\oplus\boldsymbol{\varepsilon}$$

设置

$$\boldsymbol{A}_1=\boldsymbol{\Psi}_3\begin{pmatrix}\frac{3\beta}{2} & 1\\ 1 & -2\end{pmatrix}\boldsymbol{\Psi}_3^{\mathrm{T}}$$

$$
=\begin{pmatrix}\sqrt{\frac{2}{3}} & 0\\ -\frac{1}{\sqrt{6}} & \frac{1}{\sqrt{2}}\\ -\frac{1}{\sqrt{6}} & -\frac{1}{\sqrt{2}}\end{pmatrix}\begin{pmatrix}\frac{3\beta}{2} & 1\\ 1 & -2\end{pmatrix}\begin{pmatrix}\sqrt{\frac{2}{3}} & -\frac{1}{\sqrt{6}} & -\frac{1}{\sqrt{6}}\\ 0 & \frac{1}{\sqrt{2}} & -\frac{1}{\sqrt{2}}\end{pmatrix}
$$

$$
=\begin{pmatrix}\beta & \frac{-3\beta+2\sqrt{3}}{6} & \frac{-3\beta-2\sqrt{3}}{6}\\ \frac{-3\beta+2\sqrt{3}}{6} & \frac{3\beta-4\sqrt{3}-12}{12} & \frac{\beta+4}{4}\\ \frac{-3\beta-2\sqrt{3}}{6} & \frac{\beta+4}{4} & \frac{3\beta+4\sqrt{3}-12}{12}\end{pmatrix}
$$

$$
\boldsymbol{A}_2=\boldsymbol{\Psi}_3\begin{pmatrix}1 & 1\\ 1 & 1\end{pmatrix}\boldsymbol{\Psi}_3^{\mathrm{T}}
$$

$$
=\begin{pmatrix}\sqrt{\frac{2}{3}} & 0\\ -\frac{1}{\sqrt{6}} & \frac{1}{\sqrt{2}}\\ -\frac{1}{\sqrt{6}} & -\frac{1}{\sqrt{2}}\end{pmatrix}\begin{pmatrix}1 & 1\\ 1 & 1\end{pmatrix}\begin{pmatrix}\sqrt{\frac{2}{3}} & -\frac{1}{\sqrt{6}} & -\frac{1}{\sqrt{6}}\\ 0 & \frac{1}{\sqrt{2}} & -\frac{1}{\sqrt{2}}\end{pmatrix}
$$

$$
=\begin{pmatrix}\frac{2}{3} & \frac{-1+\sqrt{3}}{3} & \frac{-1-\sqrt{3}}{3}\\ \frac{-1+\sqrt{3}}{3} & \frac{2-\sqrt{3}}{3} & -\frac{1}{3}\\ \frac{-1-\sqrt{3}}{3} & -\frac{1}{3} & \frac{2+\sqrt{3}}{3}\end{pmatrix}
$$

其中 $\boldsymbol{\Psi}_3$ 是一个 3×2 的对比矩阵。因为 $\boldsymbol{\Psi}_3$ 每一列求和为零，所以矩阵 $\boldsymbol{A}_1$ 和 $\boldsymbol{A}_2$ 满足每行每列分别求和都为零。在这里，我们想检验 $\boldsymbol{A}_1$ 中第一个参数是否等于零，这等价于检验 β 是否为零，即考虑假设检验

$$H_0: \beta = 0 \quad \text{VS} \quad H_1: \beta \neq 0$$

在这个模拟中取 $\beta = -0.50$，-0.33，-0.17，0，0.17，0.33，0.50。当 $\beta = 0$ 时，因变量数据是从原假设中产生的，否则，是从备择假设中产生的。为了体现不同的异方差程度，考虑 $\gamma = 0.0$，0.3，0.6，0.9。当 $\gamma = 0.0$ 时，误差项是同方差的，否则，它们是异方差的。对于每种设定重复 1000 次模拟，通过两种评价指标来进行比较。一种指标是参数估计的 l_2 损失 $\| \text{vec}(\hat{\mathbf{A}}) - \text{vec}(\mathbf{A}) \|_2$，其中 $\mathbf{A} = (\mathbf{A}_1, \mathbf{A}_2)$，而且 $\hat{\mathbf{A}}$ 是 $\mathbf{A}$ 的估计，这个测度反映了估计精度。另一种反映假设检验精度的指标是检验 $H_0: \beta = 0$ VS $H_1: \beta \neq 0 (\alpha = 5\%)$ 的拒绝率，检验统计量见公式(5.2.2)。

当样本量 $n = 50$ 时，不同方法的两种评价指标的结果分别见表 5.3.1 和表 5.3.2。从表 5.3.1 中可以发现不管 β 的取值是多少，当 $\gamma = 0.0$，即没有异方差时，OLS 方法相比其他方法有小的参数估计误差。当 $\gamma = 0.3$，0.6 和 0.9 时，HC0，HC1，HC2，HC3，HC4 和 HC4m 方法相比 OLS 方法表现更优，而且它们的估计精度非常接近。随着 γ 增加，HC0，HC1，HC2，HC3，HC4 和 HC4m 方法的参数估计误差越来越小，然而 OLS 方法的表现越来越差。表 5.3.2 给出的是检验 $H_0: \beta = 0$ VS $H_1: \beta \neq 0 (\alpha = 5\%)$ 的拒绝率。当 $\beta = 0$ 时，HC3 方法犯第一类错误的概率相比其他方法更接近于 5%。当原假设和备择假设之间的差异增加，即 β 远离 0 时，每种方法检验的势都在增加。而且，随着 γ 的增加，每种方法检验的势变弱。我们还计算了当样本量分别是 $n = 100$ 和 150 时的两种评价指标，结果见表 5.3.3 至表 5.3.6。从这些表中可以得到与表 5.3.1 和表 5.3.2 相同的结论。此外，当样本量增加时，每种方法的参数估计误差变小，每种方法检验的势都变大。总而言之，在研究基于成分因变量和成分自变量的异方差线性回归模型时，推荐使用 $HC3$ 方法。

表 5.3.1 样本量 $n=50$ 时，OLS，HC0，HC1，HC2，HC3，HC4 和 HC4m 方法的参数估计的 l_2 损失 $\|\mathrm{vec}(\hat{\boldsymbol{A}})-\mathrm{vec}(\boldsymbol{A})\|_2$

β	γ	OLS	HC0	HC1	HC2	HC3	HC4	HC4m
−0.50	0.0	0.4182	0.4536	0.4536	0.4539	0.4545	0.4551	0.4552
	0.3	0.4427	0.3994	0.3994	0.4004	0.4015	0.4023	0.4026
	0.6	0.4805	0.3367	0.3367	0.3380	0.3394	0.3398	0.3406
	0.9	0.5058	0.3064	0.3064	0.3077	0.3090	0.3089	0.3099
−0.33	0.0	0.4116	0.4495	0.4495	0.4499	0.4506	0.4514	0.4514
	0.3	0.4364	0.3966	0.3966	0.3976	0.3988	0.3996	0.3999
	0.6	0.4751	0.3340	0.3340	0.3352	0.3365	0.3368	0.3376
	0.9	0.5002	0.2988	0.2988	0.3000	0.3011	0.3009	0.3020
−0.17	0.0	0.4127	0.4463	0.4463	0.4464	0.4467	0.4474	0.4472
	0.3	0.4390	0.3947	0.3947	0.3954	0.3962	0.3969	0.3971
	0.6	0.4794	0.3338	0.3338	0.3351	0.3363	0.3367	0.3375
	0.9	0.5051	0.2982	0.2982	0.2995	0.3007	0.3006	0.3016
0.00	0.0	0.4177	0.4512	0.4512	0.4516	0.4522	0.4530	0.4530
	0.3	0.4376	0.3970	0.3970	0.3980	0.3990	0.3998	0.4000
	0.6	0.4737	0.3368	0.3368	0.3381	0.3394	0.3399	0.3406
	0.9	0.4987	0.2986	0.2986	0.2998	0.3011	0.3010	0.3020
0.17	0.0	0.4178	0.4544	0.4544	0.4547	0.4552	0.4558	0.4558
	0.3	0.4387	0.3996	0.3996	0.4006	0.4018	0.4027	0.4029
	0.6	0.4751	0.3348	0.3348	0.3361	0.3374	0.3378	0.3386
	0.9	0.4995	0.2982	0.2982	0.2995	0.3008	0.3008	0.3018
0.33	0.0	0.4102	0.4396	0.4396	0.4399	0.4405	0.4414	0.4412
	0.3	0.4361	0.3895	0.3895	0.3904	0.3915	0.3924	0.3925
	0.6	0.4759	0.3269	0.3269	0.3279	0.3290	0.3294	0.3300
	0.9	0.5013	0.2964	0.2964	0.2976	0.2987	0.2986	0.2995

续表

β	γ	OLS	HC0	HC1	HC2	HC3	HC4	HC4m
0.50	0.0	0.4229	0.4570	0.4570	0.4573	0.4579	0.4584	0.4585
	0.3	0.4450	0.4031	0.4031	0.4038	0.4047	0.4053	0.4056
	0.6	0.4802	0.3360	0.3360	0.3371	0.3382	0.3384	0.3392
	0.9	0.5037	0.3007	0.3007	0.3017	0.3027	0.3025	0.3035

表 5.3.2　**样本量** $n=50$ **时，OLS，HC0，HC1，HC2，HC3，HC4 和 HC4m 方法检验** H_0：$\beta=0$　VS　H_1：$\beta\neq 0$（$\alpha=5\%$）**的拒绝率**

β	γ	OLS	HC0	HC1	HC2	HC3	HC4	HC4m
−0.5	0.0	99.8%	99.9%	99.8%	99.6%	99.6%	99.6%	99.6%
	0.3	99.8%	98.9%	98.9%	98.9%	98.0%	97.5%	97.6%
	0.6	99.7%	96.2%	95.2%	94.4%	92.6%	91.7%	91.8%
	0.9	99.3%	93.1%	91.6%	90.3%	88.1%	86.6%	87.1%
−0.33	0.0	92.0%	93.7%	92.4%	92.1%	89.3%	89.7%	88.1%
	0.3	88.2%	87.6%	86.5%	85.8%	82.3%	82.6%	81.2%
	0.6	84.4%	79.6%	78.0%	77.0%	73.6%	74.0%	72.1%
	0.9	81.2%	76.3%	74.9%	73.6%	70.6%	70.8%	68.9%
−0.17	0.0	31.0%	37.9%	34.6%	33.6%	29.1%	30.0%	28.6%
	0.3	33.8%	38.3%	35.5%	34.1%	30.1%	29.7%	28.6%
	0.6	37.4%	37.7%	35.3%	33.4%	28.8%	28.8%	27.0%
	0.9	38.5%	38.3%	35.7%	33.2%	28.7%	28.0%	26.4%
0	0.0	5.2%	8.4%	6.8%	6.4%	5.0%	5.3%	4.6%
	0.3	8.2%	8.7%	7.5%	6.7%	5.2%	5.1%	4.3%
	0.6	14.6%	8.9%	7.7%	6.9%	5.3%	5.5%	4.7%
	0.9	19.3%	8.5%	7.4%	6.5%	4.3%	4.7%	3.6%
0.17	0.0	33.9%	41.1%	38.0%	36.1%	31.8%	32.6%	30.5%
	0.3	36.1%	39.5%	36.8%	36.0%	32.1%	32.5%	30.4%
	0.6	39.2%	38.1%	36.3%	33.9%	29.1%	29.2%	28.0%
	0.9	41.6%	38.0%	35.1%	33.0%	28.4%	28.5%	26.5%

续表

β	γ	OLS	HC0	HC1	HC2	HC3	HC4	HC4m
0.33	0.0	89.4%	92.2%	91.1%	90.1%	87.0%	86.9%	85.6%
	0.3	86.2%	85.6%	84.1%	82.5%	78.5%	77.9%	76.6%
	0.6	80.9%	77.5%	76.1%	74.8%	71.4%	71.0%	69.1%
	0.9	78.5%	74.0%	72.3%	70.8%	66.9%	65.7%	65.4%
0.5	0.0	99.9%	100%	100%	100%	99.9%	99.7%	99.5%
	0.3	99.4%	98.8%	98.1%	97.9%	97.2%	96.8%	96.8%
	0.6	99.0%	95.4%	94.8%	94.3%	92.6%	92.6%	91.7%
	0.9	98.9%	92.7%	91.4%	90.8%	89.0%	88.9%	88.4%

表 5.3.3　**样本量** $n=100$ **时，**OLS，HC0，HC1，HC2，HC3，HC4 **和** HC4m **方法的参数估计的** l_2 **损失** $\|\mathrm{vec}(\hat{\boldsymbol{A}})-\mathrm{vec}(\boldsymbol{A})\|_2$

β	γ	OLS	HC0	HC1	HC2	HC3	HC4	HC4m
−0.5	0.0	0.2826	0.3060	0.3060	0.3059	0.3060	0.3060	0.3060
	0.3	0.3022	0.2721	0.2721	0.2725	0.2728	0.2732	0.2732
	0.6	0.3377	0.2392	0.2392	0.2398	0.2404	0.2406	0.2409
	0.9	0.3631	0.2207	0.2207	0.2213	0.2219	0.2220	0.2223
−0.33	0.0	0.2855	0.3079	0.3079	0.3081	0.3082	0.3085	0.3084
	0.3	0.3034	0.2739	0.2739	0.2743	0.2748	0.2752	0.2752
	0.6	0.3359	0.2406	0.2406	0.2412	0.2418	0.2421	0.2423
	0.9	0.3585	0.2195	0.2195	0.2201	0.2207	0.2207	0.2211
−0.17	0.0	0.2873	0.3101	0.3101	0.3102	0.3103	0.3105	0.3105
	0.3	0.3050	0.2759	0.2759	0.2764	0.2768	0.2772	0.2772
	0.6	0.3358	0.2398	0.2398	0.2403	0.2408	0.2411	0.2413
	0.9	0.3597	0.2151	0.2151	0.2157	0.2162	0.2162	0.2166
0	0.0	0.2874	0.3099	0.3099	0.3101	0.3102	0.3104	0.3104
	0.3	0.3072	0.2772	0.2772	0.2776	0.2781	0.2784	0.2784
	0.6	0.3427	0.2440	0.2440	0.2446	0.2451	0.2454	0.2456
	0.9	0.3670	0.2231	0.2231	0.2237	0.2243	0.2244	0.2248

续表

β	γ	OLS	HC0	HC1	HC2	HC3	HC4	HC4m
0.17	0.0	0.2853	0.3051	0.3051	0.3052	0.3053	0.3055	0.3054
	0.3	0.3058	0.2732	0.2732	0.2736	0.2740	0.2743	0.2743
	0.6	0.3403	0.2387	0.2387	0.2393	0.2399	0.2401	0.2404
	0.9	0.3648	0.2205	0.2205	0.2211	0.2217	0.2218	0.2222
0.33	0.0	0.2886	0.3109	0.3109	0.3110	0.3111	0.3112	0.3112
	0.3	0.3107	0.2795	0.2795	0.2799	0.2803	0.2807	0.2807
	0.6	0.3443	0.2437	0.2437	0.2443	0.2449	0.2451	0.2454
	0.9	0.3668	0.2249	0.2249	0.2255	0.2261	0.2261	0.2265
0.5	0.0	0.2863	0.3107	0.3107	0.3108	0.3109	0.3110	0.3110
	0.3	0.3077	0.2781	0.2781	0.2785	0.2789	0.2794	0.2794
	0.6	0.3439	0.2452	0.2452	0.2458	0.2464	0.2467	0.2469
	0.9	0.3680	0.2242	0.2242	0.2248	0.2254	0.2255	0.2259

表 5.3.4 **样本量 $n=100$ 时，OLS，HC0，HC1，HC2，HC3，HC4 和 HC4m 方法检验 $H_0: \beta=0$ VS $H_1: \beta\neq0$ ($\alpha=5\%$)的拒绝率**

β	γ	OLS	HC0	HC1	HC2	HC3	HC4	HC4m
−0.5	0.0	100.0%	100.0%	100.0%	100.0%	100.0%	100.0%	100.0%
	0.3	100.0%	100.0%	100.0%	100.0%	100.0%	100.0%	100.0%
	0.6	100.0%	99.6%	99.5%	99.5%	99.5%	99.3%	99.3%
	0.9	100.0%	98.9%	98.9%	98.8%	98.1%	97.8%	97.9%
−0.33	0.0	99.7%	99.9%	99.9%	99.9%	99.9%	99.9%	99.8%
	0.3	99.6%	98.8%	98.6%	98.4%	97.9%	97.7%	97.7%
	0.6	98.9%	93.6%	92.9%	92.4%	91.6%	90.7%	90.6%
	0.9	98.1%	90.0%	89.5%	89.1%	87.6%	87.1%	86.9%
−0.17	0.0	65.2%	67.5%	66.0%	65.7%	63.3%	63.5%	62.5%
	0.3	64.2%	62.4%	60.8%	60.3%	58.4%	58.1%	57.7%
	0.6	62.6%	54.3%	52.9%	51.8%	49.5%	48.3%	48.0%
	0.9	60.0%	52.0%	50.8%	49.4%	47.0%	45.6%	45.6%

续表

β	γ	OLS	HC0	HC1	HC2	HC3	HC4	HC4m
0	0.0	4.6%	7.3%	6.8%	6.5%	5.8%	6.0%	5.5%
	0.3	8.9%	7.4%	6.8%	6.3%	5.7%	5.7%	5.7%
	0.6	15.8%	7.2%	6.8%	6.2%	5.2%	5.1%	4.8%
	0.9	21.9%	6.5%	5.8%	5.4%	4.7%	4.6%	4.5%
0.17	0.0	64.1%	66.7%	65.1%	64.4%	62.2%	62.3%	61.1%
	0.3	62.6%	59.7%	58.6%	57.9%	55.5%	55.3%	54.5%
	0.6	61.9%	52.9%	51.6%	49.9%	46.7%	46.1%	45.7%
	0.9	59.6%	51.0%	49.9%	48.3%	45.3%	44.4%	43.7%
0.33	0.0	99.7%	99.9%	99.8%	99.8%	99.5%	99.6%	99.5%
	0.3	99.0%	98.3%	98.2%	98.0%	97.3%	97.1%	97.1%
	0.6	98.3%	93.5%	93.3%	92.7%	91.0%	90.6%	90.5%
	0.9	97.8%	90.0%	89.4%	88.5%	87.4%	86.6%	86.7%
0.5	0.0	100.0%	100.0%	100.0%	100.0%	100.0%	100.0%	100.0%
	0.3	100.0%	100.0%	100.0%	100.0%	100.0%	99.9%	100.0%
	0.6	100.0%	99.7%	99.7%	99.6%	99.4%	99.3%	99.3%
	0.9	100.0%	98.8%	98.8%	98.7%	98.3%	97.6%	97.8%

表 5.3.5 **样本量** $n=150$ **时，**OLS，HC0，HC1，HC2，HC3，HC4 **和** HC4m

方法的参数估计的 l_2 **损失** $\|\mathrm{vec}(\hat{\boldsymbol{A}})-\mathrm{vec}(\boldsymbol{A})\|_2$

β	γ	OLS	HC0	HC1	HC2	HC3	HC4	HC4m
−0.50	0.0	0.2348	0.2517	0.2517	0.2517	0.2517	0.2518	0.2518
	0.3	0.2521	0.2273	0.2273	0.2275	0.2277	0.228	0.2279
	0.6	0.2831	0.2048	0.2048	0.2052	0.2055	0.2057	0.2058
	0.9	0.3044	0.1877	0.1877	0.1881	0.1884	0.1885	0.1887
−0.33	0.0	0.2342	0.2526	0.2526	0.2526	0.2527	0.2528	0.2528
	0.3	0.2511	0.2257	0.2257	0.226	0.2263	0.2266	0.2265
	0.6	0.2828	0.2048	0.2048	0.2052	0.2055	0.2057	0.2059
	0.9	0.3045	0.1882	0.1882	0.1885	0.1889	0.189	0.1892

续表

β	γ	OLS	HC0	HC1	HC2	HC3	HC4	HC4m
−0.17	0.0	0.2312	0.2495	0.2495	0.2495	0.2496	0.2496	0.2496
	0.3	0.2481	0.2238	0.2238	0.224	0.2242	0.2245	0.2244
	0.6	0.2786	0.2012	0.2012	0.2016	0.2019	0.2021	0.2023
	0.9	0.3012	0.187	0.187	0.1873	0.1877	0.1877	0.1879
0	0.0	0.2323	0.2498	0.2498	0.2498	0.2499	0.2500	0.2500
	0.3	0.2493	0.2246	0.2246	0.2248	0.2250	0.2252	0.2252
	0.6	0.2783	0.2011	0.2011	0.2014	0.2018	0.202	0.2021
	0.9	0.2998	0.1889	0.1889	0.1893	0.1896	0.1897	0.1899
0.17	0.0	0.2289	0.2478	0.2478	0.2479	0.2479	0.248	0.2479
	0.3	0.2449	0.2207	0.2207	0.2209	0.2211	0.2213	0.2213
	0.6	0.2762	0.1978	0.1978	0.1982	0.1985	0.1987	0.1988
	0.9	0.2994	0.1853	0.1853	0.1856	0.1860	0.1861	0.1862
0.33	0.0	0.2283	0.2472	0.2472	0.2472	0.2473	0.2473	0.2473
	0.3	0.2433	0.2212	0.2212	0.2214	0.2216	0.2218	0.2218
	0.6	0.2731	0.1966	0.1966	0.1969	0.1973	0.1975	0.1976
	0.9	0.2954	0.1831	0.1831	0.1835	0.1838	0.1839	0.1841
0.50	0.0	0.2334	0.2516	0.2516	0.2516	0.2517	0.2517	0.2517
	0.3	0.2475	0.2251	0.2251	0.2253	0.2255	0.2258	0.2257
	0.6	0.2775	0.1998	0.1998	0.2001	0.2005	0.2007	0.2008
	0.9	0.3007	0.1861	0.1861	0.1864	0.1868	0.1869	0.1871

表 5.3.6　**样本量** $n=150$ **时，OLS，HC0，HC1，HC2，HC3，HC4 和 HC4m 方法检验** H_0：$\beta=0$　VS　H_1：$\beta\neq 0$（$\alpha=5\%$）**的拒绝率**

β	γ	OLS	HC0	HC1	HC2	HC3	HC4	HC4m
−0.50	0.0	100.0%	100.0%	100.0%	100.0%	100.0%	100.0%	100.0%
	0.3	100.0%	100.0%	100.0%	100.0%	100.0%	100.0%	100.0%
	0.6	100.0%	99.9%	99.9%	99.9%	99.8%	99.7%	99.7%
	0.9	100.0%	99.7%	99.7%	99.6%	99.6%	99.3%	99.4%

续表

β	γ	OLS	HC0	HC1	HC2	HC3	HC4	HC4m
−0.33	0.0	100.0%	100.0%	100.0%	100.0%	100.0%	100.0%	100.0%
	0.3	100.0%	99.7%	99.6%	99.6%	99.3%	99.3%	99.3%
	0.6	99.7%	97.6%	97.4%	97.4%	97.3%	97.1%	97.2%
	0.9	99.8%	94.6%	94.6%	94.3%	93.9%	93.6%	93.7%
−0.17	0.0	82.5%	83.9%	83.6%	83.1%	81.8%	82.0%	81.2%
	0.3	77.7%	74.1%	73.0%	72.3%	70.7%	70.9%	70.4%
	0.6	74.7%	61.7%	60.9%	60.2%	58.4%	57.9%	57.5%
	0.9	70.0%	56.5%	56.1%	55.3%	53.3%	52.3%	52.5%
0	0.0	4.6%	5.8%	5.5%	5.4%	4.9%	4.9%	4.8%
	0.3	8.6%	6.6%	6.1%	5.7%	5.4%	5.4%	5.2%
	0.6	15.2%	5.5%	5.4%	5.2%	4.9%	4.6%	4.7%
	0.9	19.2%	5.0%	4.9%	4.8%	4.5%	4.2%	4.0%
0.17	0.0	82.2%	83.4%	82.6%	82.3%	81.2%	81.3%	80.8%
	0.3	79.60%	75.30%	74.50%	73.90%	72.10%	72.10%	71.60%
	0.6	74.60%	62.70%	62.10%	61.40%	59.80%	59.30%	59.20%
	0.9	69.80%	57.20%	56.40%	55.90%	55.00%	54.30%	54.00%
0.33	0.0	100.00%	100.00%	100.00%	100.00%	100.00%	100.00%	100.00%
	0.3	100.00%	100.00%	100.00%	99.80%	99.70%	99.70%	99.70%
	0.6	99.80%	97.00%	96.80%	96.70%	96.30%	96.00%	96.30%
	0.9	99.90%	94.30%	93.70%	93.10%	92.60%	92.30%	92.60%
0.50	0.0	100.00%	100.00%	100.00%	100.00%	100.00%	100.00%	100.00%
	0.3	100.00%	100.00%	100.00%	100.00%	100.00%	100.00%	100.00%
	0.6	100.00%	100.00%	100.00%	99.90%	99.90%	99.70%	99.80%
	0.9	100.00%	99.80%	99.80%	99.70%	99.70%	99.50%	99.70%

5.4　实例分析

为了验证本章提出的方法的有用性和有效性，我们研究了中国不同省份(未含港澳台)的国内生产总值 $\boldsymbol{y}$ 和法人单位数 $\boldsymbol{x}$ 的线性趋势。表 5.4.1 给出了国内生产总值数据集 $\boldsymbol{Y}$ 和法人单位数据集 $\boldsymbol{X}$，这两个数据集都含有 31 个观测值和三个成分，包括第一产业、第二产业和第三产业。这些数据集来自《中国统计年鉴 2014》。

考虑 $\boldsymbol{y}$ 作为因变量，$\boldsymbol{x}$ 作为自变量，首先分别中心化数据集 $\boldsymbol{Y}$ 和 $\boldsymbol{X}$。$\boldsymbol{y}$ 和 $\boldsymbol{x}$ 的样本中心分别为

$$\widehat{\text{cen}}(\boldsymbol{y})=(0.0821,\ 0.4648,\ 0.4531)^{\mathrm{T}},$$

$$\widehat{\text{cen}}(\boldsymbol{x})=(0.0623,\ 0.1914,\ 0.7463)^{\mathrm{T}}$$

然后建立单形上的回归模型

$$\boldsymbol{Y}\ominus\overline{\boldsymbol{Y}}=\boldsymbol{A}\boxdot(\boldsymbol{X}\ominus\overline{\boldsymbol{X}})\oplus\boldsymbol{\varepsilon} \tag{5.4.1}$$

其中 $\overline{\boldsymbol{Y}}=(\widehat{\text{cen}}(\boldsymbol{y}),\ \widehat{\text{cen}}(\boldsymbol{y}),\ \cdots,\ \widehat{\text{cen}}(\boldsymbol{y}))$，$\overline{\boldsymbol{X}}=(\widehat{\text{cen}}(\boldsymbol{x}),\ \widehat{\text{cen}}(\boldsymbol{x}),\ \cdots,\ \widehat{\text{cen}}(\boldsymbol{x}))$，$\boldsymbol{A}$ 是参数矩阵，$\boldsymbol{\varepsilon}=(\boldsymbol{\varepsilon}_1,\ \boldsymbol{\varepsilon}_2,\ \cdots,\ \boldsymbol{\varepsilon}_{31})$ 是误差项。

在接下来的内容中，我们需要得到 $\boldsymbol{A}$ 中参数的估计和假设检验。首先检验模型(5.4.1)中是否有异方差。这等价于检验下面实数空间上的模型中 $\text{var}(\text{ilr}(\boldsymbol{\varepsilon}_1))$，$\text{var}(\text{ilr}(\boldsymbol{\varepsilon}_2))$，$\cdots$，$\text{var}(\text{ilr}(\boldsymbol{\varepsilon}_{31}))$ 是否完全相同

$$\text{ilr}(\boldsymbol{Y}\ominus\overline{\boldsymbol{Y}})=\boldsymbol{B}\,\text{ilr}(\boldsymbol{X}\ominus\overline{\boldsymbol{X}})+\text{ilr}(\boldsymbol{\varepsilon})$$

分别检验基于因变量 $\text{ilr}(\boldsymbol{Y}\ominus\overline{\boldsymbol{Y}})_j$ $(j=1,\ 2)$ 和自变量 $\text{ilr}(\boldsymbol{X}\ominus\overline{\boldsymbol{X}})$ 的两个模型中是否有异方差。根据 Breusch-Pagan 检验，这两个模型的 p 值分别为 0.0380 和 0.5449，则误差项 $\text{var}(\text{ilr}(\boldsymbol{\varepsilon}_i)_1)$ $(i=1,\ 2,\ \cdots,\ 31)$ 是异方差的，误差项 $\text{var}(\text{ilr}(\boldsymbol{\varepsilon}_i)_2)$ $(i=1,\ 2,\ \cdots,\ 31)$ 是同方差的。因此 $\text{var}(\text{ilr}(\boldsymbol{\varepsilon}_1))$，$\text{var}(\text{ilr}(\boldsymbol{\varepsilon}_2))$，$\cdots$，$\text{var}(\text{ilr}(\boldsymbol{\varepsilon}_{31}))$ 不完全相等，换句话说，模型(5.4.1)中存在异方差。

基于 OLS 方法和 HC3 方法，估计的参数矩阵为

$$\hat{\boldsymbol{A}}_{\text{OLS}}=\begin{pmatrix}\mathbf{0.4970} & 0.0666 & \mathbf{-0.5636}\\ \mathbf{-0.1278} & 0.2140 & -0.0862\\ \mathbf{-0.3692} & -0.2806 & \mathbf{0.6498}\end{pmatrix}$$

$$\hat{\boldsymbol{A}}_{\mathrm{HC3}}=\begin{pmatrix}\mathbf{0.5063} & 0.1463 & -0.6526\\ -0.1098 & \mathbf{0.2659} & -0.1561\\ -\mathbf{0.3965} & -0.4122 & 0.8087\end{pmatrix}$$

其中黑色字体值代表对应参数在 0.05 显著性水平下是显著的。记 $\boldsymbol{y}$ 和 $\boldsymbol{x}$ 中心化的成分变量分别为

$$\boldsymbol{v}=\boldsymbol{y}\ominus\widehat{\mathrm{cen}}(\boldsymbol{y}),\quad \boldsymbol{u}=\boldsymbol{x}\ominus\widehat{\mathrm{cen}}(\boldsymbol{x})$$

基于这两种方法，因变量中心分别为

$$\mathrm{cen}(\boldsymbol{v}\mid\hat{\boldsymbol{A}}_{\mathrm{OLS}})=\hat{\boldsymbol{A}}_{\mathrm{OLS}}\boxdot\boldsymbol{u},\quad \mathrm{cen}(\boldsymbol{v}\mid\hat{\boldsymbol{A}}_{\mathrm{HC3}})=\hat{\boldsymbol{A}}_{\mathrm{HC3}}\boxdot\boldsymbol{u}$$

表 5.4.1　**中国不同省份(未含港澳台)的国内生产总值和法人单位数构成(%)**

省份	国内生产总值构成			法人单位数构成		
	第一产业	第二产业	第三产业	第一产业	第二产业	第三产业
北京	0.7	21.3	77.9	1.4	8.1	90.5
天津	1.3	49.2	49.6	2.0	23.8	74.2
河北	11.7	51.0	37.3	6.4	25.6	68.0
山西	6.2	49.3	44.5	20.0	13.0	67.0
内蒙古	9.2	51.3	39.5	11.0	14.2	74.8
辽宁	8.0	50.2	41.8	3.5	24.5	72.0
吉林	11.0	52.8	36.2	7.3	19.8	72.9
黑龙江	17.4	36.9	45.8	8.5	17.9	73.6
上海	0.5	34.7	64.8	1.5	22.4	76.1
江苏	5.6	47.4	47.0	1.7	34.9	63.4
浙江	4.4	47.7	47.8	4.6	36.8	58.6
安徽	11.5	53.1	35.4	7.9	23.3	68.8
福建	8.4	52.0	39.6	5.3	26.0	68.7
江西	10.7	52.5	36.8	8.0	22.2	69.7
山东	8.1	48.4	43.5	3.3	24.8	71.9

续表

省份	国内生产总值构成			法人单位数构成		
	第一产业	第二产业	第三产业	第一产业	第二产业	第三产业
河南	11.9	51	37.1	5.5	22.4	72.0
湖北	11.6	46.9	41.5	6.3	19	74.7
湖南	11.6	46.2	42.2	3.7	19.4	76.9
广东	4.7	46.3	49.0	1.8	30.5	67.7
广西	15.4	46.7	37.9	13.7	12.4	73.9
海南	23.1	25	51.9	14.3	12.3	73.4
重庆	7.4	45.8	46.8	14.7	17.2	68.1
四川	12.4	48.9	38.7	6.0	17.6	76.4
贵州	13.8	41.6	44.6	14.7	19.3	66.0
云南	15.5	41.2	43.3	11.2	14.3	74.5
西藏	10.0	36.6	53.5	2.2	14.1	83.7
陕西	8.8	54.1	37.0	6.1	17.5	76.4
甘肃	13.2	42.8	44.0	13.4	13.0	73.6
青海	9.4	53.6	37.0	17.2	14.0	68.8
宁夏	7.9	48.7	43.4	12.2	14.6	73.2
新疆	16.6	42.6	40.8	6.2	13.3	80.5

通过验证可知 $\hat{\mathbf{A}}_{\mathrm{OLS}}$ 和 $\hat{\mathbf{A}}_{\mathrm{HC3}}$ 的每行和及每列和都为零。很明显 $\hat{\mathbf{A}}_{\mathrm{OLS}}$ 和 $\hat{\mathbf{A}}_{\mathrm{HC3}}$ 的参数推论是不同的。$\hat{\mathbf{A}}_{\mathrm{OLS}}$ 和 $\hat{\mathbf{A}}_{\mathrm{HC3}}$ 的主要差异是 $\mathbf{A}$ 的第三列的参数显著性是不一样的，这些参数解释了 $\boldsymbol{u}$ 的第三个成分的所有相对信息对因变量中心的每个成分的所有相对信息的影响。第三产业包括许多活动，而且非常多样化，例如，第三产业中餐饮业与金融业不属于同一类，它们有低的相关性。因此第三产业法人单位数增加不能显著影响国内生产总值中第一产业、第二产业、第三产业比重的变化。最后，基于 OLS 方法和 HC3 方法，预测的成分数据集分别为

$$\hat{\boldsymbol{Y}}_{\mathrm{OLS}}=\overline{\boldsymbol{Y}}\oplus\hat{\boldsymbol{A}}_{\mathrm{OLS}}\boxdot(\boldsymbol{X}\ominus\overline{\boldsymbol{X}}),\quad \hat{\boldsymbol{Y}}_{\mathrm{HC3}}=\overline{\boldsymbol{Y}}\oplus\hat{\boldsymbol{A}}_{\mathrm{HC3}}\boxdot(\boldsymbol{X}\ominus\overline{\boldsymbol{X}})$$

这两种方法的 RMSD 分别为 0.7116 和 0.6517。结果表明 HC3 方法相比 OLS 方法在参数解释方面表现更好，而且这两种方法的预测精度相差不大。

5.5 本章小结

在基于成分变量的异方差线性回归模型中，误差项的数据类型和因变量的数据类型是一致的。本章研究基于成分因变量和成分自变量的异方差线性回归模型，并给出参数估计以及显著性检验对应的检验统计量。对于异方差线性回归模型，回归系数的估计通过加权最小二乘法获得。基于异方差一致协方差矩阵的估计构造出回归系数的检验统计量。模拟分析结果表明本章提出的方法相比 OLS 方法有较小的参数估计误差。而且，本章提出的方法的原假设检验拒绝率相比 OLS 方法更接近显著性水平。除此之外，当把本章提出的方法应用于实际例子时，参数的显著性检验结果与实际情况一致。

虽然本章提出的模型有上面一些优点，但其缺点也不容忽视。成分误差项的异方差检验是通过实数空间上的异方差检验方法得到的。因此，在之后的研究中要考虑单形上的异方差检验方法。

第6章　基于成分因变量和成分自变量的偏最小二乘回归模型

基于成分变量的回归分析分为三种类型，每种类型下的分析已经相当成熟。但是当所有成分自变量的部分数增加时，现有的基于成分变量的线性回归模型不可用。在这种情况下，可以使用偏最小二乘（PLS）回归。对于第一种类型，早期的研究介绍了对数对比 PLS[96]，之后又提出了基于 clr 系数或 ilr 坐标的判别 PLS 分析[28,107]。第三种类型在文献[95]中有所研究，该文献提出了在一个成分因变量和一个成分自变量情况下基于 clr 系数的 PLS 回归，以及在一个成分因变量和多个成分自变量情况下基于 clr 系数的分层 PLS 回归。

上面所有的 PLS 模型都是在实数空间上进行研究的，即通过对数比率变换将成分数据变换成实数空间上的坐标，然后在实数空间上使用经典的 PLS 回归。为了直接得到成分变量间的回归关系，需要研究单形上的 PLS 回归。本章研究第三种类型的基于成分因变量和成分自变量的偏最小二乘回归模型。不同于第四章，本章考虑所有成分自变量的部分数大于样本观测数的情况，解决如下两个问题：(1) 如何在成分数据原始的样本空间，即单形上建立偏最小二乘回归模型(2)单形上提出的模型和实数空间上基于对称对数比率系数的偏最小二乘模型之间有什么关系？对于第一个问题，成分数据的样本协方差定义及单形上的多元线性回归是非常关键的。对于第二个问题，本章证明了这两个模型是等价的，即这两个模型估计的回归系数是相同的。最后通过代谢组学实际数据来分析尿液代谢物成分与血液代谢物成分之间的关系，结果表明回归系数的解释与生物学意义相符。

6.1 基于对称对数比率系数的偏最小二乘回归模型

考虑 p 个成分因变量 $\boldsymbol{y}_1$，$\boldsymbol{y}_2$，…，$\boldsymbol{y}_p$ 和 q 个成分自变量 $\boldsymbol{x}_1$，$\boldsymbol{x}_2$，…，$\boldsymbol{x}_q$，其中 $\boldsymbol{y}_j \in S^{C_j}(j=1,2,\cdots,p)$，$\boldsymbol{x}_k \in S^{D_k}(k=1,2,\cdots,q)$。假定每个变量有 n 个观测值，则样本数据集记为

$$
\boldsymbol{Y}=\begin{pmatrix}\boldsymbol{Y}_1\\ \boldsymbol{Y}_2\\ \vdots\\ \boldsymbol{Y}_p\end{pmatrix}=\begin{pmatrix}\boldsymbol{y}_{11} & \boldsymbol{y}_{12} & \cdots & \boldsymbol{y}_{1n}\\ \boldsymbol{y}_{21} & \boldsymbol{y}_{22} & \cdots & \boldsymbol{y}_{2n}\\ \vdots & \vdots & \ddots & \vdots\\ \boldsymbol{y}_{p1} & \boldsymbol{y}_{p2} & \cdots & \boldsymbol{y}_{pn}\end{pmatrix},
$$

$$
X=\begin{pmatrix}\boldsymbol{X}_1\\ \boldsymbol{X}_2\\ \vdots\\ \boldsymbol{X}_q\end{pmatrix}=\begin{pmatrix}\boldsymbol{x}_{11} & \boldsymbol{x}_{12} & \cdots & \boldsymbol{x}_{1n}\\ \boldsymbol{x}_{21} & \boldsymbol{x}_{22} & \cdots & \boldsymbol{x}_{2n}\\ \vdots & \vdots & \ddots & \vdots\\ \boldsymbol{x}_{q1} & \boldsymbol{x}_{q2} & \cdots & \boldsymbol{x}_{qn}\end{pmatrix}
$$

其中 $\boldsymbol{Y}_j(j=1,2,\cdots,p)$ 和 $\boldsymbol{X}_k(k=1,2,\cdots,q)$ 分别为第 j 个因变量 $\boldsymbol{y}_j$ 和第 k 个自变量 $\boldsymbol{x}_k$ 的样本数据集，$\boldsymbol{y}_{ji}$ 和 $\boldsymbol{x}_{ki}$ 分别为变量 $\boldsymbol{y}_j$ 和 $\boldsymbol{x}_k$ 的第 i（$i=1,2,\cdots,n$）个观测值。不失一般性，假定 $\boldsymbol{y}_j$，$\boldsymbol{x}_k$ 都为中心化的成分变量，$\widehat{\text{cen}}(\boldsymbol{y}_j)=\boldsymbol{n}_{C_j}$，$\widehat{\text{cen}}(\boldsymbol{x}_k)=\boldsymbol{n}_{D_k}$。

在本小节，基于经典的 PLS 回归来建立成分变量 clr 系数之间的关系[94,108,109,110,111]。成分变量 $\boldsymbol{y}_j(j=1,2,\cdots,p)$，$\boldsymbol{x}_k(k=1,2,\cdots,q)$ 的 clr 系数记为 $\boldsymbol{v}_j=\text{clr}(\boldsymbol{y}_j)$，$\boldsymbol{u}_k=\text{clr}(\boldsymbol{x}_k)$，对应的样本数据集为

$$\boldsymbol{V}=\begin{pmatrix}\boldsymbol{V}_1\\\boldsymbol{V}_2\\\vdots\\\boldsymbol{V}_p\end{pmatrix}=\begin{pmatrix}\mathrm{clr}(\boldsymbol{Y}_1)\\\mathrm{clr}(\boldsymbol{Y}_2)\\\vdots\\\mathrm{clr}(\boldsymbol{Y}_p)\end{pmatrix},\quad \boldsymbol{U}=\begin{pmatrix}\boldsymbol{U}_1\\\boldsymbol{U}_2\\\vdots\\\boldsymbol{U}_q\end{pmatrix}=\begin{pmatrix}\mathrm{clr}(\boldsymbol{X}_1)\\\mathrm{clr}(\boldsymbol{X}_2)\\\vdots\\\mathrm{clr}(\boldsymbol{X}_q)\end{pmatrix}$$

因变量 $\boldsymbol{v}_j(j=1,2,\cdots,p)$ 和自变量 $\boldsymbol{u}_k(k=1,2,\cdots,q)$ 的 PLS 因子 m_1，$m_2\cdots$，m_r 和 h_1，h_2，…，h_r 为

$$m_l=\boldsymbol{v}_1^{\mathrm{T}}\boldsymbol{\theta}_{l1}+\boldsymbol{v}_2^{\mathrm{T}}\boldsymbol{\theta}_{l2}+\cdots+\boldsymbol{v}_p^{\mathrm{T}}\boldsymbol{\theta}_{lp}=\boldsymbol{v}^{\mathrm{T}}\boldsymbol{\theta}_l,\quad l=1,2,\cdots,r$$

$$h_l=\boldsymbol{u}_1^{\mathrm{T}}\boldsymbol{w}_{l1}+\boldsymbol{u}_2^{\mathrm{T}}\boldsymbol{w}_{l2}+\cdots+\boldsymbol{u}_q^{\mathrm{T}}\boldsymbol{w}_{lq}=\boldsymbol{u}^{\mathrm{T}}\boldsymbol{w}_l,\quad l=1,2,\cdots,r$$

其中 $\boldsymbol{\theta}_{lj}(j=1,2,\cdots,p)$ 是一个 $C_j\times 1$ 向量，$\boldsymbol{w}_{lk}(k=1,2,\cdots,q)$ 是一个 $D_k\times 1$ 向量，且满足 $\boldsymbol{1}_{C_j}^{\mathrm{T}}\boldsymbol{\theta}_{lj}=0$，$\boldsymbol{1}_{D_k}^{\mathrm{T}}\boldsymbol{w}_{lk}=0$，记 $C=\sum_{j=1}^{p}C_j$，$D=\sum_{k=1}^{q}D_k$，$\boldsymbol{v}=(\boldsymbol{v}_1^{\mathrm{T}},\boldsymbol{v}_2^{\mathrm{T}},\cdots,\boldsymbol{v}_p^{\mathrm{T}})^{\mathrm{T}}$ 和 $\boldsymbol{\theta}_l=(\boldsymbol{\theta}_{l1}^{\mathrm{T}},\boldsymbol{\theta}_{l2}^{\mathrm{T}},\cdots,\boldsymbol{\theta}_{lp}^{\mathrm{T}})^{\mathrm{T}}$ 是 $C\times 1$ 向量，$\boldsymbol{u}=(\boldsymbol{u}_1^{\mathrm{T}},\boldsymbol{u}_2^{\mathrm{T}},\cdots,\boldsymbol{u}_q^{\mathrm{T}})^{\mathrm{T}}$ 和 $\boldsymbol{w}_l=(\boldsymbol{w}_{l1}^{\mathrm{T}},\boldsymbol{w}_{l2}^{\mathrm{T}},\cdots,\boldsymbol{w}_{lq}^{\mathrm{T}})^{\mathrm{T}}$ 是 $D\times 1$ 向量，r 是给定的 PLS 成分个数，可以通过一些最小化或停止准则来确定。

根据公式(2.4.1)，由于 $\widehat{\mathrm{cen}}(\boldsymbol{y}_j)=\boldsymbol{n}_{C_j}$，$\widehat{\mathrm{cen}}(\boldsymbol{x}_k)=\boldsymbol{n}_{D_k}$，则 $\overline{\boldsymbol{V}_j}=\boldsymbol{0}_{C_j}$，$\overline{\boldsymbol{U}_k}=\boldsymbol{0}_{D_k}$，因此 h_l 和 m_l 的样本协方差为

$$\widehat{\mathrm{Cov}}(h_l,m_l)=\widehat{\mathrm{Cov}}(\boldsymbol{u}^{\mathrm{T}}\boldsymbol{w}_l,\boldsymbol{v}^{\mathrm{T}}\boldsymbol{\theta}_l)=\boldsymbol{w}_l^{\mathrm{T}}\widehat{\mathrm{Cov}}(\boldsymbol{u}^{\mathrm{T}},\boldsymbol{v}^{\mathrm{T}})\boldsymbol{\theta}_l=\frac{1}{n}\boldsymbol{w}_l^{\mathrm{T}}\boldsymbol{U}\boldsymbol{V}^{\mathrm{T}}\boldsymbol{\theta}_l$$

其中 $\widehat{\mathrm{Cov}}$ 代表实数空间上的样本协方差。

为了解决 PLS 问题，本章使用简单偏最小二乘算法（SIMPLS）[94]。考虑优化问题

$$(\boldsymbol{w}_l,\boldsymbol{\theta}_l)=\arg\max_{\boldsymbol{w},\boldsymbol{\theta}}\left\{\widehat{\mathrm{Cov}}(h,m)=\frac{1}{n}\boldsymbol{w}^{\mathrm{T}}\boldsymbol{U}\boldsymbol{V}^{\mathrm{T}}\boldsymbol{\theta}\right\}$$

$$
\text{subject to}\begin{cases}
\boldsymbol{w}^{\mathrm{T}}\boldsymbol{w}=1,\ \boldsymbol{\theta}^{\mathrm{T}}\boldsymbol{\theta}=1, \\
\boldsymbol{w}^{\mathrm{T}}\begin{pmatrix}\boldsymbol{1}_{D_1} & \boldsymbol{0}_{D_1} & \cdots & \boldsymbol{0}_{D_1}\\ \boldsymbol{0}_{D_2} & \boldsymbol{1}_{D_2} & \cdots & \boldsymbol{0}_{D_2}\\ \vdots & \vdots & \ddots & \vdots\\ \boldsymbol{0}_{D_q} & \boldsymbol{0}_{D_q} & \cdots & \boldsymbol{1}_{D_q}\end{pmatrix}=\boldsymbol{0}_q^{\mathrm{T}} \\
\boldsymbol{\theta}^{\mathrm{T}}\begin{pmatrix}\boldsymbol{1}_{C_1} & \boldsymbol{0}_{C_1} & \cdots & \boldsymbol{0}_{C_1}\\ \boldsymbol{0}_{C_2} & \boldsymbol{1}_{C_2} & \cdots & \boldsymbol{0}_{C_2}\\ \vdots & \vdots & \ddots & \vdots\\ \boldsymbol{0}_{C_p} & \boldsymbol{0}_{C_p} & \cdots & \boldsymbol{1}_{C_p}\end{pmatrix}=\boldsymbol{0}_p^{\mathrm{T}} \\
\widehat{\mathrm{Cov}}(h,\ h_j)=\dfrac{1}{n}\boldsymbol{w}^{\mathrm{T}}\boldsymbol{U}\boldsymbol{U}^{\mathrm{T}}\boldsymbol{w}_j=0,\quad j=1,\ 2,\ \cdots,\ l-1
\end{cases}
\tag{6.1.1}
$$

权重向量 $\boldsymbol{w}_l$，$\boldsymbol{\theta}_l$ 可以通过拉格朗日乘数法求解[95,96]，求出的解见如下定理。

定理 6.1.1 优化问题(6.1.1)有向量解：$\boldsymbol{w}_l(l=1,\ 2,\ \cdots,\ r)$ 是矩阵 $\boldsymbol{H}_{l-1}\boldsymbol{U}\boldsymbol{V}^{\mathrm{T}}\boldsymbol{V}\boldsymbol{U}^{\mathrm{T}}$ 最大特征值相关的单位特征向量，且 $\boldsymbol{\theta}_l=\dfrac{\boldsymbol{V}\boldsymbol{U}^{\mathrm{T}}\boldsymbol{w}_l}{\|\boldsymbol{V}\boldsymbol{U}^{\mathrm{T}}\boldsymbol{w}_l\|_2}$，$\boldsymbol{H}_0=\boldsymbol{I}_D$，$\boldsymbol{H}_l=\boldsymbol{I}_D-\boldsymbol{U}\boldsymbol{U}^{\mathrm{T}}\boldsymbol{W}_l[\boldsymbol{W}_l^{\mathrm{T}}\boldsymbol{U}\boldsymbol{U}^{\mathrm{T}}\boldsymbol{U}\boldsymbol{U}^{\mathrm{T}}\boldsymbol{W}_l]^{-1}\boldsymbol{W}_l^{\mathrm{T}}\boldsymbol{U}\boldsymbol{U}^{\mathrm{T}}$，$\boldsymbol{W}_l=(\boldsymbol{w}_1,\ \boldsymbol{w}_2,\ \cdots,\ \boldsymbol{w}_l)$。

证明 优化问题(6.1.1)等价于

$$
(\boldsymbol{w}_l,\ \boldsymbol{\theta}_l)=\arg\max_{w,\ \theta}\{\boldsymbol{w}^{\mathrm{T}}\boldsymbol{U}\boldsymbol{V}^{\mathrm{T}}\boldsymbol{\theta}\}
$$

$$
\text{subject to}\quad\begin{cases}\boldsymbol{w}^{\mathrm{T}}\boldsymbol{w}=1,\ \boldsymbol{\theta}^{\mathrm{T}}\boldsymbol{\theta}=1\\ \boldsymbol{w}^{\mathrm{T}}\boldsymbol{U}\boldsymbol{U}^{\mathrm{T}}\boldsymbol{w}_j=0,\quad j=1,\ 2,\ \cdots,\ l-1\end{cases}\tag{6.1.2}
$$

对于公式(6.1.2)的优化问题，根据文献[95，96]，$\boldsymbol{w}_l(l=1,\ 2,\ \cdots,\ r)$ 是矩阵 $\boldsymbol{H}_{l-1}\boldsymbol{U}\boldsymbol{V}^{\mathrm{T}}\boldsymbol{V}\boldsymbol{U}^{\mathrm{T}}$ 最大特征值相关的单位特征向量，且 $\boldsymbol{\theta}_l=\dfrac{\boldsymbol{V}\boldsymbol{U}^{\mathrm{T}}\boldsymbol{w}_l}{\|\boldsymbol{V}\boldsymbol{U}^{\mathrm{T}}\boldsymbol{w}_l\|_2}$，其中 $\boldsymbol{H}_0=\boldsymbol{I}_D$，$\boldsymbol{H}_l=\boldsymbol{I}_D-\boldsymbol{U}\boldsymbol{U}^{\mathrm{T}}\boldsymbol{W}_l[\boldsymbol{W}_l^{\mathrm{T}}\boldsymbol{U}\boldsymbol{U}^{\mathrm{T}}\boldsymbol{U}\boldsymbol{U}^{\mathrm{T}}\boldsymbol{W}_l]^{-1}\boldsymbol{W}_l^{\mathrm{T}}\boldsymbol{U}\boldsymbol{U}^{\mathrm{T}}$，$\boldsymbol{W}_l=(\boldsymbol{w}_1,\ \boldsymbol{w}_2,\ \cdots,\ \boldsymbol{w}_l)$。求解的 $\boldsymbol{w}_l$，$\boldsymbol{\theta}_l$ 满足优化问题

(6.1.1)的如下条件

$$\boldsymbol{w}_l^{\mathrm{T}}\begin{pmatrix}\boldsymbol{1}_{D_1} & \boldsymbol{0}_{D_1} & \cdots & \boldsymbol{0}_{D_1}\\ \boldsymbol{0}_{D_2} & \boldsymbol{1}_{D_2} & \cdots & \boldsymbol{0}_{D_2}\\ \vdots & \vdots & \ddots & \vdots\\ \boldsymbol{0}_{D_q} & \boldsymbol{0}_{D_q} & \cdots & \boldsymbol{1}_{D_q}\end{pmatrix}=\boldsymbol{0}_q^{\mathrm{T}},\quad \boldsymbol{\theta}_l^{\mathrm{T}}\begin{pmatrix}\boldsymbol{1}_{C_1} & \boldsymbol{0}_{C_1} & \cdots & \boldsymbol{0}_{C_1}\\ \boldsymbol{0}_{C_2} & \boldsymbol{1}_{C_2} & \cdots & \boldsymbol{0}_{C_2}\\ \vdots & \vdots & \ddots & \vdots\\ \boldsymbol{0}_{C_p} & \boldsymbol{0}_{C_p} & \cdots & \boldsymbol{1}_{C_p}\end{pmatrix}=\boldsymbol{0}_p^{\mathrm{T}}$$

现在证明如上条件。

(1) 因为 $\boldsymbol{w}_l$ 是矩阵 $\boldsymbol{H}_{l-1}\boldsymbol{U}\boldsymbol{V}^{\mathrm{T}}\boldsymbol{V}\boldsymbol{U}^{\mathrm{T}}$ 的特征向量，可以得到 $\boldsymbol{H}_{l-1}\boldsymbol{U}\boldsymbol{V}^{\mathrm{T}}\boldsymbol{V}\boldsymbol{U}^{\mathrm{T}}\boldsymbol{w}_l=\lambda\boldsymbol{w}_l$，其中 λ 是最大特征值且不为零，则 $\boldsymbol{w}_l=\dfrac{1}{\lambda}\boldsymbol{H}_{l-1}\boldsymbol{U}\boldsymbol{V}^{\mathrm{T}}\boldsymbol{V}\boldsymbol{U}^{\mathrm{T}}\boldsymbol{w}_l$，因此

$$\begin{pmatrix}\boldsymbol{1}_{D_1}^{\mathrm{T}} & \boldsymbol{0}_{D_2}^{\mathrm{T}} & \cdots & \boldsymbol{0}_{D_q}^{\mathrm{T}}\\ \boldsymbol{0}_{D_1}^{\mathrm{T}} & \boldsymbol{1}_{D_2}^{\mathrm{T}} & \cdots & \boldsymbol{0}_{D_q}^{\mathrm{T}}\\ \vdots & \vdots & \ddots & \vdots\\ \boldsymbol{0}_{D_1}^{\mathrm{T}} & \boldsymbol{0}_{D_2}^{\mathrm{T}} & \cdots & \boldsymbol{1}_{D_q}^{\mathrm{T}}\end{pmatrix}\boldsymbol{w}_l=\frac{1}{\lambda}\begin{pmatrix}\boldsymbol{1}_{D_1}^{\mathrm{T}} & \boldsymbol{0}_{D_2}^{\mathrm{T}} & \cdots & \boldsymbol{0}_{D_q}^{\mathrm{T}}\\ \boldsymbol{0}_{D_1}^{\mathrm{T}} & \boldsymbol{1}_{D_2}^{\mathrm{T}} & \cdots & \boldsymbol{0}_{D_q}^{\mathrm{T}}\\ \vdots & \vdots & \ddots & \vdots\\ \boldsymbol{0}_{D_1}^{\mathrm{T}} & \boldsymbol{0}_{D_2}^{\mathrm{T}} & \cdots & \boldsymbol{1}_{D_q}^{\mathrm{T}}\end{pmatrix}\boldsymbol{H}_{l-1}\boldsymbol{U}\boldsymbol{V}^{\mathrm{T}}\boldsymbol{V}\boldsymbol{U}^{\mathrm{T}}\boldsymbol{w}_l$$

$$=\frac{1}{\lambda}\begin{pmatrix}\boldsymbol{1}_{D_1}^{\mathrm{T}} & \boldsymbol{0}_{D_2}^{\mathrm{T}} & \cdots & \boldsymbol{0}_{D_q}^{\mathrm{T}}\\ \boldsymbol{0}_{D_1}^{\mathrm{T}} & \boldsymbol{1}_{D_2}^{\mathrm{T}} & \cdots & \boldsymbol{0}_{D_q}^{\mathrm{T}}\\ \vdots & \vdots & \ddots & \vdots\\ \boldsymbol{0}_{D_1}^{\mathrm{T}} & \boldsymbol{0}_{D_2}^{\mathrm{T}} & \cdots & \boldsymbol{1}_{D_q}^{\mathrm{T}}\end{pmatrix}(\boldsymbol{I}_D-\boldsymbol{U}\boldsymbol{U}^{\mathrm{T}}\boldsymbol{W}_l[\boldsymbol{W}_l^{\mathrm{T}}\boldsymbol{U}\boldsymbol{U}^{\mathrm{T}}\boldsymbol{U}\boldsymbol{U}^{\mathrm{T}}\boldsymbol{W}_l]^{-1}\boldsymbol{W}_l^{\mathrm{T}}\boldsymbol{U}\boldsymbol{U}^{\mathrm{T}})\boldsymbol{U}\boldsymbol{V}^{\mathrm{T}}\times$$

$$\boldsymbol{V}\boldsymbol{U}^{\mathrm{T}}=\boldsymbol{0}_q$$

其中第三个等式成立是因为 $\boldsymbol{1}_{D_k}^{\mathrm{T}}\boldsymbol{U}_k=\boldsymbol{0}_n^{\mathrm{T}}(k=1,2,\cdots,q)$。

(2)类似地，因为 $\boldsymbol{1}_{C_j}^{\mathrm{T}}\boldsymbol{V}_j=\boldsymbol{0}_n^{\mathrm{T}}(j=1,2,\cdots,p)$，可以得到

$$\begin{pmatrix}\boldsymbol{1}_{C_1}^{\mathrm{T}} & \boldsymbol{0}_{C_2}^{\mathrm{T}} & \cdots & \boldsymbol{0}_{C_p}^{\mathrm{T}}\\ \boldsymbol{0}_{C_1}^{\mathrm{T}} & \boldsymbol{1}_{C_2}^{\mathrm{T}} & \cdots & \boldsymbol{0}_{C_p}^{\mathrm{T}}\\ \vdots & \vdots & \ddots & \vdots\\ \boldsymbol{0}_{C_1}^{\mathrm{T}} & \boldsymbol{0}_{C_2}^{\mathrm{T}} & \cdots & \boldsymbol{1}_{C_p}^{\mathrm{T}}\end{pmatrix}\boldsymbol{\theta}_l=\begin{pmatrix}\boldsymbol{1}_{C_1}^{\mathrm{T}} & \boldsymbol{0}_{C_2}^{\mathrm{T}} & \cdots & \boldsymbol{0}_{C_p}^{\mathrm{T}}\\ \boldsymbol{0}_{C_1}^{\mathrm{T}} & \boldsymbol{1}_{C_2}^{\mathrm{T}} & \cdots & \boldsymbol{0}_{C_p}^{\mathrm{T}}\\ \vdots & \vdots & \ddots & \vdots\\ \boldsymbol{0}_{C_1}^{\mathrm{T}} & \boldsymbol{0}_{C_2}^{\mathrm{T}} & \cdots & \boldsymbol{1}_{C_p}^{\mathrm{T}}\end{pmatrix}\frac{\boldsymbol{V}\boldsymbol{U}^{\mathrm{T}}\boldsymbol{w}_l}{\|\boldsymbol{V}\boldsymbol{U}^{\mathrm{T}}\boldsymbol{w}_l\|_2}=\boldsymbol{0}_p$$

因此优化问题(6.1.1)和(6.1.2)有相同的解。

■

记 PLS 因子 $h_l(l=1, 2, \cdots, r)$ 的样本数据集为 $\boldsymbol{h}_l=\boldsymbol{U}^{\mathrm{T}}\boldsymbol{w}_l$，因为 $\overline{\boldsymbol{U}_k}=\boldsymbol{0}_{D_k}$，则 $\boldsymbol{h}_l$ 的样本均值为零。建立变量 $\boldsymbol{v}_j(j=1, 2, \cdots, p)$ 和 $h_1, h_2, \cdots, h_r$ 的线性回归模型

$$\boldsymbol{V}_j^{\mathrm{T}}=\boldsymbol{h}_1\boldsymbol{\theta}_{j1}^{\mathrm{T}}+\boldsymbol{h}_2\boldsymbol{\theta}_{j2}^{\mathrm{T}}+\cdots+\boldsymbol{h}_r\boldsymbol{\theta}_{jr}^{\mathrm{T}}+\boldsymbol{e}_j,\ j=1, 2, \cdots, p \tag{6.1.3}$$

其中 $\boldsymbol{\theta}_{jl}(l=1, 2, \cdots, r)$ 是一个 $C_j\times 1$ 向量且满足 $\boldsymbol{\theta}_{jl}^{\mathrm{T}}\boldsymbol{1}_{C_j}=0$，$\boldsymbol{e}_j$ 是一个误差项矩阵。参数可以通过最小二乘方法进行估计

$$\begin{pmatrix} \boldsymbol{h}_1^{\mathrm{T}}\boldsymbol{h}_1 & \boldsymbol{h}_1^{\mathrm{T}}\boldsymbol{h}_2 & \cdots & \boldsymbol{h}_1^{\mathrm{T}}\boldsymbol{h}_r \\ \boldsymbol{h}_2^{\mathrm{T}}\boldsymbol{h}_1 & \boldsymbol{h}_2^{\mathrm{T}}\boldsymbol{h}_2 & \cdots & \boldsymbol{h}_2^{\mathrm{T}}\boldsymbol{h}_r \\ \vdots & \vdots & \ddots & \vdots \\ \boldsymbol{h}_r^{\mathrm{T}}\boldsymbol{h}_1 & \boldsymbol{h}_r^{\mathrm{T}}\boldsymbol{h}_2 & \cdots & \boldsymbol{h}_r^{\mathrm{T}}\boldsymbol{h}_r \end{pmatrix}\begin{pmatrix} \hat{\boldsymbol{\theta}}_{j1}^{\mathrm{T}} \\ \hat{\boldsymbol{\theta}}_{j2}^{\mathrm{T}} \\ \vdots \\ \hat{\boldsymbol{\theta}}_{jr}^{\mathrm{T}} \end{pmatrix}=\begin{pmatrix} \boldsymbol{h}_1^{\mathrm{T}}\boldsymbol{V}_j^{\mathrm{T}} \\ \boldsymbol{h}_2^{\mathrm{T}}\boldsymbol{V}_j^{\mathrm{T}} \\ \vdots \\ \boldsymbol{h}_r^{\mathrm{T}}\boldsymbol{V}_j^{\mathrm{T}} \end{pmatrix} \tag{6.1.4}$$

最后，因变量 $\boldsymbol{V}_j(j=1, 2, \cdots, p)$ 和自变量 $\boldsymbol{U}$ 的回归方程为

$$\hat{\boldsymbol{V}}_j^{\mathrm{T}}=\boldsymbol{h}_1\hat{\boldsymbol{\theta}}_{j1}^{\mathrm{T}}+\boldsymbol{h}_2\hat{\boldsymbol{\theta}}_{j2}^{\mathrm{T}}+\cdots+\boldsymbol{h}_r\hat{\boldsymbol{\theta}}_{jr}^{\mathrm{T}}=\boldsymbol{U}^{\mathrm{T}}(\boldsymbol{w}_1\hat{\boldsymbol{\theta}}_{j1}^{\mathrm{T}}+\boldsymbol{w}_2\hat{\boldsymbol{\theta}}_{j2}^{\mathrm{T}}+\cdots+\boldsymbol{w}_r\hat{\boldsymbol{\theta}}_{jr}^{\mathrm{T}}) \tag{6.1.5}$$

对于实数空间上的模型(6.1.3)，$\sum_{j=1}^{p}\|\boldsymbol{V}_j\|_F^2$，$\sum_{j=1}^{p}\|\boldsymbol{V}_j-\hat{\boldsymbol{V}}_j\|_F^2$ 和 $\sum_{j=1}^{p}\|\hat{\boldsymbol{V}}_j\|_F^2$ 满足

$$\sum_{j=1}^{p}\|\boldsymbol{V}_j\|_F^2=\sum_{j=1}^{p}\|\boldsymbol{V}_j-\hat{\boldsymbol{V}}_j\|_F^2+\sum_{j=1}^{p}\|\hat{\boldsymbol{V}}_j\|_F^2$$

判定系数为

$$R^2=1-\frac{\sum_{j=1}^{p}\|\boldsymbol{V}_j-\hat{\boldsymbol{V}}_j\|_F^2}{\sum_{j=1}^{p}\|\boldsymbol{V}_j\|_F^2} \tag{6.1.6}$$

其中 $\|\cdot\|_F$ 代表矩阵 Frobenius 范数。

6.2 单形上的偏最小二乘回归模型

为了建立单形上的 PLS 回归，首先需要给出单形上的 PLS 因子。

在单形上，成分变量的 PLS 因子是加权成分变量的扰动。因为不同成分变量的部分数是不相同的，可以使用矩阵乘积运算 $\boldsymbol{A}\boxdot\boldsymbol{x}$，其中 $\boldsymbol{A}$ 代表权重矩阵。为了进行扰动运算，每个成分变量权重矩阵的行数必须相同。

根据性质 2.3.2 (3)，成分因变量 $\boldsymbol{y}_1, \boldsymbol{y}_2, \cdots, \boldsymbol{y}_p$ 和成分自变量 $\boldsymbol{x}_1, \boldsymbol{x}_2, \cdots, \boldsymbol{x}_q$ 的 PLS 因子分别为 $\boldsymbol{t}_1, \boldsymbol{t}_2, \cdots, \boldsymbol{t}_r$ 和 $\boldsymbol{s}_1, \boldsymbol{s}_2, \cdots, \boldsymbol{s}_r$

$$\boldsymbol{t}_l=\boldsymbol{F}_{l1}\boxdot\boldsymbol{y}_1\oplus\boldsymbol{F}_{l2}\boxdot\boldsymbol{y}_2\oplus\cdots\oplus\boldsymbol{F}_{lp}\boxdot\boldsymbol{y}_p=\boldsymbol{F}_l\boxdot\boldsymbol{y},\ l=1,2,\cdots,r$$

$$\boldsymbol{s}_l=\boldsymbol{R}_{l1}\boxdot\boldsymbol{x}_1\oplus\boldsymbol{R}_{l2}\boxdot\boldsymbol{x}_2\oplus\cdots\oplus\boldsymbol{R}_{lq}\boxdot\boldsymbol{x}_q=\boldsymbol{R}_l\boxdot\boldsymbol{x},\ l=1,2,\cdots,r$$

其中 $\boldsymbol{y}=(\boldsymbol{y}_1^{\mathrm{T}}, \boldsymbol{y}_2^{\mathrm{T}}, \cdots, \boldsymbol{y}_p^{\mathrm{T}})^{\mathrm{T}}$，$\boldsymbol{x}=(\boldsymbol{x}_1^{\mathrm{T}}, \boldsymbol{x}_2^{\mathrm{T}}, \cdots, \boldsymbol{x}_q^{\mathrm{T}})^{\mathrm{T}}$，矩阵 $\boldsymbol{F}_l$ 和 $\boldsymbol{R}_l$ 分别记为 $\boldsymbol{F}_l=(\boldsymbol{F}_{l1}, \boldsymbol{F}_{l2}, \cdots, \boldsymbol{F}_{lp})$ 和 $\boldsymbol{R}_l=(\boldsymbol{R}_{l1}, \boldsymbol{R}_{l2}, \cdots, \boldsymbol{R}_{lq})$，其中 $\boldsymbol{F}_{lj}, \boldsymbol{R}_{lk}(j=1, 2, \cdots, p; k=1, 2, \cdots, q)$ 是权重矩阵。假定 PLS 因子 $\boldsymbol{t}_l$ 和 $\boldsymbol{s}_l$ 有 d $(d\geqslant 2)$ 个成分，则 $\boldsymbol{F}_{lj}$ 是一个 $d\times C_j$ 矩阵，$\boldsymbol{R}_{lk}$ 是一个 $d\times D_k$ 矩阵，而且它们满足 $\boldsymbol{F}_{lj}\boldsymbol{1}_{C_j}=\boldsymbol{0}_d$，$\boldsymbol{1}_d^{\mathrm{T}}\boldsymbol{F}_{lj}=\boldsymbol{0}_{C_j}^{\mathrm{T}}$，$\boldsymbol{R}_{lk}\boldsymbol{1}_{D_k}=\boldsymbol{0}_d$，$\boldsymbol{1}_d^{\mathrm{T}}\boldsymbol{R}_{lk}=\boldsymbol{0}_{D_k}^{\mathrm{T}}$。根据性质 2.4.4，$\boldsymbol{t}_l$ 的样本中心为

$$\begin{aligned}\widehat{\mathrm{cen}}(\boldsymbol{t}_l)&=\widehat{\mathrm{cen}}(\boldsymbol{F}_{l1}\boxdot\boldsymbol{y}_1\oplus\boldsymbol{F}_{l2}\boxdot\boldsymbol{y}_2\oplus\cdots\oplus\boldsymbol{F}_{lp}\boxdot\boldsymbol{y}_p)\\&=\widehat{\mathrm{cen}}(\boldsymbol{F}_{l1}\boxdot\boldsymbol{y}_1)\oplus\widehat{\mathrm{cen}}(\boldsymbol{F}_{l2}\boxdot\boldsymbol{y}_2)\oplus\cdots\oplus\widehat{\mathrm{cen}}(\boldsymbol{F}_{lp}\boxdot\boldsymbol{y}_p)\\&=\boldsymbol{F}_{l1}\boxdot\widehat{\mathrm{cen}}(\boldsymbol{y}_1)\oplus\boldsymbol{F}_{l2}\boxdot\widehat{\mathrm{cen}}(\boldsymbol{y}_2)\oplus\cdots\oplus\boldsymbol{F}_{lp}\boxdot\widehat{\mathrm{cen}}(\boldsymbol{y}_p)\\&=\boldsymbol{F}_{l1}\boxdot\boldsymbol{n}_{C_1}\oplus\boldsymbol{F}_{l2}\boxdot\boldsymbol{n}_{C_2}\oplus\cdots\oplus\boldsymbol{F}_{lp}\boxdot\boldsymbol{n}_{C_p}=\boldsymbol{n}_d\end{aligned}$$

其中第三个等式成立是因为 $\boldsymbol{F}_{lj}\boldsymbol{1}_{C_j}=\boldsymbol{0}_d$。类似地，$\boldsymbol{s}_l$ 的样本中心为 $\boldsymbol{n}_d$。记 PLS 因子 $\boldsymbol{t}_l$ 和 $\boldsymbol{s}_l$ 的样本数据集分别为

$$\boldsymbol{T}_l=\bigoplus_{j=1}^{p}\boldsymbol{F}_{lj}\boxdot\boldsymbol{Y}_j=\boldsymbol{F}_l\boxdot\boldsymbol{Y},\quad \boldsymbol{S}_l=\bigoplus_{k=1}^{q}\boldsymbol{R}_{lk}\boxdot\boldsymbol{X}_k=\boldsymbol{R}_l\boxdot\boldsymbol{X}$$

根据公式(2.3.3)可以得到

$$\mathrm{clr}(\boldsymbol{T}_l)=\sum_{j=1}^{p}\boldsymbol{F}_{lj}\,\mathrm{clr}(\boldsymbol{Y}_j)=\boldsymbol{F}_l\boldsymbol{V},\quad \mathrm{clr}(\boldsymbol{S}_l)=\sum_{k=1}^{q}\boldsymbol{R}_{lk}\,\mathrm{clr}(\boldsymbol{X}_k)=\boldsymbol{R}_l\boldsymbol{U} \tag{6.2.1}$$

基于成分变量样本协方差的定义，从公式(2.4.4)，(2.4.5)和(6.2.1)可以得到解 PLS 因子 $\boldsymbol{t}_l$ 和 $\boldsymbol{s}_l$ 的样本协方差为

$$\widehat{\mathrm{Cov}}_a(\boldsymbol{s}_l, \boldsymbol{t}_l)=\frac{1}{n}\langle \boldsymbol{S}_l \ominus \overline{\boldsymbol{S}}_l, \boldsymbol{T}_l \boxdot \overline{\boldsymbol{T}}_l\rangle_a=\frac{1}{n}\langle \boldsymbol{S}_l, \boldsymbol{T}_l\rangle_a$$

$$=\frac{1}{n}\mathrm{tr}((\mathrm{clr}(\boldsymbol{S}_l))^{\mathrm{T}}\mathrm{clr}(\boldsymbol{T}_l))$$

$$=\frac{1}{n}\mathrm{tr}((\boldsymbol{R}_l\boldsymbol{U})^{\mathrm{T}}\boldsymbol{F}_l\boldsymbol{V})=\frac{1}{n}\mathrm{tr}(\boldsymbol{R}_l\boldsymbol{U}\boldsymbol{V}^{\mathrm{T}}\boldsymbol{F}_l^{\mathrm{T}})$$

类似于 6.1 节，使用 SIMPLS 算法，考虑优化问题

$$(\boldsymbol{R}_l, \boldsymbol{F}_l)=\arg\max_{\boldsymbol{R},\boldsymbol{F}}\{\widehat{\mathrm{Cov}}_a(\boldsymbol{s}, \boldsymbol{t})=\frac{1}{n}\mathrm{tr}(\boldsymbol{R}\boldsymbol{U}\boldsymbol{V}^{\mathrm{T}}\boldsymbol{F}^{\mathrm{T}})\}$$

$$\text{subject to}\begin{cases}\mathrm{tr}(\boldsymbol{R}\boldsymbol{R}^{\mathrm{T}})=1,\ \mathrm{tr}(\boldsymbol{F}\boldsymbol{F}^{\mathrm{T}})=1\\ \boldsymbol{R}\begin{pmatrix}\boldsymbol{1}_{D_1} & \boldsymbol{0}_{D_1} & \cdots & \boldsymbol{0}_{D_1}\\ \boldsymbol{0}_{D_2} & \boldsymbol{1}_{D_2} & \cdots & \boldsymbol{0}_{D_2}\\ \vdots & \vdots & \ddots & \vdots\\ \boldsymbol{0}_{D_q} & \boldsymbol{0}_{D_q} & \cdots & \boldsymbol{1}_{D_q}\end{pmatrix}=\boldsymbol{0}_{d\times q}\\ \boldsymbol{F}\begin{pmatrix}\boldsymbol{1}_{C_1} & \boldsymbol{0}_{C_1} & \cdots & \boldsymbol{0}_{C_1}\\ \boldsymbol{0}_{C_2} & \boldsymbol{1}_{C_2} & \cdots & \boldsymbol{0}_{C_2}\\ \vdots & \vdots & \ddots & \vdots\\ \boldsymbol{0}_{C_p} & \boldsymbol{0}_{C_p} & \cdots & \boldsymbol{1}_{C_p}\end{pmatrix}=\boldsymbol{0}_{d\times p}\\ \boldsymbol{1}_d^{\mathrm{T}}\boldsymbol{R}=\boldsymbol{0}_D^{\mathrm{T}},\ \boldsymbol{1}_d^{\mathrm{T}}\boldsymbol{F}=\boldsymbol{0}_C^{\mathrm{T}}\\ \widehat{\mathrm{Cov}}_a(\boldsymbol{s}, \boldsymbol{s}_j)=\frac{1}{n}\mathrm{tr}(\boldsymbol{R}\boldsymbol{U}\boldsymbol{U}^{\mathrm{T}}\boldsymbol{R}_j^{\mathrm{T}})=0,\quad j=1, 2, \cdots, l-1\end{cases}\tag{6.2.2}$$

定理 6.2.1 对于优化问题(6.2.2)，存在一个解 $\boldsymbol{R}_l=\boldsymbol{k}\boldsymbol{w}_l^{\mathrm{T}}$，$\boldsymbol{F}_l=\boldsymbol{k}\boldsymbol{\theta}_l^{\mathrm{T}}(l=1, 2, \cdots, r)$，其中 $\boldsymbol{k}=(k_1, k_2, \cdots, k_d)^{\mathrm{T}}$ 是一个任意的实数向量且满足 $\boldsymbol{k}^{\mathrm{T}}\boldsymbol{k}=1$，$\boldsymbol{k}^{\mathrm{T}}\boldsymbol{1}_d=0$($\boldsymbol{w}_l$，$\boldsymbol{\theta}_l$ 的定义见定理 6.1.1)。

证明 首先解决如下的优化问题：

$$(\boldsymbol{R}_l, \boldsymbol{F}_l)=\arg\max_{\boldsymbol{R},\boldsymbol{F}}\{\mathrm{tr}(\boldsymbol{R}\boldsymbol{U}\boldsymbol{V}^{\mathrm{T}}\boldsymbol{F}^{\mathrm{T}})\}$$

$$\text{subject to}\begin{cases}\mathrm{tr}(\boldsymbol{R}\boldsymbol{R}^{\mathrm{T}})=1,\ \mathrm{tr}(\boldsymbol{F}\boldsymbol{F}^{\mathrm{T}})=1,\\ \mathrm{tr}(\boldsymbol{R}\boldsymbol{U}\boldsymbol{U}^{\mathrm{T}}\boldsymbol{R}_j^{\mathrm{T}})=0,\ j=1, 2, \cdots, l-1\end{cases}\tag{6.2.3}$$

假定优化问题(6.2.3)前 $l-1$ 个解矩阵为 $\boldsymbol{R}_1$，$\boldsymbol{R}_2$，…，$\boldsymbol{R}_{l-1}$。使用拉格朗日乘数法，目标函数是

$$J_l(\boldsymbol{R},\ \boldsymbol{F})=\mathrm{tr}(\boldsymbol{RUV}^{\mathrm{T}}\boldsymbol{F}^{\mathrm{T}})-\lambda_1(\mathrm{tr}(\boldsymbol{RR}^{\mathrm{T}})-1)-\lambda_2(\mathrm{tr}(\boldsymbol{FF}^{\mathrm{T}})-1)-\sum_{j=1}^{l-1}\eta_j\,\mathrm{tr}(\boldsymbol{RUU}^{\mathrm{T}}\boldsymbol{R}_j^{\mathrm{T}})$$

通过最大化目标函数 $J_l(\boldsymbol{R},\ \boldsymbol{F})$ 可以得到解 $\boldsymbol{R}_l$，$\boldsymbol{F}_l$。将目标函数分别关于 $\boldsymbol{R}$，$\boldsymbol{F}$ 求偏导，得到的正规方程为

$$\frac{\partial J_l(\boldsymbol{R},\ \boldsymbol{F})}{\partial \boldsymbol{R}}=\boldsymbol{FVU}^{\mathrm{T}}-2\lambda_1\boldsymbol{R}-\sum_{j=1}^{l-1}\eta_j\boldsymbol{R}_j\boldsymbol{UU}^{\mathrm{T}}=\boldsymbol{0}_{d\times D} \tag{6.2.4}$$

$$\frac{\partial J_l(\boldsymbol{R},\ \boldsymbol{F})}{\partial \boldsymbol{F}}=\boldsymbol{RUV}^{\mathrm{T}}-2\lambda_2\boldsymbol{F}=\boldsymbol{0}_{d\times c} \tag{6.2.5}$$

如果公式(6.2.4)，(6.2.5)两边分别右乘 $\boldsymbol{R}^{\mathrm{T}}$，$\boldsymbol{F}^{\mathrm{T}}$，而且取迹，可得

$$2\lambda=2\lambda_1=2\lambda_2=\mathrm{tr}(\boldsymbol{RUV}^{\mathrm{T}}\boldsymbol{F}^{\mathrm{T}}),\ \boldsymbol{F}=\frac{\boldsymbol{RUV}^{\mathrm{T}}}{2\lambda} \tag{6.2.6}$$

则目标为最大化 2λ。公式(6.2.4)两边分别右乘矩阵 $\boldsymbol{UU}^{\mathrm{T}}\boldsymbol{R}_k^{\mathrm{T}}(k=1,\ 2,\ \cdots,\ l-1)$ 且取迹，由于 $\mathrm{tr}(\boldsymbol{RUU}^{\mathrm{T}}\boldsymbol{R}_j^{\mathrm{T}})=0$，可以得到

$$\sum_{j=1}^{l-1}\eta_j\,\mathrm{tr}(\boldsymbol{R}_j\boldsymbol{UU}^{\mathrm{T}}\boldsymbol{UU}^{\mathrm{T}}\boldsymbol{R}_k^{\mathrm{T}})=\mathrm{tr}(\boldsymbol{FVU}^{\mathrm{T}}\boldsymbol{UU}^{\mathrm{T}}\boldsymbol{R}_k^{\mathrm{T}}),\qquad k=1,\ 2,\ \cdots,\ l-1 \tag{6.2.7}$$

使用公式(6.2.6)来简化(6.2.4)得到

$$\boldsymbol{RUV}^{\mathrm{T}}\boldsymbol{VU}^{\mathrm{T}}-2\lambda\sum_{j=1}^{l-1}\eta_j\boldsymbol{R}_j\boldsymbol{UU}^{\mathrm{T}}=(2\lambda)^2\boldsymbol{R} \tag{6.2.8}$$

(1)当 $l=1$ 时，公式(6.2.8)为 $\boldsymbol{RUV}^{\mathrm{T}}\boldsymbol{VU}^{\mathrm{T}}=(2\lambda)^2\boldsymbol{R}$。根据定理 6.1.1，$\boldsymbol{w}_1$ 是矩阵 $\boldsymbol{UV}^{\mathrm{T}}\boldsymbol{VU}^{\mathrm{T}}$ 最大特征值对应的单位特征向量，则 $\boldsymbol{R}_1=\boldsymbol{kw}_1^{\mathrm{T}}$，其中 $\boldsymbol{k}=(k_1,\ k_2,\ \cdots,\ k_d)^{\mathrm{T}}$ 是一个任意的实数向量且满足 $\boldsymbol{k}^{\mathrm{T}}\boldsymbol{k}=1$，$\boldsymbol{k}^{\mathrm{T}}\boldsymbol{1}_d=0$。同时，根据公式(6.2.6)得到 $\boldsymbol{F}_1=\dfrac{\boldsymbol{R}_1\boldsymbol{UV}^{\mathrm{T}}}{2\lambda}=\dfrac{\boldsymbol{kw}_1^{\mathrm{T}}\boldsymbol{UV}^{\mathrm{T}}}{\|\boldsymbol{w}_1^{\mathrm{T}}\boldsymbol{UV}^{\mathrm{T}}\|_2}=\boldsymbol{k\theta}_1^{\mathrm{T}}$。

(2)当 $l=2$ 时，公式(6.2.8)为

$$\boldsymbol{R}\boldsymbol{U}\boldsymbol{V}^{\mathrm{T}}\boldsymbol{V}\boldsymbol{U}^{\mathrm{T}}-2\lambda\eta_1\boldsymbol{R}_1\boldsymbol{U}\boldsymbol{U}^{\mathrm{T}}=(2\lambda)^2\boldsymbol{R} \tag{6.2.9}$$

根据公式(6.2.7)和 $\boldsymbol{R}_1=\boldsymbol{k}\boldsymbol{w}_1^{\mathrm{T}}$ 得到

$$\eta_1=\frac{\mathrm{tr}(\boldsymbol{F}\boldsymbol{V}\boldsymbol{U}^{\mathrm{T}}\boldsymbol{U}\boldsymbol{U}^{\mathrm{T}}\boldsymbol{R}_1^{\mathrm{T}})}{\mathrm{tr}(\boldsymbol{R}_1\boldsymbol{U}\boldsymbol{U}^{\mathrm{T}}\boldsymbol{U}\boldsymbol{U}^{\mathrm{T}}\boldsymbol{R}_1^{\mathrm{T}})}=\frac{\mathrm{tr}(\boldsymbol{R}\boldsymbol{U}\boldsymbol{V}^{\mathrm{T}}\boldsymbol{V}\boldsymbol{U}^{\mathrm{T}}\boldsymbol{U}\boldsymbol{U}^{\mathrm{T}}\boldsymbol{w}_1\boldsymbol{k}^{\mathrm{T}})}{2\lambda\,\mathrm{tr}(\boldsymbol{k}\boldsymbol{w}_1^{\mathrm{T}}\boldsymbol{U}\boldsymbol{U}^{\mathrm{T}}\boldsymbol{U}\boldsymbol{U}^{\mathrm{T}}\boldsymbol{w}_1\boldsymbol{k}^{\mathrm{T}})}=\frac{\boldsymbol{k}^{\mathrm{T}}\boldsymbol{R}\boldsymbol{U}\boldsymbol{V}^{\mathrm{T}}\boldsymbol{V}\boldsymbol{U}^{\mathrm{T}}\boldsymbol{U}\boldsymbol{U}^{\mathrm{T}}\boldsymbol{w}_1}{2\lambda\,\boldsymbol{w}_1^{\mathrm{T}}\boldsymbol{U}\boldsymbol{U}^{\mathrm{T}}\boldsymbol{U}\boldsymbol{U}^{\mathrm{T}}\boldsymbol{w}_1}$$

如果公式(6.2.9)两边左乘矩阵 $\boldsymbol{k}^{\mathrm{T}}$，可以得到

$$\boldsymbol{k}^{\mathrm{T}}\boldsymbol{R}\boldsymbol{U}\boldsymbol{V}^{\mathrm{T}}\boldsymbol{V}\boldsymbol{U}^{\mathrm{T}}-2\lambda\eta_1\boldsymbol{k}^{\mathrm{T}}\boldsymbol{R}_1\boldsymbol{U}\boldsymbol{U}^{\mathrm{T}}=(2\lambda)^2\boldsymbol{k}^{\mathrm{T}}\boldsymbol{R}$$

使用 η_1 和 $\boldsymbol{R}_1$ 简化如上公式，可以得到

$$\boldsymbol{k}^{\mathrm{T}}\boldsymbol{R}\boldsymbol{U}\boldsymbol{V}^{\mathrm{T}}\boldsymbol{V}\boldsymbol{U}^{\mathrm{T}}-\frac{\boldsymbol{k}^{\mathrm{T}}\boldsymbol{R}\boldsymbol{U}\boldsymbol{V}^{\mathrm{T}}\boldsymbol{V}\boldsymbol{U}^{\mathrm{T}}\boldsymbol{U}\boldsymbol{U}^{\mathrm{T}}\boldsymbol{w}_1}{\boldsymbol{w}_1^{\mathrm{T}}\boldsymbol{U}\boldsymbol{U}^{\mathrm{T}}\boldsymbol{U}\boldsymbol{U}^{\mathrm{T}}\boldsymbol{w}_1}\boldsymbol{w}_1^{\mathrm{T}}\boldsymbol{U}\boldsymbol{U}^{\mathrm{T}}=(2\lambda)^2\boldsymbol{k}^{\mathrm{T}}\boldsymbol{R}$$

$$\boldsymbol{k}^{\mathrm{T}}\boldsymbol{R}\boldsymbol{U}\boldsymbol{V}^{\mathrm{T}}\boldsymbol{V}\boldsymbol{U}^{\mathrm{T}}(\boldsymbol{I}_D-\boldsymbol{U}\boldsymbol{U}^{\mathrm{T}}\boldsymbol{w}_1(\boldsymbol{w}_1^{\mathrm{T}}\boldsymbol{U}\boldsymbol{U}^{\mathrm{T}}\boldsymbol{U}\boldsymbol{U}^{\mathrm{T}}\boldsymbol{w}_1)^{-1}\boldsymbol{w}_1^{\mathrm{T}}\boldsymbol{U}\boldsymbol{U}^{\mathrm{T}})=(2\lambda)^2\boldsymbol{k}^{\mathrm{T}}\boldsymbol{R}$$

通过定理 6.1.1 得到 $\boldsymbol{H}_1=\boldsymbol{I}_D-\boldsymbol{U}\boldsymbol{U}^{\mathrm{T}}\boldsymbol{w}_1(\boldsymbol{w}_1^{\mathrm{T}}\boldsymbol{U}\boldsymbol{U}^{\mathrm{T}}\boldsymbol{U}\boldsymbol{U}^{\mathrm{T}}\boldsymbol{w}_1)^{-1}\boldsymbol{w}_1^{\mathrm{T}}\boldsymbol{U}\boldsymbol{U}^{\mathrm{T}}$，且 $\boldsymbol{w}_2$ 是矩阵 $\boldsymbol{H}_1\boldsymbol{U}\boldsymbol{V}^{\mathrm{T}}\boldsymbol{V}\boldsymbol{U}^{\mathrm{T}}$ 最大特征值对应的单位特征向量，则 $\boldsymbol{k}^{\mathrm{T}}\boldsymbol{R}_2=\delta\boldsymbol{w}_2^{\mathrm{T}}$，其中 δ 是一个任意的实数。存在解 $\boldsymbol{R}_2=\boldsymbol{k}\boldsymbol{w}_2^{\mathrm{T}}$，因此 $\boldsymbol{F}_2=\boldsymbol{k}\boldsymbol{\theta}_2^{\mathrm{T}}$。

(3)当 $l=3$ 时，公式(6.2.8)为

$$\boldsymbol{R}\boldsymbol{U}\boldsymbol{V}^{\mathrm{T}}\boldsymbol{V}\boldsymbol{U}^{\mathrm{T}}-2\lambda\eta_1\boldsymbol{R}_1\boldsymbol{U}\boldsymbol{U}^{\mathrm{T}}-2\lambda\eta_2\boldsymbol{R}_2\boldsymbol{U}\boldsymbol{U}^{\mathrm{T}}=(2\lambda)^2\boldsymbol{R} \tag{6.2.10}$$

根据 $\boldsymbol{R}_1=\boldsymbol{k}\boldsymbol{w}_1^{\mathrm{T}}$ 和 $\boldsymbol{R}_2=\boldsymbol{k}\boldsymbol{w}_2^{\mathrm{T}}$ 得到

$$\begin{aligned}\mathrm{tr}(\boldsymbol{R}_j\boldsymbol{U}\boldsymbol{U}^{\mathrm{T}}\boldsymbol{U}\boldsymbol{U}^{\mathrm{T}}\boldsymbol{R}_k^{\mathrm{T}})&=\mathrm{tr}(\boldsymbol{k}\boldsymbol{w}_j^{\mathrm{T}}\boldsymbol{U}\boldsymbol{U}^{\mathrm{T}}\boldsymbol{U}\boldsymbol{U}^{\mathrm{T}}\boldsymbol{w}_k\boldsymbol{k}^{\mathrm{T}})\\&=\boldsymbol{w}_j^{\mathrm{T}}\boldsymbol{U}\boldsymbol{U}^{\mathrm{T}}\boldsymbol{U}\boldsymbol{U}^{\mathrm{T}}\boldsymbol{w}_k,\ j,\ k=1,\ 2\\\mathrm{tr}(\boldsymbol{F}\boldsymbol{V}\boldsymbol{U}^{\mathrm{T}}\boldsymbol{U}\boldsymbol{U}^{\mathrm{T}}\boldsymbol{R}_j^{\mathrm{T}})&=\frac{1}{2\lambda}\mathrm{tr}(\boldsymbol{R}\boldsymbol{U}\boldsymbol{V}^{\mathrm{T}}\boldsymbol{V}\boldsymbol{U}^{\mathrm{T}}\boldsymbol{U}\boldsymbol{U}^{\mathrm{T}}\boldsymbol{w}_j\boldsymbol{k}^{\mathrm{T}})\\&=\frac{1}{2\lambda}\boldsymbol{k}^{\mathrm{T}}\boldsymbol{R}\boldsymbol{U}\boldsymbol{V}^{\mathrm{T}}\boldsymbol{V}\boldsymbol{U}^{\mathrm{T}}\boldsymbol{U}\boldsymbol{U}^{\mathrm{T}}\boldsymbol{w}_j,\ j=1,\ 2,\end{aligned}$$

通过公式(6.2.7)可得

$$(2\lambda\eta_1,\ 2\lambda\eta_2)\begin{pmatrix}\boldsymbol{w}_1^{\mathrm{T}}\boldsymbol{U}\boldsymbol{U}^{\mathrm{T}}\boldsymbol{U}\boldsymbol{U}^{\mathrm{T}}\boldsymbol{w}_1 & \boldsymbol{w}_1^{\mathrm{T}}\boldsymbol{U}\boldsymbol{U}^{\mathrm{T}}\boldsymbol{U}\boldsymbol{U}^{\mathrm{T}}\boldsymbol{w}_2\\\boldsymbol{w}_2^{\mathrm{T}}\boldsymbol{U}\boldsymbol{U}^{\mathrm{T}}\boldsymbol{U}\boldsymbol{U}^{\mathrm{T}}\boldsymbol{w}_1 & \boldsymbol{w}_2^{\mathrm{T}}\boldsymbol{U}\boldsymbol{U}^{\mathrm{T}}\boldsymbol{U}\boldsymbol{U}^{\mathrm{T}}\boldsymbol{w}_2\end{pmatrix}=\boldsymbol{k}^{\mathrm{T}}\boldsymbol{R}\boldsymbol{U}\boldsymbol{V}^{\mathrm{T}}\boldsymbol{V}\boldsymbol{U}^{\mathrm{T}}\boldsymbol{U}\boldsymbol{U}^{\mathrm{T}}(\boldsymbol{w}_1,\ \boldsymbol{w}_2)$$

记 $\boldsymbol{W}_2=(\boldsymbol{w}_1,\ \boldsymbol{w}_2)$，则

$$(2\lambda\eta_1,\ 2\lambda\eta_2)\boldsymbol{W}_2^{\mathrm{T}}\boldsymbol{U}\boldsymbol{U}^{\mathrm{T}}\boldsymbol{U}\boldsymbol{U}^{\mathrm{T}}\boldsymbol{W}_2=\boldsymbol{k}^{\mathrm{T}}\boldsymbol{R}\boldsymbol{U}\boldsymbol{V}^{\mathrm{T}}\boldsymbol{V}\boldsymbol{U}^{\mathrm{T}}\boldsymbol{U}\boldsymbol{U}^{\mathrm{T}}\boldsymbol{W}_2 \tag{6.2.11}$$

如果公式(6.2.10)两边分别左乘 $\boldsymbol{k}^{\mathrm{T}}$，根据公式(6.2.11)，左边等于

$$
\begin{aligned}
&\boldsymbol{k}^{\mathrm{T}}\boldsymbol{RUV}^{\mathrm{T}}\boldsymbol{VU}^{\mathrm{T}}-2\lambda\eta_1\boldsymbol{k}^{\mathrm{T}}\boldsymbol{R}_1\boldsymbol{UU}^{\mathrm{T}}-2\lambda\eta_2\boldsymbol{k}^{\mathrm{T}}\boldsymbol{R}_2\boldsymbol{UU}^{\mathrm{T}}\\
&=\boldsymbol{k}^{\mathrm{T}}\boldsymbol{RUV}^{\mathrm{T}}\boldsymbol{VU}^{\mathrm{T}}-2\lambda\eta_1\boldsymbol{w}_1^{\mathrm{T}}\boldsymbol{UU}^{\mathrm{T}}-2\lambda\eta_2\boldsymbol{w}_2^{\mathrm{T}}\boldsymbol{UU}^{\mathrm{T}}\\
&=\boldsymbol{k}^{\mathrm{T}}\boldsymbol{RUV}^{\mathrm{T}}\boldsymbol{VU}^{\mathrm{T}}-(2\lambda\eta_1,\ 2\lambda\eta_2)\boldsymbol{W}_2^{\mathrm{T}}\boldsymbol{UU}^{\mathrm{T}}\\
&=\boldsymbol{k}^{\mathrm{T}}\boldsymbol{RUV}^{\mathrm{T}}\boldsymbol{VU}^{\mathrm{T}}-\boldsymbol{k}^{\mathrm{T}}\boldsymbol{RUV}^{\mathrm{T}}\boldsymbol{VU}^{\mathrm{T}}\boldsymbol{UU}^{\mathrm{T}}\boldsymbol{W}_2(\boldsymbol{W}_2^{\mathrm{T}}\boldsymbol{UU}^{\mathrm{T}}\boldsymbol{UU}^{\mathrm{T}}\boldsymbol{W}_2)^{-1}\boldsymbol{W}_2^{\mathrm{T}}\boldsymbol{UU}^{\mathrm{T}}\\
&=\boldsymbol{k}^{\mathrm{T}}\boldsymbol{RUV}^{\mathrm{T}}\boldsymbol{VU}^{\mathrm{T}}(\boldsymbol{I}_D-\boldsymbol{UU}^{\mathrm{T}}\boldsymbol{W}_2(\boldsymbol{W}_2^{\mathrm{T}}\boldsymbol{UU}^{\mathrm{T}}\boldsymbol{UU}^{\mathrm{T}}\boldsymbol{W}_2)^{-1}\boldsymbol{W}_2^{\mathrm{T}}\boldsymbol{UU}^{\mathrm{T}})\\
&=\boldsymbol{k}^{\mathrm{T}}\boldsymbol{RUV}^{\mathrm{T}}\boldsymbol{VU}^{\mathrm{T}}\boldsymbol{H}_2
\end{aligned}
$$

则 $\boldsymbol{k}^{\mathrm{T}}\boldsymbol{RUV}^{\mathrm{T}}\boldsymbol{VU}^{\mathrm{T}}\boldsymbol{H}_2=(2\lambda)^2\boldsymbol{k}^{\mathrm{T}}\boldsymbol{R}$。根据定理 6.1.1，$\boldsymbol{w}_3$ 是 $\boldsymbol{H}_2\boldsymbol{UV}^{\mathrm{T}}\boldsymbol{VU}^{\mathrm{T}}$ 最大特征值相关的单位特征向量，则 $\boldsymbol{k}^{\mathrm{T}}\boldsymbol{R}_3=\delta\boldsymbol{w}_3^{\mathrm{T}}$，其中 δ 是一个任意的实数。存在解 $\boldsymbol{R}_3=\boldsymbol{k}\boldsymbol{w}_3^{\mathrm{T}}$，因此 $\boldsymbol{F}_3=\boldsymbol{k}\boldsymbol{\theta}_3^{\mathrm{T}}$。

类似地，对于优化问题(6.2.3)，存在解 $\boldsymbol{R}_l=\boldsymbol{k}\boldsymbol{w}_l^{\mathrm{T}}$，$\boldsymbol{F}_l=\boldsymbol{k}\boldsymbol{\theta}_l^{\mathrm{T}}(l=1,2,\cdots,r)$，其中 $\boldsymbol{k}=(k_1,k_2,\cdots,k_d)^{\mathrm{T}}$ 是一个任意的实数向量且满足 $\boldsymbol{k}^{\mathrm{T}}\boldsymbol{k}=1$，$\boldsymbol{k}^{\mathrm{T}}\boldsymbol{1}_d=0$。这个解也满足 $\boldsymbol{1}_d^{\mathrm{T}}\boldsymbol{R}_l=\boldsymbol{0}_D^{\mathrm{T}}$，$\boldsymbol{1}_d^{\mathrm{T}}\boldsymbol{F}_l=\boldsymbol{0}_C^{\mathrm{T}}$，且

$$
\boldsymbol{R}_l\begin{pmatrix}\boldsymbol{1}_{D_1}&\boldsymbol{0}_{D_1}&\cdots&\boldsymbol{0}_{D_1}\\ \boldsymbol{0}_{D_2}&\boldsymbol{1}_{D_2}&\cdots&\boldsymbol{0}_{D_2}\\ \vdots&\vdots&\ddots&\vdots\\ \boldsymbol{0}_{D_q}&\boldsymbol{0}_{D_q}&\cdots&\boldsymbol{1}_{D_q}\end{pmatrix}=\boldsymbol{0}_{d\times q},\quad \boldsymbol{F}_l\begin{pmatrix}\boldsymbol{1}_{C_1}&\boldsymbol{0}_{C_1}&\cdots&\boldsymbol{0}_{C_1}\\ \boldsymbol{0}_{C_2}&\boldsymbol{1}_{C_2}&\cdots&\boldsymbol{0}_{C_2}\\ \vdots&\vdots&\ddots&\vdots\\ \boldsymbol{0}_{C_p}&\boldsymbol{0}_{C_p}&\cdots&\boldsymbol{1}_{C_p}\end{pmatrix}=\boldsymbol{0}_{d\times p}
$$

因此，这个解也是优化问题(6.2.2)的解。

■

注 6.2.2　当因变量和自变量都是成分数据时，本节提出的单形上的 PLS 回归需考虑优化问题(6.2.2)。这与文献[28，95，96，107]是不同的。首先，先前文献的 PLS 模型都是在实数空间上研究的。其次，文献[28，96，107]考虑了基于成分自变量和实数因变量的 PLS 模型，文献[95]研究了基于成分自变量和一个成分因变量的 PLS 模型。

注 6.2.3　目标优化(6.2.2)有很多解。定理 6.2.1 中的解 $\boldsymbol{R}_l=\boldsymbol{k}\boldsymbol{w}_l^{\mathrm{T}}$，$\boldsymbol{F}_l=\boldsymbol{k}\boldsymbol{\theta}_l^{\mathrm{T}}(l=1,2,\cdots,r)$ 为其中存在的一种解。在这个解下，

目标优化(6.2.2)和(6.1.1)有相同的目标函数值，即 $\widehat{\mathrm{Cov}}_a(\boldsymbol{s}_l,\ \boldsymbol{t}_l)=\frac{1}{n}\mathrm{tr}(\boldsymbol{R}_l\boldsymbol{U}\boldsymbol{V}^{\mathrm{T}}\boldsymbol{F}_l^{\mathrm{T}})=\frac{1}{n}\mathrm{tr}(\boldsymbol{k}\boldsymbol{w}_l^{\mathrm{T}}\boldsymbol{U}\boldsymbol{V}^{\mathrm{T}}\boldsymbol{\theta}_l\boldsymbol{k}^{\mathrm{T}})=\frac{1}{n}\boldsymbol{w}_l^{\mathrm{T}}\boldsymbol{U}\boldsymbol{V}^{\mathrm{T}}\boldsymbol{\theta}_l=\widehat{\mathrm{Cov}}(h_l,\ m_l)$。因此当 d 取不同值时优化目标函数值是不变的。为了方便，取 d 为最小值 2，即成分变量的 PLS 因子有两个成分。

得到权重矩阵 $\boldsymbol{R}_l$ 和 $\boldsymbol{F}_l$ 后，样本数据集 $\boldsymbol{S}_l$ 和 $\boldsymbol{T}_l$ 是已知的。建立成分变量 $\boldsymbol{y}_j(j=1,2,\cdots,p)$ 和 PLS 因子 $\boldsymbol{s}_1,\ \boldsymbol{s}_2,\ \cdots,\ \boldsymbol{s}_r$ 之间的线性回归

$$\boldsymbol{Y}_j=\boldsymbol{B}_{j1}\boxdot\boldsymbol{S}_1\oplus\boldsymbol{B}_{j2}\boxdot\boldsymbol{S}_2\oplus\cdots\oplus\boldsymbol{B}_{jr}\boxdot\boldsymbol{S}_r\oplus\boldsymbol{E}_j,\quad j=1,2,\cdots,p \tag{6.2.12}$$

其中 $\boldsymbol{B}_{jl}(l=1,2,\cdots,r)$ 是一个 $C_j\times d$ 参数矩阵且满足 $\boldsymbol{B}_{jl}\boldsymbol{1}_d=\boldsymbol{0}_{C_j}$，$\boldsymbol{1}_{C_j}^{\mathrm{T}}\boldsymbol{B}_{jl}=\boldsymbol{0}_d^{\mathrm{T}}$，$\boldsymbol{E}_j$ 是一个成分误差项矩阵。因为 $\widehat{\mathrm{cen}}(\boldsymbol{y}_j)=\boldsymbol{n}_{C_j}$ 和 $\widehat{\mathrm{cen}}(s_l)=\boldsymbol{n}_d$，所以上面的回归方程没有截距项。在公式(6.2.12)两边分别取 ilr 坐标，根据公式(2.3.3)得到

$$\mathrm{ilr}(\boldsymbol{Y}_j)=\boldsymbol{\Psi}_{C_j}^{\mathrm{T}}\boldsymbol{B}_{j1}\boldsymbol{\Psi}_d\mathrm{ilr}(\boldsymbol{S}_1)+\boldsymbol{\Psi}_{C_j}^{\mathrm{T}}\boldsymbol{B}_{j2}\boldsymbol{\Psi}_d\mathrm{ilr}(\boldsymbol{S}_2)+\cdots+\boldsymbol{\Psi}_{C_j}^{\mathrm{T}}\boldsymbol{B}_{jr}\boldsymbol{\Psi}_d\mathrm{ilr}(\boldsymbol{S}_r)+\mathrm{ilr}(\boldsymbol{E}_j)$$

通过最小二乘方法，可得

$$\begin{pmatrix}\mathrm{ilr}(\boldsymbol{S}_1)(\mathrm{ilr}(\boldsymbol{S}_1))^{\mathrm{T}} & \mathrm{ilr}(\boldsymbol{S}_1)(\mathrm{ilr}(\boldsymbol{S}_2))^{\mathrm{T}} & \cdots & \mathrm{ilr}(\boldsymbol{S}_1)(\mathrm{ilr}(\boldsymbol{S}_r))^{\mathrm{T}}\\ \mathrm{ilr}(\boldsymbol{S}_2)(\mathrm{ilr}(\boldsymbol{S}_1))^{\mathrm{T}} & \mathrm{ilr}(\boldsymbol{S}_2)(\mathrm{ilr}(\boldsymbol{S}_2))^{\mathrm{T}} & \cdots & \mathrm{ilr}(\boldsymbol{S}_2)(\mathrm{ilr}(\boldsymbol{S}_r))^{\mathrm{T}}\\ \vdots & \vdots & \ddots & \vdots\\ \mathrm{ilr}(\boldsymbol{S}_r)(\mathrm{ilr}(\boldsymbol{S}_1))^{\mathrm{T}} & \mathrm{ilr}(\boldsymbol{S}_r)(\mathrm{ilr}(\boldsymbol{S}_2))^{\mathrm{T}} & \cdots & \mathrm{ilr}(\boldsymbol{S}_r)(\mathrm{ilr}(\boldsymbol{S}_r))^{\mathrm{T}}\end{pmatrix}$$

$$\times\begin{pmatrix}\boldsymbol{\Psi}_d^{\mathrm{T}}\hat{\boldsymbol{B}}_{j1}^{\mathrm{T}}\boldsymbol{\Psi}_{C_j}\\ \boldsymbol{\Psi}_d^{\mathrm{T}}\hat{\boldsymbol{B}}_{j2}^{\mathrm{T}}\boldsymbol{\Psi}_{C_j}\\ \vdots\\ \boldsymbol{\Psi}_d^{\mathrm{T}}\hat{\boldsymbol{B}}_{jr}^{\mathrm{T}}\boldsymbol{\Psi}_{C_j}\end{pmatrix}=\begin{pmatrix}\mathrm{ilr}(\boldsymbol{S}_1)(\mathrm{ilr}(\boldsymbol{Y}_j))^{\mathrm{T}}\\ \mathrm{ilr}(\boldsymbol{S}_2)(\mathrm{ilr}(\boldsymbol{Y}_j))^{\mathrm{T}}\\ \vdots\\ \mathrm{ilr}(\boldsymbol{S}_r)(\mathrm{ilr}(\boldsymbol{Y}_j))^{\mathrm{T}}\end{pmatrix} \tag{6.2.13}$$

最后，根据性质 2.3.2，因为 $\hat{\boldsymbol{B}}_{jl}\boldsymbol{1}_d=\boldsymbol{0}_{C_j}$，预测的因变量成分数据集为

$$\hat{\boldsymbol{Y}}_j=\hat{\boldsymbol{B}}_{j1}\boxdot\boldsymbol{S}_1\oplus\hat{\boldsymbol{B}}_{j2}\boxdot\boldsymbol{S}_2\oplus\cdots\oplus\hat{\boldsymbol{B}}_{jr}\boxdot\boldsymbol{S}_r$$

$$
\begin{aligned}
&= \hat{\boldsymbol{B}}_{j1} \boxdot \boldsymbol{R}_1 \boxdot \boldsymbol{X} \oplus \hat{\boldsymbol{B}}_{j2} \boxdot \boldsymbol{R}_2 \boxdot \boldsymbol{X} \oplus \cdots \oplus \hat{\boldsymbol{B}}_{jr} \boxdot \boldsymbol{R}_r \boxdot \boldsymbol{X} \\
&= (\hat{\boldsymbol{B}}_{j1} \boldsymbol{R}_1 + \hat{\boldsymbol{B}}_{j2} \boldsymbol{R}_2 + \cdots + \hat{\boldsymbol{B}}_{jr} \boldsymbol{R}_r) \boxdot \boldsymbol{X}
\end{aligned} \tag{6.2.14}
$$

定理 6.2.4　在定理 6.2.1 中的解存在的条件下，基于成分变量的 PLS 回归模型(6.2.14)的估计的回归系数矩阵与基于 clr 系数的 PLS 回归模型(6.1.5)的估计的回归系数是相同的，即

$$
\hat{\boldsymbol{B}}_{j1} \boldsymbol{R}_1 + \hat{\boldsymbol{B}}_{j2} \boldsymbol{R}_2 + \cdots + \hat{\boldsymbol{B}}_{jr} \boldsymbol{R}_r = \hat{\boldsymbol{\beta}}_{j1} \boldsymbol{w}_1^{\mathrm{T}} + \hat{\boldsymbol{\beta}}_{j2} \boldsymbol{w}_2^{\mathrm{T}} + \cdots + \hat{\boldsymbol{\beta}}_{jr} \boldsymbol{w}_r^{\mathrm{T}}
$$

证明　如果公式(6.2.13)两边分别右乘矩阵 $\boldsymbol{\Psi}_{Cj}^{\mathrm{T}}$，因为 $\hat{\boldsymbol{B}}_{jl}^{\mathrm{T}} \boldsymbol{\Psi}_{Cj} \boldsymbol{\Psi}_{Cj}^{\mathrm{T}} = \hat{\boldsymbol{B}}_{jl}^{\mathrm{T}} \boldsymbol{G}_{Cj} = \hat{\boldsymbol{B}}_{jl}^{\mathrm{T}}$ 且 $(\mathrm{ilr}(\boldsymbol{Y}_j))^{\mathrm{T}} \boldsymbol{\Psi}_{Cj}^{\mathrm{T}} = (\mathrm{clr}(\boldsymbol{Y}_j))^{\mathrm{T}} \boldsymbol{\Psi}_{Cj} \boldsymbol{\Psi}_{Cj}^{\mathrm{T}} = (\mathrm{clr}(\boldsymbol{Y}_j))^{\mathrm{T}} \boldsymbol{G}_{Cj} = (\mathrm{clr}(\boldsymbol{Y}_j))^{\mathrm{T}} = \boldsymbol{V}_j^{\mathrm{T}}$，公式(6.2.13)简化为

$$
\begin{pmatrix}
ilr(\boldsymbol{S}_1)(\mathrm{ilr}(\boldsymbol{S}_1))^{\mathrm{T}} & \mathrm{ilr}(\boldsymbol{S}_1)(\mathrm{ilr}(\boldsymbol{S}_2))^{\mathrm{T}} & \cdots & \mathrm{ilr}(\boldsymbol{S}_1)(\mathrm{ilr}(\boldsymbol{S}_r))^{\mathrm{T}} \\
\mathrm{ilr}(\boldsymbol{S}_2)(\mathrm{ilr}(\boldsymbol{S}_1))^{\mathrm{T}} & \mathrm{ilr}(\boldsymbol{S}_2)(\mathrm{ilr}(\boldsymbol{S}_2))^{\mathrm{T}} & \cdots & \mathrm{ilr}(\boldsymbol{S}_2)(\mathrm{ilr}(\boldsymbol{S}_r))^{\mathrm{T}} \\
\vdots & \vdots & \ddots & \vdots \\
\mathrm{ilr}(\boldsymbol{S}_r)(\mathrm{ilr}(\boldsymbol{S}_1))^{\mathrm{T}} & \mathrm{ilr}(\boldsymbol{S}_r)(\mathrm{ilr}(\boldsymbol{S}_2))^{\mathrm{T}} & \cdots & \mathrm{ilr}(\boldsymbol{S}_r)(\mathrm{ilr}(\boldsymbol{S}_r))^{\mathrm{T}}
\end{pmatrix}
\begin{pmatrix}
\boldsymbol{\Psi}_d^{\mathrm{T}} \hat{\boldsymbol{B}}_{j1}^{\mathrm{T}} \\
\boldsymbol{\Psi}_d^{\mathrm{T}} \hat{\boldsymbol{B}}_{j2}^{\mathrm{T}} \\
\vdots \\
\boldsymbol{\Psi}_d^{\mathrm{T}} \hat{\boldsymbol{B}}_{jr}^{\mathrm{T}}
\end{pmatrix}
= \begin{pmatrix}
\mathrm{ilr}(\boldsymbol{S}_1) \boldsymbol{V}_j^{\mathrm{T}} \\
\mathrm{ilr}(\boldsymbol{S}_2) \boldsymbol{V}_j^{\mathrm{T}} \\
\vdots \\
\mathrm{ilr}(\boldsymbol{S}_r) \boldsymbol{V}_j^{\mathrm{T}}
\end{pmatrix}
$$

根据定理 6.2.1 和公式(6.2.1)，对于 $l = 1, 2, \cdots, r$，得到

$$
\mathrm{ilr}(\boldsymbol{S}_l) = \boldsymbol{\Psi}_d^{\mathrm{T}} \mathrm{clr}(\boldsymbol{S}_l) = \boldsymbol{\Psi}_d^{\mathrm{T}} \boldsymbol{R}_l \boldsymbol{U} = \boldsymbol{\Psi}_d^{\mathrm{T}} \boldsymbol{k} \boldsymbol{w}_l^{\mathrm{T}} \boldsymbol{U} = \boldsymbol{\Psi}_d^{\mathrm{T}} \boldsymbol{k} \boldsymbol{h}_l^{\mathrm{T}}
$$

因此

$$
\begin{pmatrix}
\boldsymbol{\Psi}_d^{\mathrm{T}} \boldsymbol{k} \boldsymbol{h}_1^{\mathrm{T}} \boldsymbol{h}_1 \boldsymbol{k}^{\mathrm{T}} \boldsymbol{\Psi}_d & \boldsymbol{\Psi}_d^{\mathrm{T}} \boldsymbol{k} \boldsymbol{h}_1^{\mathrm{T}} \boldsymbol{h}_2 \boldsymbol{k}^{\mathrm{T}} \boldsymbol{\Psi}_d & \cdots & \boldsymbol{\Psi}_d^{\mathrm{T}} \boldsymbol{k} \boldsymbol{h}_1^{\mathrm{T}} \boldsymbol{h}_r \boldsymbol{k}^{\mathrm{T}} \boldsymbol{\Psi}_d \\
\boldsymbol{\Psi}_d^{\mathrm{T}} \boldsymbol{k} \boldsymbol{h}_2^{\mathrm{T}} \boldsymbol{h}_1 \boldsymbol{k}^{\mathrm{T}} \boldsymbol{\Psi}_d & \boldsymbol{\Psi}_d^{\mathrm{T}} \boldsymbol{k} \boldsymbol{h}_2^{\mathrm{T}} \boldsymbol{h}_2 \boldsymbol{k}^{\mathrm{T}} \boldsymbol{\Psi}_d & \cdots & \boldsymbol{\Psi}_d^{\mathrm{T}} \boldsymbol{k} \boldsymbol{h}_2^{\mathrm{T}} \boldsymbol{h}_r \boldsymbol{k}^{\mathrm{T}} \boldsymbol{\Psi}_d \\
\vdots & \vdots & \ddots & \vdots \\
\boldsymbol{\Psi}_d^{\mathrm{T}} \boldsymbol{k} \boldsymbol{h}_r^{\mathrm{T}} \boldsymbol{h}_1 \boldsymbol{k}^{\mathrm{T}} \boldsymbol{\Psi}_d & \boldsymbol{\Psi}_d^{\mathrm{T}} \boldsymbol{k} \boldsymbol{h}_r^{\mathrm{T}} \boldsymbol{h}_2 \boldsymbol{k}^{\mathrm{T}} \boldsymbol{\Psi}_d & \cdots & \boldsymbol{\Psi}_d^{\mathrm{T}} \boldsymbol{k} \boldsymbol{h}_r^{\mathrm{T}} \boldsymbol{h}_r \boldsymbol{k}^{\mathrm{T}} \boldsymbol{\Psi}_d
\end{pmatrix}
\begin{pmatrix}
\boldsymbol{\Psi}_d^{\mathrm{T}} \hat{\boldsymbol{B}}_{j1}^{\mathrm{T}} \\
\boldsymbol{\Psi}_d^{\mathrm{T}} \hat{\boldsymbol{B}}_{j2}^{\mathrm{T}} \\
\vdots \\
\boldsymbol{\Psi}_d^{\mathrm{T}} \hat{\boldsymbol{B}}_{jr}^{\mathrm{T}}
\end{pmatrix}
$$

$$=\begin{pmatrix}\boldsymbol{\Psi}_d^{\mathrm{T}}\boldsymbol{k}\boldsymbol{h}_1^{\mathrm{T}}\mathbf{V}_j^{\mathrm{T}}\\ \boldsymbol{\Psi}_d^{\mathrm{T}}\boldsymbol{k}\boldsymbol{h}_2^{\mathrm{T}}\mathbf{V}_j^{\mathrm{T}}\\ \vdots\\ \boldsymbol{\Psi}_d^{\mathrm{T}}\boldsymbol{k}\boldsymbol{h}_r^{\mathrm{T}}\mathbf{V}_j^{\mathrm{T}}\end{pmatrix}$$

上面的等式两边分别左乘

$$\begin{pmatrix}\boldsymbol{k}^{\mathrm{T}}\boldsymbol{\Psi}_d & \mathbf{0}_{d-1}^{\mathrm{T}} & \cdots & \mathbf{0}_{d-1}^{\mathrm{T}}\\ \mathbf{0}_{d-1}^{\mathrm{T}} & \boldsymbol{k}^{\mathrm{T}}\boldsymbol{\Psi}_d & \cdots & \mathbf{0}_{d-1}^{\mathrm{T}}\\ \vdots & \vdots & \ddots & \vdots\\ \mathbf{0}_{d-1}^{\mathrm{T}} & \mathbf{0}_{d-1}^{\mathrm{T}} & \cdots & \boldsymbol{k}^{\mathrm{T}}\boldsymbol{\Psi}_d\end{pmatrix}$$

因为 $\boldsymbol{k}^{\mathrm{T}}\boldsymbol{\Psi}_d\boldsymbol{\Psi}_d^{\mathrm{T}}k=1$，可以得到

$$\begin{pmatrix}\boldsymbol{h}_1^{\mathrm{T}}\boldsymbol{h}_1 & \boldsymbol{h}_1^{\mathrm{T}}\boldsymbol{h}_2 & \cdots & \boldsymbol{h}_1^{\mathrm{T}}\boldsymbol{h}_r\\ \boldsymbol{h}_2^{\mathrm{T}}\boldsymbol{h}_1 & \boldsymbol{h}_2^{\mathrm{T}}\boldsymbol{h}_2 & \cdots & \boldsymbol{h}_2^{\mathrm{T}}\boldsymbol{h}_r\\ \vdots & \vdots & \ddots & \vdots\\ \boldsymbol{h}_r^{\mathrm{T}}\boldsymbol{h}_1 & \boldsymbol{h}_r^{\mathrm{T}}\boldsymbol{h}_2 & \cdots & \boldsymbol{h}_r^{\mathrm{T}}\boldsymbol{h}_r\end{pmatrix}\begin{pmatrix}\boldsymbol{k}^{\mathrm{T}}\hat{\boldsymbol{B}}_{j1}^{\mathrm{T}}\\ \boldsymbol{k}^{\mathrm{T}}\hat{\boldsymbol{B}}_{j2}^{\mathrm{T}}\\ \vdots\\ \boldsymbol{k}^{\mathrm{T}}\hat{\boldsymbol{B}}_{jr}^{\mathrm{T}}\end{pmatrix}=\begin{pmatrix}\boldsymbol{h}_1^{\mathrm{T}}\mathbf{V}_j^{\mathrm{T}}\\ \boldsymbol{h}_2^{\mathrm{T}}\mathbf{V}_j^{\mathrm{T}}\\ \vdots\\ \boldsymbol{h}_r^{\mathrm{T}}\mathbf{V}_j^{\mathrm{T}}\end{pmatrix}$$

与公式(6.1.4)相比，我们有

$$\begin{pmatrix}\boldsymbol{h}_1^{\mathrm{T}}\boldsymbol{h}_1 & \boldsymbol{h}_1^{\mathrm{T}}\boldsymbol{h}_2 & \cdots & \boldsymbol{h}_1^{\mathrm{T}}\boldsymbol{h}_r\\ \boldsymbol{h}_2^{\mathrm{T}}\boldsymbol{h}_1 & \boldsymbol{h}_2^{\mathrm{T}}\boldsymbol{h}_2 & \cdots & \boldsymbol{h}_2^{\mathrm{T}}\boldsymbol{h}_r\\ \vdots & \vdots & \ddots & \vdots\\ \boldsymbol{h}_r^{\mathrm{T}}\boldsymbol{h}_1 & \boldsymbol{h}_r^{\mathrm{T}}\boldsymbol{h}_2 & \cdots & \boldsymbol{h}_r^{\mathrm{T}}\boldsymbol{h}_r\end{pmatrix}\begin{pmatrix}\boldsymbol{k}^{\mathrm{T}}\hat{\boldsymbol{B}}_{j1}^{\mathrm{T}}\\ \boldsymbol{k}^{\mathrm{T}}\hat{\boldsymbol{B}}_{j2}^{\mathrm{T}}\\ \vdots\\ \boldsymbol{k}^{\mathrm{T}}\hat{\boldsymbol{B}}_{jr}^{\mathrm{T}}\end{pmatrix}=\begin{pmatrix}\boldsymbol{h}_1^{\mathrm{T}}\boldsymbol{h}_1 & \boldsymbol{h}_1^{\mathrm{T}}\boldsymbol{h}_2 & \cdots & \boldsymbol{h}_1^{\mathrm{T}}\boldsymbol{h}_r\\ \boldsymbol{h}_2^{\mathrm{T}}\boldsymbol{h}_1 & \boldsymbol{h}_2^{\mathrm{T}}\boldsymbol{h}_2 & \cdots & \boldsymbol{h}_2^{\mathrm{T}}\boldsymbol{h}_r\\ \vdots & \vdots & \ddots & \vdots\\ \boldsymbol{h}_r^{\mathrm{T}}\boldsymbol{h}_1 & \boldsymbol{h}_r^{\mathrm{T}}\boldsymbol{h}_2 & \cdots & \boldsymbol{h}_r^{\mathrm{T}}\boldsymbol{h}_r\end{pmatrix}\begin{pmatrix}\hat{\boldsymbol{\beta}}_{j1}^{\mathrm{T}}\\ \hat{\boldsymbol{\beta}}_{j2}^{\mathrm{T}}\\ \vdots\\ \hat{\boldsymbol{\beta}}_{jr}^{\mathrm{T}}\end{pmatrix}$$

因为左边矩阵是可逆的，所以 $\boldsymbol{k}^{\mathrm{T}}\hat{\boldsymbol{B}}_{jl}^{\mathrm{T}}=\hat{\boldsymbol{\beta}}_{jl}^{\mathrm{T}}(l=1,2,\cdots,r)$，因此

$$\begin{aligned}\hat{\boldsymbol{B}}_{j1}\boldsymbol{R}_1+\hat{\boldsymbol{B}}_{j2}\boldsymbol{R}_2+\cdots+\hat{\boldsymbol{B}}_{jr}\boldsymbol{R}_r&=\hat{\boldsymbol{B}}_{j1}\boldsymbol{k}\boldsymbol{w}_1^{\mathrm{T}}+\hat{\boldsymbol{B}}_{j2}\boldsymbol{k}\boldsymbol{w}_2^{\mathrm{T}}+\cdots+\hat{\boldsymbol{B}}_{jr}\boldsymbol{k}\boldsymbol{w}_r^{\mathrm{T}}\\&=\hat{\boldsymbol{\beta}}_{j1}\boldsymbol{w}_1^{\mathrm{T}}+\hat{\boldsymbol{\beta}}_{j2}\boldsymbol{w}_2^{\mathrm{T}}+\cdots+\hat{\boldsymbol{\beta}}_{jr}\boldsymbol{w}_r^{\mathrm{T}}\end{aligned}$$

■

定理 6.2.4 与每个 clr 系数对应于原始成分这个事实一致，即它通

过原始成分关于其他成分几何均值的对数比率解释了原始成分的所有相对信息。

对公式(6.2.14)两边分别取 clr 系数，通过公式(6.2.1)和定理(6.2.4)，可以得到

$$
\begin{aligned}
\mathrm{clr}(\hat{\boldsymbol{Y}}_j) &= \hat{\boldsymbol{B}}_{j1}\mathrm{clr}(\boldsymbol{S}_1) + \hat{\boldsymbol{B}}_{j2}\mathrm{clr}(\boldsymbol{S}_2) + \cdots + \hat{\boldsymbol{B}}_{jr}\mathrm{clr}(\boldsymbol{S}_r) \\
&= \hat{\boldsymbol{B}}_{j1}\boldsymbol{R}_1\boldsymbol{U} + \hat{\boldsymbol{B}}_{j2}\boldsymbol{R}_2\boldsymbol{U} + \cdots + \hat{\boldsymbol{B}}_{jr}\boldsymbol{R}_r\boldsymbol{U} \\
&= (\hat{\boldsymbol{B}}_{j1}\boldsymbol{R}_1 + \hat{\boldsymbol{B}}_{j2}\boldsymbol{R}_2 + \cdots + \hat{\boldsymbol{B}}_{jr}\boldsymbol{R}_r)\boldsymbol{U} \\
&= (\hat{\boldsymbol{\beta}}_{j1}\boldsymbol{w}_1^{\mathrm{T}} + \hat{\boldsymbol{\beta}}_{j2}\boldsymbol{w}_2^{\mathrm{T}} + \cdots + \hat{\boldsymbol{\beta}}_{jr}\boldsymbol{w}_r^{\mathrm{T}})\boldsymbol{U} = \hat{\mathbf{V}}_j
\end{aligned}
$$

其中 $\hat{\mathbf{V}}_j$ 的定义在公式(6.1.5)中。通过公式(2.4.5)，可得

$$
\begin{aligned}
\sum_{j=1}^{p}\|\mathbf{V}_j\|_F^2 &= \sum_{j=1}^{p}\mathrm{tr}(\mathbf{V}_j^{\mathrm{T}}\mathbf{V}_j) = \sum_{j=1}^{p}\mathrm{tr}((\mathrm{clr}(\mathbf{Y}_j))^{\mathrm{T}}\mathrm{clr}(\mathbf{Y}_j)) \\
&= \sum_{j=1}^{p}\|\mathbf{Y}_j\|_a^2
\end{aligned}
$$

$$
\begin{aligned}
\sum_{j=1}^{p}\|\mathbf{V}_j - \hat{\mathbf{V}}_j\|_F^2 &= \sum_{j=1}^{p}\mathrm{tr}((\mathbf{V}_j - \hat{\mathbf{V}}_j)^{\mathrm{T}}(\mathbf{V}_j - \hat{\mathbf{V}}_j)) \\
&= \sum_{j=1}^{p}\mathrm{tr}((\mathrm{clr}(\mathbf{Y}_j \boxdot \hat{\mathbf{Y}}_j))^{\mathrm{T}}\mathrm{clr}(\mathbf{Y}_j \boxdot \hat{\mathbf{Y}}_j)) \\
&= \sum_{j=1}^{p}\|\mathbf{Y}_j \boxdot \hat{\mathbf{Y}}_j\|_a^2
\end{aligned}
$$

$$
\begin{aligned}
\sum_{j=1}^{p}\|\hat{\mathbf{V}}_j\|_F^2 &= \sum_{j=1}^{p}\mathrm{tr}(\hat{\mathbf{V}}_j^{\mathrm{T}}\hat{\mathbf{V}}_j) = \sum_{j=1}^{p}\mathrm{tr}((\mathrm{clr}(\hat{\mathbf{Y}}_j))^{\mathrm{T}}\mathrm{clr}(\hat{\mathbf{Y}}_j)) \\
&= \sum_{j=1}^{p}\|\hat{\mathbf{Y}}_j\|_a^2
\end{aligned}
$$

则

$$
\sum_{j=1}^{p}\|\mathbf{Y}_j\|_a^2 = \sum_{j=1}^{p}\|\mathbf{Y}_j \boxdot \hat{\mathbf{Y}}_j\|_a^2 + \sum_{j=1}^{p}\|\hat{\mathbf{Y}}_j\|_a^2
$$

对于本节提出的单形上的回归模型，考虑如下定义的判定系数

$$
R^2 = 1 - \frac{\sum_{j=1}^{p}\|\mathbf{Y}_j \ominus \hat{\mathbf{Y}}_j\|_a^2}{\sum_{j=1}^{p}\|\mathbf{Y}_j\|_a^2} \tag{6.2.15}
$$

公式(6.2.15)中的判定系数 R^2 等于公式(6.1.6)中的判定系数。这进一步支持了本节提出的单形上的 PLS 回归模型和基于 clr 系数的模型的等价性。

6.3 实例分析

上节探讨的 PLS 回归模型被应用到代谢组学数据集中，其中控制组有 6 只老鼠，慢性萎缩性胃炎组有 6 只老鼠，分别收集尿液样本和血液样本[112]。这个数据集包括 12 只老鼠的 11 个尿液代谢物成分和 15 个血液代谢物成分。本节的目标是分析尿液代谢物成分 $\boldsymbol{y}=(y_1, y_2, \cdots, y_{11})^{\mathrm{T}}$ 和血液代谢物成分 $\boldsymbol{x}=(x_1, x_2, \cdots, x_{15})^{\mathrm{T}}$ 之间的关系。表 6.3.1 给出了成分 $y_1, y_2, \cdots, y_{11}, x_1, x_2, \cdots, x_{15}$ 对应的代谢物名称。

表 6.3.1 **尿液代谢物成分结构 $\boldsymbol{y}=(y_1, y_2, \cdots, y_{11})^{\mathrm{T}}$ 和血液代谢物成分结构 $\boldsymbol{x}=(x_1, x_2, \cdots, x_{15})^{\mathrm{T}}$**

成分	代谢物	成分	代谢物	成分	代谢物
y_1	Isoleucine	y_{10}	Fumarate	x_8	Arginine
y_2	3-hydroxybutyrate	y_{11}	Trigonelline&	x_9	Taurine
y_3	Succinate	x_1	3-hydroxybutyrate	x_{10}	Citrulline
y_4	Malonate	x_2	Acetate&	x_{11}	Glycerol
y_5	Sarcosine	x_3	Succinate	x_{12}	Glycine
y_6	Betaine	x_4	Choline	x_{13}	β-Glucose
y_7	Glycine	x_5	TMAO	x_{14}	α-Glucose
y_8	Guanidinoacetate	x_6	Valine	x_{15}	Glycogen
y_9	Allantoin	x_7	Betaine		

因为样本观测值的个数小于成分解释变量的部分数，使用 PLS 回归分析来分析成分变量 $\boldsymbol{y}$ 和 $\boldsymbol{x}$ 之间的关系，记 $\boldsymbol{y}$ 和 $\boldsymbol{x}$ 的样本数据集分别为 $\boldsymbol{Y}$ 和 $\boldsymbol{X}$，计算 $\boldsymbol{y}$ 和 $\boldsymbol{x}$ 的样本中心

$$\widehat{\text{cen}}(\boldsymbol{y}) = (0.0968,\ 0.0721,\ 0.1381,\ 0.0831,\ 0.0923,\ 0.1326,\ 0.0923,\ 0.1739,\ 0.1171,\ 0.0008,\ 0.0009)^{\mathrm{T}}$$

$$\widehat{\text{cen}}(\boldsymbol{x}) = (0.0138,\ 0.0050,\ 0.0105,\ 0.1139,\ 0.0827,\ 0.0045,\ 0.1155,\ 0.0554,\ 0.1326,\ 0.1049,\ 0.0810,\ 0.0488,\ 0.0557,\ 0.0603,\ 0.1154)^{\mathrm{T}}$$

则中心化的成分变量为 $\boldsymbol{y} \ominus \widehat{\text{cen}}(\boldsymbol{y})$ 和 $\boldsymbol{x} \ominus \widehat{\text{cen}}(\boldsymbol{x})$，对应的数据集为 $\boldsymbol{Y} \ominus \overline{\boldsymbol{Y}}$ 和 $\boldsymbol{X} \ominus \overline{\boldsymbol{X}}$。记 $\boldsymbol{y} \ominus \widehat{\text{cen}}(\boldsymbol{y})$ 和 $\boldsymbol{x} \ominus \widehat{\text{cen}}(\boldsymbol{x})$ 的 clr 系数为 $\boldsymbol{v} = (v_1, v_2, \cdots, v_{11})^{\mathrm{T}}$ 和 $\boldsymbol{u} = (u_1, u_2, \cdots, u_{15})^{\mathrm{T}}$，则对应的数据集分别为 $\boldsymbol{V} = \text{clr}(\boldsymbol{Y} \ominus \overline{\boldsymbol{Y}})$ 和 $\boldsymbol{U} = \text{clr}(\boldsymbol{X} \ominus \overline{\boldsymbol{X}})$。

为了建立 $\boldsymbol{V}$ 和 $\boldsymbol{U}$ 的 PLS 回归模型，首先需要计算 PLS 成分的个数。在这个例子中，使用留一交叉验证法。表 6.3.2 给出了在不同的成分个数下对因变量 $v_1, v_2, \cdots, v_{11}$ 的预测的均方根误差(RMSEP)，其中“CV”是 RMSEP 的交叉验证估计，“adjCV”是 RMSEP 偏差修正后的交叉验证估计。通过计算，最优成分个数是 3 个，在 3 个 PLS 成分个数下，因变量 $v_1, v_2, \cdots, v_{11}$ 的 RMSEP 达到最小值。确定了 PLS 成分的个数后，就可以得到 $\boldsymbol{V}$ 和 $\boldsymbol{U}$ 的关系，即 $\hat{\boldsymbol{V}} = \hat{\boldsymbol{A}}U$，其中估计的回归系数矩阵 $\hat{\boldsymbol{A}}$ 是一个 11×15 矩阵(见表 6.3.3)。表 6.3.3 中每一列代表了对应的因变量 $v_j\,(j = 1, 2, \cdots, 11)$ 和自变量 $u_1, u_2, \cdots, u_{15}$ 的回归系数，即它是 $\hat{\boldsymbol{A}}$ 中对应的行。可以证明 $\hat{\boldsymbol{A}}$ 的每行求和为零，$\hat{\boldsymbol{A}}$ 的每列求和也为零。$\hat{\boldsymbol{A}}$ 的回归系数可以使用 jackknife 方法进行检验，可以通过 R 软件的程序包 pls 中的函数 jack.test 来实现。黑色字体的值代表了参数在 0.1 的显著性水平下是显著的。

表 6.3.2　　不同成分个数下使用留一交叉验证法的预测的均方根误差(RMSEP)

response	RMSEP	(Intercept)	1comps	2comps	3comps	4comps	5comps	6comps
v_1	CV	0.2308	0.1226	0.1287	0.1335	0.1389	0.1677	0.2253
	adjCV	0.2308	0.1216	0.1273	0.1317	0.1369	0.1647	0.2232
v_2	CV	0.2284	0.1556	0.1579	0.2553	0.2639	0.3016	0.2960
	adjCV	0.2284	0.1546	0.1559	0.2486	0.2575	0.2925	0.2877
v_3	CV	0.4905	0.3900	0.3826	0.4154	0.4079	0.4296	0.4993
	adjCV	0.4905	0.3874	0.3794	0.4110	0.3955	0.4190	0.4883
v_4	CV	0.3282	0.1907	0.2179	0.2719	0.2715	0.2184	0.1782
	adjCV	0.3282	0.1893	0.2153	0.2664	0.2683	0.2115	0.1700
v_5	CV	0.3065	0.3008	0.3255	0.2320	0.2419	0.2981	0.4232
	adjCV	0.3065	0.2984	0.3217	0.2295	0.2383	0.2931	0.4171
v_6	CV	0.5454	0.4816	0.5200	0.5647	0.5641	0.3602	0.3655
	adjCV	0.5454	0.4775	0.5121	0.5553	0.5496	0.3469	0.3494
v_7	CV	0.3065	0.3008	0.3255	0.2320	0.2419	0.2981	0.4232
	adjCV	0.3065	0.2984	0.3217	0.2295	0.2383	0.2931	0.4171
v_8	CV	0.2072	0.1529	0.1751	0.1501	0.1627	0.1802	0.2344
	adjCV	0.2072	0.1516	0.1729	0.1477	0.1603	0.1765	0.2305
v_9	CV	0.7003	0.4856	0.5081	0.5032	0.5766	0.7215	1.0111
	adjCV	0.7003	0.4818	0.5032	0.4981	0.5714	0.7056	0.9945
v_{10}	CV	1.0195	0.7901	0.7764	0.8121	0.8666	1.1442	1.5045
	adjCV	1.0195	0.7857	0.7709	0.8052	0.8565	1.1259	1.4641
v_{11}	CV	1.0801	1.0073	1.0783	0.7120	0.7107	0.7363	0.7517
	adjCV	1.0801	0.9985	1.0622	0.7001	0.6922	0.7238	0.7540

表 6.3.3　clr 数据集 V 和 U 的估计的回归系数矩阵

	v_1	v_2	v_3	v_4	v_5	v_6	v_7	v_8	v_9	v_{10}	v_{11}
u_1	−0.1761	0.0704	0.5029	−0.2203	−0.5380	−0.4072	−0.5380	−0.2678	−0.5288	0.3360	1.7669
u_2	−0.1272	−0.0321	−0.1050	−0.1639	−0.1901	−0.4188	−0.1901	−0.1265	−0.3587	0.7715	0.9409
u_3	0.0453	0.2447	0.1375	0.0288	0.5905	0.4687	0.5905	0.2114	0.1974	−0.3541	−2.1607
u_4	0.0631	0.0108	−0.0723	0.0777	0.1915	0.1978	0.1915	0.0948	0.1901	−0.2398	−0.7051
u_5	0.0416	−0.0012	−0.1212	0.0498	0.1697	0.1171	0.1697	0.0769	0.1306	−0.0743	−0.5587
u_6	−0.1207	0.0468	0.1041	−0.1593	−0.1588	−0.2872	−0.1588	−0.1146	−0.3363	0.5085	0.6763
u_7	0.0741	0.0069	−0.0685	0.0926	0.1951	0.2247	0.1951	0.1016	0.2194	−0.3013	−0.7398
u_8	0.0462	−0.0156	−0.1327	0.0573	0.1493	0.1106	0.1493	0.0728	0.1397	−0.0866	−0.4901
u_9	0.0560	−0.0081	−0.0284	0.0726	0.0917	0.1522	0.0917	0.0588	0.1584	−0.2566	−0.3882
u_{10}	0.0945	0.0259	−0.0698	0.1162	0.2778	0.3101	0.2778	0.1387	0.2836	−0.4018	−1.0531
u_{11}	0.0453	−0.0197	−0.0282	0.0605	0.0444	0.1052	0.0444	0.0381	0.1242	−0.2036	−0.2106
u_{12}	−0.0413	−0.0975	−0.0066	−0.0400	−0.3146	−0.2536	−0.3146	−0.1221	−0.1496	0.2049	1.1347
u_{13}	−0.1256	−0.2198	−0.0122	−0.1319	−0.7624	−0.6668	−0.7624	−0.3093	−0.4295	0.6264	2.7934
u_{14}	0.0681	0.0000	−0.0489	0.0865	0.1502	0.1982	0.1502	0.0840	0.1977	−0.2941	−0.5918
u_{15}	0.0567	−0.0115	−0.0507	0.0733	0.1036	0.1491	0.1036	0.0632	0.1617	−0.2351	−0.4139

通过定理 6.2.4，回归系数矩阵 $\hat{\boldsymbol{A}}$ 也是成分变量 $\boldsymbol{y} \ominus \widehat{\mathrm{cen}}(\boldsymbol{y})$ 和 $\boldsymbol{x} \ominus \widehat{\mathrm{cen}}(\boldsymbol{x})$ 的系数，因此最终预测的成分数据集为

$$\hat{\boldsymbol{Y}} \ominus \overline{\boldsymbol{Y}} = \hat{\boldsymbol{A}} \boxdot (X \ominus \overline{\boldsymbol{X}})$$

根据表 6.3.3 中的结果，回归系数矩阵 $\hat{\boldsymbol{A}}$ 的解释如下：valine（x_6）的相对信息对解释 isoleucine（y_1）的相对信息有显著影响，因为这两个代谢物有相同的 valine，leucine 和 isoleucine 生物路径；sarcosine（y_5）和 glycine（y_7）有相同的回归系数，即 $\hat{\boldsymbol{A}}$ 的第五行和第七行是相同的，这与两个代谢物位于 glycine，serine 和 threonine 代谢的上游和下游的事实一致；citrulline（x_{10}）的相对信息对解释 guanidinoacetate（y_8）的相对信息有显著影响，这可能是由于相同的 arginine 和 proline 代谢途径；acetate（x_2）的相对信息对解释 allantoin（y_9）的相对信息和 trigonelline（y_{11}）的相对信息有显著影响，这可能是因为这三种代谢物参与了肠道菌群代谢。这些参数的解释与生物学意义一致。为了评价提出模型的拟合效果，计算出模型 R^2 为 0.6601，这意味着提出的模型有高的精度。而且，单形上建立 PLS 回归模型的可能性保证了参数解释不必通过上面的 clr 系数来确定，基于矩阵乘积运算能直接考虑原始成分部分。

6.4 本章小结

本章的主要目的是回答两个重要的问题：(1) 单形上的 PLS 回归模型是什么？(2) 单形上模型的回归系数与基于 clr 系数的模型的回归系数之间有什么关系？

对于第一个问题，本章建立了单形上的 PLS 回归模型。首先基于成分数据的样本协方差定义给出成分 PLS 因子，它是加权的成分变量。其次，使用 SIMPLS 算法求解了基于成分 PLS 因子的样本协方差的优化问题。最后，建立了单形上的基于成分因变量和成分 PLS 因子的线性回归模型。对于第二个问题，给出了基于 clr 系数的 PLS 回归模型，

并给出定理证明了这两个模型的回归系数之间的关系，即单形上的偏最小二乘回归分析的回归系数等于实数空间上基于 clr 系数的偏最小二乘回归分析的回归系数。通过代谢组学实例分析发现，回归系数的解释与生物学意义相符。

本书完善了基于成分数据的回归分析，希望对成分数据分析的发展有所促进。对于成分因变量 $\boldsymbol{y} \in S^C$ 和成分自变量 $\boldsymbol{x} \in S^D$，通过得出的回归方程 $\boldsymbol{y} = \boldsymbol{A} \boxdot \boldsymbol{x}$，可以有进一步的理论发展，可以得到 $\boldsymbol{y}$ 的任意对数对比和 $\boldsymbol{x}$ 的 clr 系数或适合的 ilr 坐标之间的回归系数，具体推导如下：

如果等式 $\mathrm{clr}(\boldsymbol{A} \boxdot \boldsymbol{x}) = A\,\mathrm{clr}(\boldsymbol{x})$ 两边分别左乘行向量 $\boldsymbol{a}^{\mathrm{T}}$ 且满足 $\boldsymbol{a}^{\mathrm{T}}\mathbf{1}_C = 0$，根据 $\mathrm{clr}(\boldsymbol{x}) = G_D \ln(\boldsymbol{x})$ 可以得到

$$\boldsymbol{a}^{\mathrm{T}}\ln(\boldsymbol{A} \boxdot \boldsymbol{x}) = \boldsymbol{a}^{\mathrm{T}}\boldsymbol{A}\,\boldsymbol{G}_D \ln(\boldsymbol{x})$$

对于 $\boldsymbol{x}$ 的任意对数对比 $\boldsymbol{b}^{\mathrm{T}}\ln(\boldsymbol{x})$ 且 $\boldsymbol{b}^{\mathrm{T}}\mathbf{1}_D = 0$，当矩阵 $\boldsymbol{\Psi}_D$ 的第 j 列为 $\boldsymbol{\psi}_j = \dfrac{\boldsymbol{b}}{\|\boldsymbol{b}\|_2}$ 时，我们有

$$\begin{aligned}
\boldsymbol{a}^{\mathrm{T}}\ln(\boldsymbol{A} \boxdot \boldsymbol{x}) &= \boldsymbol{a}^{\mathrm{T}}\boldsymbol{A}\,\boldsymbol{G}_D \ln(\boldsymbol{x}) = \boldsymbol{a}^{\mathrm{T}}\boldsymbol{A}\,\boldsymbol{\Psi}_D\,\boldsymbol{\Psi}_D^{\mathrm{T}} \ln(\boldsymbol{x}) \\
&= \boldsymbol{a}^{\mathrm{T}}\boldsymbol{A}(\boldsymbol{\psi}_j\,\boldsymbol{\psi}_j^{\mathrm{T}} + \boldsymbol{\Psi}_{D,-j}\,\boldsymbol{\Psi}_{D,-j}^{\mathrm{T}})\ln(\boldsymbol{x}) \\
&= \frac{1}{\|\boldsymbol{b}\|_2^2}\,\boldsymbol{a}^{\mathrm{T}}\boldsymbol{A}\boldsymbol{b}\,\boldsymbol{b}^{\mathrm{T}}\ln(\boldsymbol{x}) + \boldsymbol{a}^{\mathrm{T}}\boldsymbol{A}\,\boldsymbol{\Psi}_{D,-j}\,\boldsymbol{\Psi}_{D,-j}^{\mathrm{T}}\ln(\boldsymbol{x})
\end{aligned}$$

其中 $\|\cdot\|_2$ 是欧几里得 2 范数，$\boldsymbol{\Psi}_{D,-j}$ 包含矩阵 $\boldsymbol{\Psi}_D$ 除了第 j 列的剩余列。上面公式的第一个或最后一个等式给出了任意对数对比 $\boldsymbol{a}^{\mathrm{T}}\ln(\boldsymbol{A} \boxdot \boldsymbol{x})$ 和 clr 系数 $\boldsymbol{G}_D \ln(\boldsymbol{x})$ 或包含 $\dfrac{\boldsymbol{b}^{\mathrm{T}}}{\|\boldsymbol{b}\|_2}\ln(\boldsymbol{x})$ 的适合的 ilr 坐标之间的关系，因此很容易得到 $\boldsymbol{y}$ 的任意对数对比和 $\boldsymbol{x}$ 的 clr 系数或适合的 ilr 坐标之间的回归系数。总而言之，本书的研究结果将不仅丰富理论，而且有助于基于成分数据的回归分析实践。

参考文献

[1] K. Pearson. Mathematical contributions to the theory of evolution. On a form of spurious correlation which may arise when indices are used in the measurement of organs. Proceedings of The Royal Society of London, 1896, 60 (1): 489-498.

[2] F. Chayes. On correlation between variables of constant sum. Journal of Geophysical Research, 1960, 65 (12): 4185-4193.

[3] 周蒂．地质成分数据统计分析——困难和探索．中国地质大学学报，1998，23 (2): 147-152.

[4] X. L. Sun, Y. J. Wu, H. L. Wang, Y. G. Zhao, and G. L. Zhang. Mapping soil particle size fractions using compositional kriging, cokriging and additive log-ratio cokriging in two case studies. Mathematical Geosciences, 2014, 46 (4): 429-443.

[5] P. Filzmoser, K. Hron, and C. Reimann. Univariate statistical analysis of environmental (compositional) data: problems and possibilities. Science of The Total Environment, 2009, 407 (23): 6100-6108.

[6] J. Aitchison. A new approach to null correlations of proportions. Mathematical Geology, 1981, 13 (2): 175-189.

[7] J. Aitchison. The statistical analysis of compositional data (with discussion). Journal of the Royal Statistical Society, Series B

(Statistical Methodology), 1982, 44 (2): 139-177.

[8] J. Aitchison. Principal component analysis of compositional data. Biometrika, 1983, 70 (1): 57-65.

[9] J. Aitchison. Reducing the dimensionality of compositional data sets. Mathematical Geology, 1984, 16 (6): 617-636.

[10] 艾奇逊,周蒂. 成分数据的统计分析. 北京:中国地质大学出版社, 1990.

[11] 孟洁. 成分数据多元分析方法研究. 北京:中国统计出版社, 2008.

[12] V. Pawlowsky-Glahn and J. J. Egozcue. Geometric approach to statistical analysis on the simplex. Stochastic Environmental Research and Risk Assessment, 2001, 15 (5): 384-398.

[13] D. Billheimer, P. Guttorp, and W. F. Fagan. Statistical interpretation of species composition. Journal of the American Statistical Association, 2001, 96 (456): 1205-1214.

[14] J. Aitchison, C. Barceló-Vidal, J. A. Martín-Fernández, and V. Pawlowsky-Glahn. Logratio analysis and compositional distance. Mathematical Geosciences, 2000, 32 (3): 271-275.

[15] J. J. Egozcue, V. Pawlowsky-Glahn, G. Mateu-Figueras, and C. Barceló-Vidal. Isometric logratio transformations for compositional data analysis. Mathematical Geology, 2003, 35 (3): 279-300.

[16] J. J. Egozcue and V. Pawlowsky-Glahn. Groups of parts and their balances in compositional data analysis. Mathematical Geology, 2005, 37 (7): 795-828.

[17] P. Filzmoser and K. Hron. Robust coordinates for compositional data using weighted balances//K. Nordhausen and S. Taskinen. Modern nonparametric, robust and multivariate methods:

Festschrift in Honour of Hannu Oja. Berlin：Springer，2015：167-184.

[18] K. G. van den Boogaart and R. Tolosana-Delgado. Analyzing Compositional Data with R. Berlin：Springer，2013.

[19] J. Aitchison. The statistical analysis of compositional data. London：Chapman & Hall，1986.

[20] 张尧庭．成分数据统计分析引论．北京：科学出版社，2000.

[21] V. Pawlowsky-Glahn and A. Buccianti. Compositional data analysis：Theory and applications. Chichester：John Wiley & Sons Ltd.，2011.

[22] V. Pawlowsky-Glahn，J. J. Egozcue，and R. Tolosana-Delgado. Modeling and analysis of compositional data. Chichester：Statistics in Practice. John Wiley & Sons，Ltd.，2015.

[23] J. Morais，C. Thomas-Agnan，and M. Simioni. Using compositional and Dirichlet models for market share regression. Journal of Applied Statistics，2018，45（9）：1670-1689.

[24] M. C. B. Tsilimigras and A. A. Fodor. Compositional data analysis of the microbiome：fundamentals，tools，and challenges. Annals of Epidemiology，2016，26（5）：330-335.

[25] G. B. Gloor，J. R. Wu，V. Pawlowsky-Glahn，and J. J. Egozcue. It's all relative：analyzing microbiome data as compositions. Annals of Epidemiology，2016，26（5）：322-329.

[26] 吴昌晶，何顺，邓明华．微生物组学中的高维计数和成分数据分析．中国科学：数学，2017，47（12）：1735-1760.

[27] H. Janečková，K. Hron，P. Wojtowicz，E. Hlídková，et al. Targeted metabolomic analysis of plasma samples for the diagnosis of inherited metabolic disorders. Journal of Chromatography A，2012，1226：11-17.

[28] A. Kalivodová, K. Hron, P. Filzmoser, PLS-DA for compositional data with application to metabolomics. Journal of Chemometrics, 2015, 29 (1): 21-28.

[29] 陈佳佳,李爱平,张晓琴,秦雪梅,李胜家. 基于核磁共振代谢组学的成分数据分析在中药评价中的应用. 中草药, 2016, 47 (19): 3522-3526.

[30] 张崇甫,陈述云. 成分数据主成分分析及其应用. 数理统计与管理, 1996 (4): 11-14.

[31] 钱道翠. 成分数据的主成分分析方法的改进. 统计与决策, 2013, 39 (10): 1376-1380.

[32] 上官丽英,王惠文. 单形空间中多元成分数据的 Fisher 判别方法. 北京航空航天大学学报, 2002, 18 (1): 19-26.

[33] 章栋恩. 服从 Dirichlet 分布的成分数据的贝叶斯分析. 应用概率统计, 2002, 18 (1): 19- 26.

[34] K. Hron, M. Templ, and P. Filzmoser. Imputation of missing values for compositional data using classical and robust methods. Computational Statistics and Data Analysis, 2010, 54 (12): 3095-3107.

[35] P. Filzmoser and K. Hron. Outlier Detection for Compositional Data Using Robust Methods. Mathematical Geosciences, 2008, 40 (3): 233-248.

[36] P. Filzmoser and K. Hron. Correlation analysis for compositional data. Mathematical Geosciences, 2008, 41 (8): 905-919.

[37] P. Filzmoser, K. Hron, and C. Reimann. Principal component analysis for compositional data with outliers. Environmetrics, 2009, 20 (6): 621-632.

[38] P. Filzmoser, K. Hron, C. Reimann, and R. Garrett. Robust factor analysis for compositional data. Computers & Geosciences,

2009，35（9）：1854-1861.

[39] P. Filzmoser, K. Hron, and M. Templ. Discriminant analysis for compositional data and robust parameter estimation. Computational Statistics, 2012, 27（4）：585-604.

[40] H. Fang, C. Huang, H. Zhao, and M. Deng. CClasso: Correlation Inference for Compositional Data through Lasso. Bioinformatics, 2015, 31（19）：3172-3180.

[41] H. W. Wang, L. Y. Shangguan, R. Guan, and L. Billard. Principal component analysis for compositional data vectors. Computational Statistics, 2015, 30（4）：1079-1096.

[42] C. Barceló-Vidal, L. Aguilar, and J. A. Martín-Fernández. Compositional VARIMA time series//V. Pawlowsky-Glahn and A. Buccianti. Compositional data analysis: Theory and applications. Chichester: John Wiley & Sons Ltd., 2011: 87-103.

[43] M. Greenacre. Compositional data and correspondence analysis//V. Pawlowsky-Glahn and A. Buccianti. Compositional data analysis: Theory and applications. Chichester: John Wiley & Sons Ltd., 2011: 104-113.

[44] 张晓琴，陈佳佳，原静．成分数据的组合预测．应用概率统计，2013，29（3）：307-316.

[45] 张晓琴，陈佳佳，张振华．基于成分数据的变权重组合预测的权重确定．山西大学学报（自然科学版），2014，37（2）：188-194.

[46] P. Kynčlová, P. Filzmoser, and K. Hron. Modeling compositional time series with vector autoregressive models. Journal of Forecasting, 2015, 34（4）：303-314.

[47] 王惠文，刘强．成分数据预测模型及其在中国产业结构趋势分析中的应用．管理评论，2002（5）：27-29.

[48] J. Aitchison and M. Greenacre. Biplots of compositional data. Journal of The Royal Statistical Society Series C-applied Statistics, 2002, 51 (4): 375-392.

[49] P. Kynclova, P. Filzmoser, and K. Hron. Compositional biplots including external non-compositional variables. Statistics, 2016, 50 (5): 1132-1148.

[50] J. Daunisiestadella, S. Thiohenestrosa, and G. Mateufigueras. Including supplementary elements in a compositional biplot. Computers & Geosciences, 2011, 37 (5): 696-701.

[51] 王惠文，黄薇．成分数据的线性回归模型．系统工程，2003，21 (2): 102-106.

[52] 王惠文，张志慧，Tenenhaus. 成分数据的多元回归建模方法研究. 管理科学学报，2006，9 (4): 27-32.

[53] H. W. Wang, Q. Liu, H. M. Mok, L. Fu, and W. M. Tse. A hyperspherical transformation forecasting model for compositional data. European Journal of Operational Research, 2007, 179 (2): 459-468.

[54] A. Butler and C. A. Glasbey. A latent Gaussian model for compositional data with zeros. Journal of The Royal Statistical Society Series C-applied Statistics, 2008, 57 (5): 505-520.

[55] J. A. Martín-Fernández, J. Palarea-Albaladejo, and R. A. Olea. Dealing with zeros//V. Pawlowsky-Glahn and A. Buccianti. Compositional data analysis: Theory and applications, Chichester: John Wiley & Sons Ltd., 2011: 43-58.

[56] J. A. Martín-Fernández, C. Barceló-Vidal, and V. Pawlowsky-Glahn. Dealing with zeros and missing values in compositional data sets using nonparametric imputation. Mathematical Geosciences, 2003, 35 (3): 253-278.

[57] J. Palarea-Albaladejo, J. A. Martín-Fernández, and J. Gómez-García. A parametric approach for dealing with compositional rounded zeros. Mathematical Geosciences, 2007, 39 (7): 625-645.

[58] J. Palarea-Albaladejo and J. A. Martín-Fernández. A modified EM alr-algorithm for replacing rounded zeros in compositional data sets. Computers & Geosciences, 2008, 34 (8): 902-917.

[59] J. A. Martín-Fernández, K. Hron, M. Templ, P. Filzmoser, and J. Palarea-Albaladejo. Model-based replacement of rounded zeros in compositional data: classical and robust approaches. Computational Statistics & Data Analysis, 2012, 56 (9): 2688-2704.

[60] J. Palarea-Albaladejo and J. A. Martín-Fernández. Values below detection limit in compositional chemical data. Analytica Chimica Acta, 2013, 764: 32-43.

[61] J. Palarea-Albaladejo, J. A. Martín-Fernández, and R. A. Olea. A bootstrap estimation scheme for chemical compositional data with nondetects. Journal of Chemometrics, 2014, 28 (7): 585-599.

[62] J. Palarea-Albaladejo and J. A. Martín-Fernández. zCompositions-R package for multivariate imputation of left-censored data under a compositional approach. Chemometrics and Intelligent Laboratory Systems, 2015, 143: 85-96.

[63] M. Templ, K. Hron, P. Filzmoser, and A. Gardlo. Imputation of rounded zeros for high-dimensional compositional data. Chemometrics and Intelligent Laboratory Systems, 2016, 155: 183-190.

[64] J. A. Martín-Fernández, K. Hron, M. Templ, P. Filzmoser, and

J. Palarea-Albaladejo. Bayesian-multiplicative treatment of count zeros in compositional data sets. Statistical Modelling, 2015, 15 (2): 134-158.

[65] J. Aitchison and J. W. Kay. Possible solution of some essential zero problems in compositional data analysis//S. Thió-Henestrosa and J. A. Martín-Fernández. The 1st compositional data analysis workshop, CoDaWork, 2003.

[66] C. Stewart and C. Field. Managing the essential zeros in quantitative fatty acid signature analysis. Journal of Agricultural Biological and Environmental Statistics, 2011, 16 (1): 45-69.

[67] J. Bear and D. Billheimer. A logistic normal mixture model for compositional data allowing essential zeros. American Journal of Sociology, 2016, 45 (4): 3-23.

[68] M. Templ, K. Hron, and P. Filzmoser. Exploratory tools for outlier detection in compositional data with structural zeros. Journal of Applied Statistics, 2017, 44 (4): 734-752.

[69] J. Aitchison and J. Bacon-Shone. Log contrast models for experiments with mixtures. Biometrika, 1984, 71 (2): 323-330.

[70] H. Scheffé. Experiments with mixtures. Journal of the Royal Statistical Society-B, 1958, 20 (2): 344-360.

[71] H. Scheffé. The simplex-centroid design for experiments with mixtures. Journal of the Royal Statistical Society-B, 1963, 25 (2): 235-263.

[72] K. Hron, P. Filzmoser, and K. Thompson. Linear regression with compositional explanatory variables. Journal of Applied Statistics, 2012, 39 (5): 1115-1128.

[73] W. Lin, P. X. Shi, R. Feng, and H. Z. Li. Variable selection in regression with compositional covariates. Biometrika, 2014, 101

(4): 785-797.

[74] M. D. Marzio, A. Panzera, and C. Venieri. Non-parametric regression for compositional data. Statistical Modelling, 2015, 15 (2): 113-133.

[75] F. Bruno, F. Greco, and M. Ventrucci. Spatio-temporal regression on compositional covariates: Modeling vegetation in a gypsum outcrop. Environmental and Ecological Statistics, 2015, 22 (3): 445-463.

[76] B. Bruno, F. Greco, and M. Ventrucci. Non-parametric regression on compositional covariates using Bayesian P-splines. Statistical Methods and Applications, 2016, 25 (1): 75-88.

[77] R. Gueorguieva, R. A. Rosenheck, and D. Zelterman. Dirichlet component regression and its applications to psychiatric data. Computational Statistics & Data Analysis, 2008, 52 (12): 5344-5355.

[78] R. Tolosana-Delgado and H. von Eynatten. Simplifying compositional multiple regression: Application to grain size controls on sediment geochemistry. Computers & Geosciences, 2010, 36 (5): 577-589.

[79] J. J. Egozcue, J. Daunis-i Estadella, V. Pawlowsky-Glahn, K. Hron, and P. Filzmoser. Simplicial regression: The normal model. Journal of Applied Probability and Statistics, 2012, 6 (1&2): 87-108.

[80] J. L. Scealy and A. H. Welsh. Regression for compositional data by using distributions defied on the hypersphere. Journal of The Royal Statistical Society Series B-statistical Methodology, 2011, 73 (3): 351-375.

[81] F. D. Murnaghan. The element of volume of the rotation group. Proceedings of the National Academy of Sciences of the United States of America, 1950, 36 (11): 670-672.

[82] B. W. Silverman. Density estimation for statistics and data analysis. London: Chapman & Hall, 1986.

[83] H. W. Wang, L. Y. Shangguan, J. J. Wu, and R. Guan. Multiple linear regression modeling for compositional data. Neurocomputing, 2013 (122): 490-500.

[84] G. S. Watson. Smooth regression analysis. Sankhyā: The Indian Journal of Statistics, Series A, 1964, 26 (4): 359-372.

[85] J. J. Egozcue, C. Barceló-Vidal, J. A. Martín-Fernández, et al. Elements of simplicial linear algebra and geometry// V. Pawlowsky-Glahn and A. Buccianti. Compositional data analysis: Theory and applications. Chichester: John Wiley & Sons Ltd., 2011: 141-157.

[86] V. Pawlowsky-Glahn and J. J. Egozcue. BLU estimators and compositional data. Mathematical Geosciences, 2002, 34 (3): 259-274.

[87] J. J. Chen, X. Q. Zhang and S. J. Li. A kernel density approach for replacing rounded zeros in compositional data sets. Hacettepe Journal of Mathematics and Statistics, 2019, 48 (1): 242-254.

[88] J. E. Chacón, G. Mateu-Figueras and J. A. Martín-Fernández. Gaussian kernels for density estimation with compositional data, Computers & Geosciences, 2011, 37 (5): 702-711.

[89] P. Filzmoser. StatDA: statistical analysis for environmental data. R package version 1.6.3, 2011.

[90] G. Mateu-Figueras, V. Pawlowsky-Glahn and J. J. Egozcue. The normal distribution in some constrained sample spaces. Sort-

statistics and Operations Research Transactions, 2013, 37 (1): 29-56.

[91] M. L. Rizzo and G. J. Székely. Energy: E-statistics (energy statistics). R package version 1. 1-0, 2008.

[92] J. J. Chen, X. Q. Zhang, K. Hron, M. Templ, and S. J. Li. Regression imputation with Q-mode clustering for rounded zero replacement in high-dimensional compositional data. Journal of applied statistics, 2018, 45 (11): 2067-2080.

[93] J. M. McKinley, K. Hron, E. C. Grunsky, C. Reimann, et al. The single component geochemical map: Fact or fiction? Journal of Geochemical Exploration, 2016, 162: 16-28.

[94] K. Varmuza and P. Filzmoser. Introduction to Multivariate Statistical Analysis in Chemometrics. New York: Taylor & Francis, 2009.

[95] H. W. Wang, J. Meng, and M. Tenenhaus. Regression modelling analysis on compositional data//V. E. Vinzi, W. W. Chin, J. Henseler, and H. W. Wang. Handbook of partial least squares: Concepts, methods and applications. Berlin: Springer, 2010.

[96] J. Hinkle and W. S. Rayens. Partial least squares and compositional data: Problems and alternatives. Chemometrics and Intelligent Laboratory Systems, 1995, 30 (1): 159-172.

[97] J. J. Chen, X. Q. Zhang, and S. J. Li. Multiple linear regression with compositional response and covariates. Journal of Applied Statistics, 2017, 44 (12): 2270-2285.

[98] A. S. Goldberger. Econometric theory. New York: John Wiley & Sons, Inc. , 1964.

[99] M. J. Maier. Dirichletreg: Dirichlet regression for compositional

data in R. Tech. Rep. 125, Vienna University of Economics and Business, 2014.

[100] J. J. Chen, X. Q. Zhang, and S. J. Li. Heteroskedastic linear regression model with compositional response and covariates. Journal of Applied Statistics, 2018, 45 (12): 2164-2181.

[101] H. White. A heteroskedasticity-consistent covariance matrix estimator and a direct test for heteroskedasticity. Econometrica, 1980, 48 (4): 817-838.

[102] D. V. Hinkley. Jackknifing in unbalanced situations. Technometrics, 1977, 19 (3): 285-292.

[103] S. D. Horn, R. A. Horn, and D. B. Duncan. Estimating heteroscedastic variances in linear models. Journal of the American Statistical Association, 1975, 70 (350): 380-385.

[104] R. Davidson and J. G. MacKinnon. Estimation and inference in econometrics. Oxford: Oxford University Press, 1993.

[105] F. Cribari-Neto. Asymptotic inference under heteroskedasticity of unknown form. Computational Statistics & Data Analysis, 2004, 45 (2): 215-233.

[106] F. Cribari-Neto and W. B. Silva. A new heteroskedasticity-consistent covariance matrix estimator for the linear regression model. AStA Advances in Statistical Analysis, 2011, 95 (2): 129-146.

[107] M. Gallo. Discriminant partial least squares analysis on compositional data. Statistical Modelling, 2010, 10 (1): 41-56.

[108] 王惠文. 偏最小二乘回归方法及其应用. 北京: 国防工业出版社, 1999.

[109] 龙文, 王惠文. 成分数据偏最小二乘 Logistic 回归模型及其应用. 数量经济技术经济研究, 2006, 23 (9): 156-160.

[110] 孟洁，王惠文．多元成分数据的对数衬度偏最小二乘通径分析模型．数理统计与管理，2009，28（3）：436-442.

[111] 张忠诚．一类基于偏最小二乘回归分析的成分数据预测模型．华中师范大学学报（自科版），2006，40（2）：161-163.

[112] J. J. Cui，Y. T. Liu，Y. H. Hu，J. Y. Tong，A. P. Li，T. L Qu，X. M. Qin，and G. H. Du. NMR-based metabonomics and correlation analysis reveal potential biomarkers associated with chronic atrophic gastritis. Journal of Pharmaceutical and Biomedical Analysis，2017，132：77-86.